Elemente der Mathematik

EdM

RHEINLAND-PFALZ

5. Schuljahr
Lösungen

Herausgegeben von
Heinz Griesel
Helmut Postel
Friedrich Suhr
Werner Ladenthin
Matthias Lösche

Schroedel
westermann

ELEMENTE DER MATHEMATIK 5
Rheinland-Pfalz
Lösungen zum Schülerband Best.-Nr. 88500

Herausgegeben und bearbeitet von
Prof. Dr. Heinz Griesel, Prof. Helmut Postel, Friedrich Suhr, Werner Ladenthin, Matthias Lösche

Bearbeitet von
Lutz Breidert, Gabriele Dybowski, Dr. Beate Goetz, Reinhard Kind,
Werner Ladenthin, Matthias Lösche, Kerstin Schäfer, Thomas Sperlich, Friedrich Suhr,
Prof. Dr. Hans-Georg Weigand, Ulrike Willms

Für Rheinland-Pfalz bearbeitet von
Hermann-Josef Keul, Michael Meyer

westermann GRUPPE

Druck A^3 / Jahr 2018
Alle Drucke der Serie A sind parallel verwendbar.

Redaktion: Lena Schenk, Claus Peter Witt
Umschlagentwurf: LIO Design GmbH, Braunschweig
Zeichnungen: Schlierf, Type & Design, Lachendorf; Langner & Partner, Hemmingen
Druck und Bindung: Westermann Druck GmbH, Braunschweig

ISBN 978-3-507-**88502**-8

Inhaltsverzeichnis

Bildquellen:
|iStockphoto.com, Calgary: italianestero Titel.

1. Natürliche Zahlen und Größen

Lernfeld: Zählen und Zahlen veranschaulichen

9 **Einstiegsseite:**

- Die Entfernung von Valencia nach Ankara ist etwa 6-mal so groß wie die Entfernung von Mainz nach Prag.
  Die Entfernung vom Nordkap nach Kapstadt ist etwa 4-mal so groß wie die Entfernung von Valencia nach Ankara.
  Die Entfernung vom Nordkap nach Kapstadt ist etwa 26-mal so groß wie die Entfernung von Mainz nach Prag.
- Die Einwohnerzahlen Europas sind über 200-mal so groß wie die Einwohnerzahlen Berlins.
  Afrika hat etwa 300 000 Einwohner mehr als Europa.
  Die Einwohnerzahlen Afrikas sind fast 300-mal so groß wie die Einwohnerzahlen Berlins.
- Die Einwohnerzahlen bestimmt man durch Volkszählungen, die Entfernungen kann man berechnen.

10 **1. Auftrag: Überall große Zahlen**
Keine Lösungen

2. Auftrag: Spiel: Wer hat die höchste Hausnummer?
Keine Lösungen

11 **3. Auftrag: Gewicht der Schultasche**
Keine Lösungen

4. Auftrag: Nimm dir Zeit
Keine Lösungen

1.1 Darstellen von Daten einer Klasse

12 **Einstieg:**

Man kann z. B. ein Säulendiagramm anlegen.

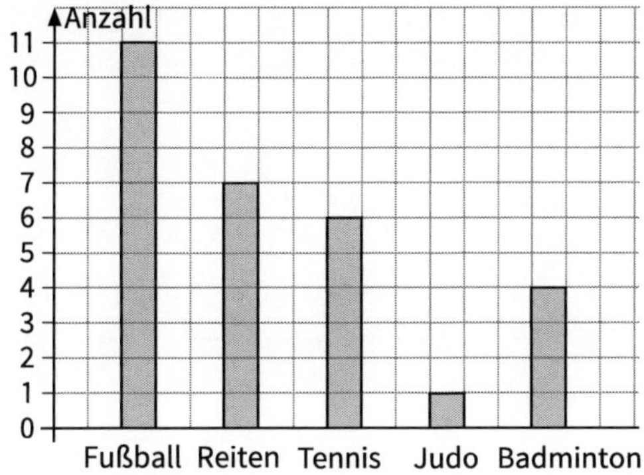

13 **2.**

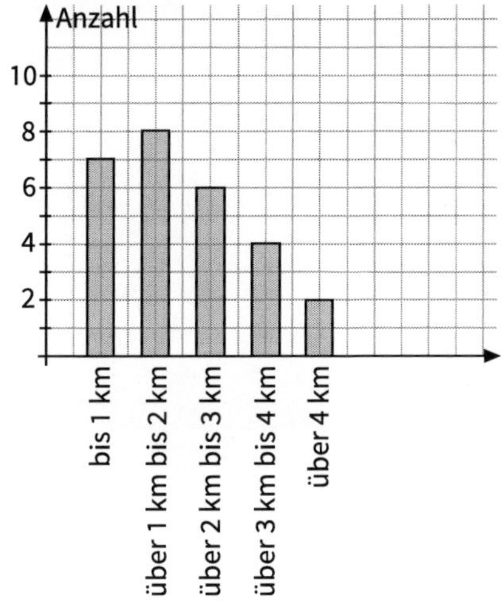

13 **3.**

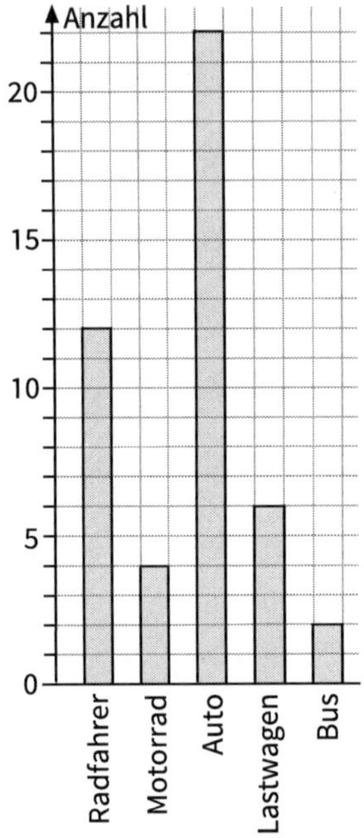
Anzahl
20
15
10
5
0
Radfahrer
Motorrad
Auto
Lastwagen
Bus

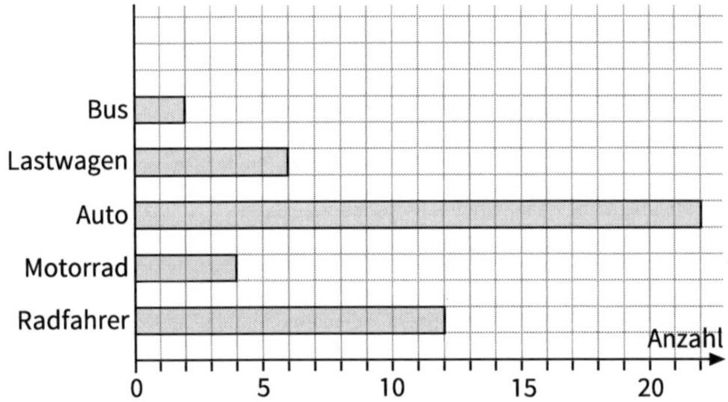
Bus
Lastwagen
Auto
Motorrad
Radfahrer
Anzahl
0
5
10
15
20

13 **4. a)**

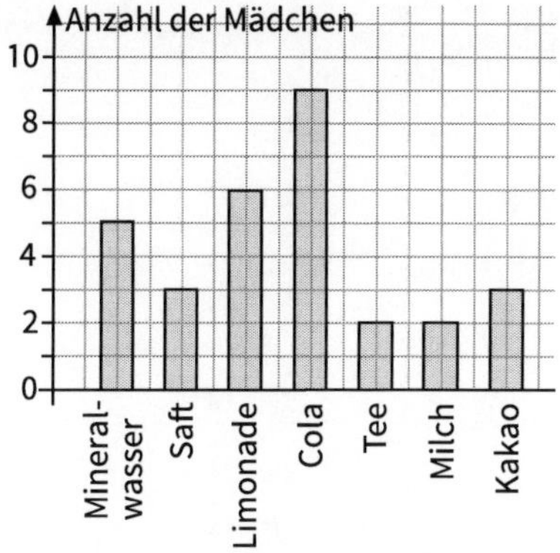

b)

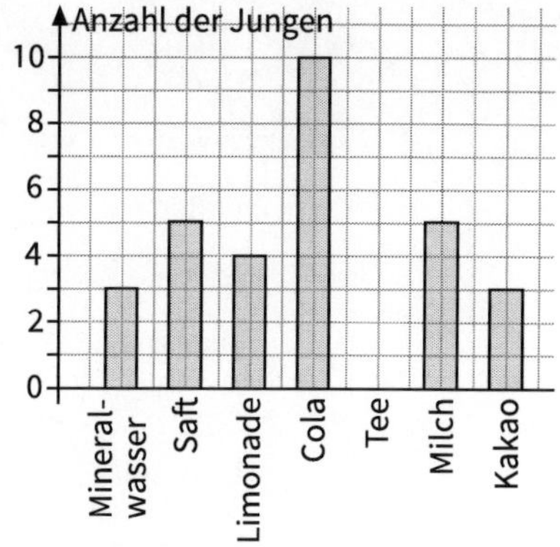

Sowohl bei den Mädchen als auch bei den Jungen wird Cola am häufigsten genannt. Bei den Mädchen folgen dann Limonade und Mineralwasser, bei den Jungen Saft und Milch. Bei den Mädchen wurde dann Tee genannt, bei den Jungen wurde Tee gar nicht genannt.

5. a) Hund und Katze liegen an der Spitze der Lieblingshaustiere.

b) Es wurden 108 Schüler befragt.

c)

Hamster:	4 Schüler	Kaninchen:	15 Schüler
Fisch:	7 Schüler	Katze:	31 Schüler
Vogel:	9 Schüler	Hund:	42 Schüler

d)

Lieblingstier	Anzahl der Schüler(innen)
Hamster	4
Fisch	7
Vogel	9
Kaninchen	15
Katze	31
Hund	42

14 **6.**

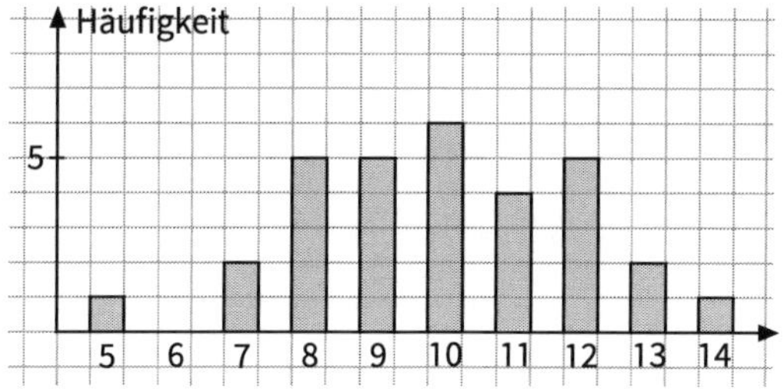

14

7.

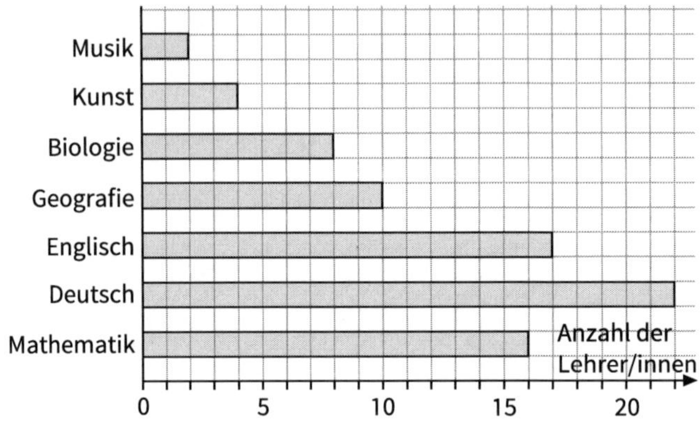

8. –

9. Zählung der Farben der Pkw auf einem Parkplatz

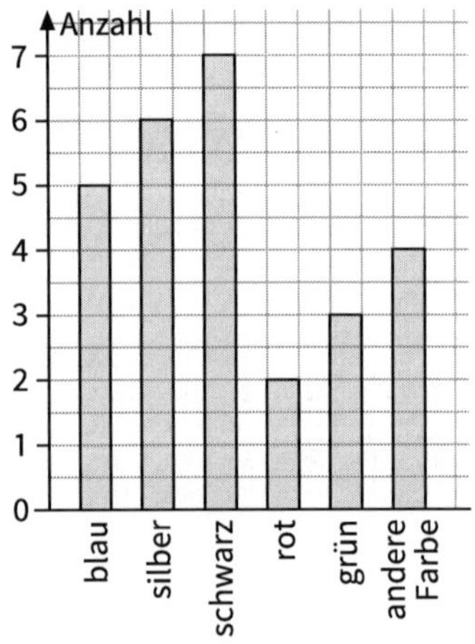

Das kann ich noch!

A) **1)** 18 **2)** 15 **3)** 20 **4)** 16 **5)** 44

B) Die Vierecke 2), und 4) und 5) sind keine Quadrate.

1.2 Große Zahlen – Stellenwerttafel

15 **Einstieg:**
a) – b) 8 000; 300 000 000 000; 100 000 000; 10 000 000 000

17 **2.** a) – b) Eine Zahl mit 101 Neunen ist z. B. größer.

3. a) zwei Millionen
zweihundert Millionen
drei Billionen
zehn Milliarden
b) achthunderttausendfünfhundertdreiundzwanzig
fünfzig Millionen vierhunderttausend
neunhundert Milliarden siebenhundert Millionen
eine Milliarde vierhundertneunzig Millionen
c) vierzigtausendachthundertvierundsechzig
zehn Milliarden neunhundertvier Millionen sechzehntausend
sechshundertzwölf Millionen siebenhundertvierundzwanzigtausendachthundertsechzehn
zwei Millionen zweihundertneunundsiebzigtausendvierhundertdreizehn
d) dreihundertundeintausendvierhundertsechsundneunzig
eine Million zweihundertvierunddreißigtausendfünfhundertsiebenundsechzig
neun Millionen achthundertsechsundsiebzigtausendfünfhundertdreiundvierzig
elf Millionen einhundertneunundzwanzigtausendachthundertvierunddreißig

4.

Nordamerika:	561 000 000	Afrika:	1 030 000 000
Südamerika:	414 000 000	Asien:	4 397 000 000
Europa:	742 000 000	Australien/Ozeanien:	40 000 000

5.

a)	b)	c)
34 000 000	10 000 000 000	6 432 000
28 000 000 000 000	370 000 000 000 000	45 000 306 000
7 000 000 000	318 000 000 000 000 000 000	1 037 000

6.

a)	b)
320 000	67 000 000 000 000 000
3 000 000	3 050 000 000
51 000 000 000	523 000 000 000
530 000 000	13 020 000
700 000 000 000 000	3 000 020 000 000

7.

a)	b)	c)
1 200	1 000 000	1 000 000 000 000 000
1 850	1 000 000 000	1 000 000 000 000 000 000 000

8. –

18

9. **a)** (1) 207 (2) 1 300 (3) 19 054 (4) 10 010
b) (1) siebenundachtzig
(2) siebenhundertsechsundfünfzig
(3) fünftausendsechshundertzweiundzwanzig
(4) neunzehntausendneunhundertneunundachtzig

10. **a)** 1 Tausend **c)** 10 Milliarden **e)** 10 Tausend
b) 100 Millionen **d)** 1 Million

11. **a)** 10 000 [99 999] **b)** 100 000 [999 999] **c)** 1 000 000 000 [9 999 999 999]

12. **a)** 80 000 000; 7 Nullen **c)** 43 007 000; 5 Nullen
b) 305 000; 4 Nullen **d)** 9 009 009; 4 Nullen

13. **a)** 9 999
b) (1) 20 000 (3) 991 000 (5) 9 191 920
(2) 89 899 (4) 99 900 000 (6) 88 889 000

14. **a)** 9 000 **b)** (1) 1 000 (2) 1 000

15. **a)** Max: z.B.: 11; Nachfolger: 12; davon das Doppelte: 24
Maxi: z.B.: 11; davon das Doppelte: 22, Nachfolger: 23
Das Ergebnis ist bei Max immer um 1 größer.
b) Bei Max wird die um 1 erhöhte Zahl verdoppelt, d. h. die 1 wird auch verdoppelt. Bei Maxi wird nur die Zahl verdoppelt.
c) Max die Zahl 48, Maxi die Zahl 49.
d) –

16. 100 Billion und bedeutet 100 Milliarden, also 100 000 000 000 € (vergleiche Wörterbuch auf Seite 16 des Schülerbandes).

17. –

1.3 Zweiersystem

19 **Einstieg:**

a) Marc: 1 · 8 Nippel; 1 · 4 Nippel; 1 · 1 Nippel
Julia: 1 · 16 Nippel; 1 · 4 Nippel; 1 · 2 Nippel; 1 · 1 Nippel

b) 16 + 8 + 4 + 2 + 1 = 31, also 31 Spiele

c)

Punktestand	Bausteine mit				
	16 Nippeln	8 Nippeln	4 Nippeln	2 Nippeln	1 Nippel
1					1
2				1	
3				1	1
4			1		
5			1		1
6			1	1	
7			1	1	1
8		1			
9		1			1
10		1		1	
11		1		1	1
12		1	1		
13		1	1		1
14		1	1	1	
15		1	1	1	1
16	1				
17	1				1
18	1			1	
19	1			1	1
20	1		1		

Man benötigt von jedem Stein höchstens einen, um die verschiedenen Punktstände wiederzugeben.

20 **2.** (1) Hundert [Tausend; Zehntausend; Hunderttausend; Million; Zehnmillion; Hundertmillion]
(2) 4er [8er; 16er; 32er; 64er; 128er; 256er]

21 **3. a)** Gerade Zahlen haben als letzte Ziffer eine 0, ungerade Zahlen eine 1.
b) Jede Stufenzahl ist doppelt so groß wie die vorherige Stufenzahl.

4. a)

32	16	8	4	2	1	
1	0	1	1	0	1	= 45
1	0	1	1	1	0	= 46
1	0	1	1	1	1	= 47
1	1	0	0	0	0	= 48
1	1	0	0	0	1	= 49
1	1	0	0	1	0	= 50

21

4. b)

64	32	16	8	4	2	1	
	1	1	1	0	1	1	= 59
	1	1	1	1	0	0	= 60
	1	1	1	1	0	1	= 61
	1	1	1	1	1	0	= 62
	1	1	1	1	1	1	= 63
1	0	0	0	0	0	0	= 64

c)

128	64	32	16	8	4	2	1	
1	0	1	0	1	1	1	1	= 175
1	0	1	1	0	0	0	0	= 176
1	0	1	1	0	0	0	1	= 177
1	0	1	1	0	0	1	0	= 178
1	0	1	1	0	0	1	1	= 179
1	0	1	1	0	1	0	0	= 180

5. a)

8	4	2	1	
1	0	0	0	= 8
1	0	0	1	= 9
1	0	1	0	= 10
1	0	1	1	= 11
1	1	0	0	= 12
1	1	0	1	= 13
1	1	1	0	= 14
1	1	1	1	= 15

b)

16	8	4	2	1	
	1	0	0	0	= 8
	1	0	0	1	= 9
	1	0	1	0	= 10
	1	0	1	1	= 11
	1	1	0	0	= 12
	1	1	0	1	= 13
	1	1	1	0	= 14
	1	1	1	1	= 15
1	0	0	0	0	= 16

21

5. c)

16	8	4	2	1	
	1	1	0	1	= 13
	1	1	1	0	= 14
	1	1	1	1	= 15
1	0	0	0	0	= 16
1	0	0	0	1	= 17
1	0	0	1	0	= 18
1	0	0	1	1	= 19
1	0	1	0	0	= 20
1	0	1	0	1	= 21
1	0	1	1	0	= 22
1	0	1	1	1	= 23

d)

32	16	8	4	2	1	
	1	0	0	0	0	= 16
	1	0	0	0	1	= 17
	1	0	0	1	0	= 18
	1	0	0	1	1	= 19
	1	0	1	0	0	= 20
	1	0	1	0	1	= 21
	1	0	1	1	0	= 22
	1	0	1	1	1	= 23
	1	1	0	0	0	= 24
	1	1	0	0	1	= 25
	1	1	0	1	0	= 26
	1	1	0	1	1	= 27
	1	1	1	0	0	= 28
	1	1	1	0	1	= 29
	1	1	1	1	0	= 30
	1	1	1	1	1	= 31
1	0	0	0	0	0	= 32

6. a) 101_2; [111_2]
b) 101011_2; [101101_2]
c) 10110_2; [11000_2]
d) 111110_2; [1000000_2]
e) 1010100_2; [1010110_2]

7. a) 17
26
b) 42
40
c) 131
115
d) 103
71
e) 69
101

8. a) 10010_2
b) 11111_2
c) 11001_2
d) 100011_2
e) 111000_2
f) 1000110_2
g) 1100100_2
h) 10000001_2
i) 10010000_2
j) 11001111_2

9. $1001_2 = 9$; richtig gelesen: eins – null – null – eins.

21

10. a) $5 = 101_2$ $10 = 1010_2$; $8 = 1000_2$ $16 = 10000_2$; $19 = 10011_2$ $38 = 100110_2$; $44 = 101100_2$ $88 = 1011000_2$

Es wird immer eine 0 angehängt.

b) (1) $2 = 10_2$, $4 = 100_2$, $8 = 1000_2$, $16 = 10000_2$, $32 = 100000_2$, $64 = 1000000_2$, $128 = 10000000_2$

Es wird jeweils eine 0 angehängt.

(2) $3 = 11_2$, $7 = 111_2$, $15 = 1111_2$, $31 = 11111_2$, $63 = 111111_2$, $127 = 1111111_2$

Es wird jeweils eine 1 angehängt.

(3) $5 = 101_2$, $9 = 1001_2$, $17 = 10001_2$, $33 = 100001_2$, $65 = 1000001_2$, $129 = 10000001_2$

Am Anfang und am Ende steht eine 1. Dazwischen wird jeweils eine 0 ergänzt.

11. a) $11111_2 = 31$
$111111_2 = 63$
$1111111_2 = 127$

b) 4 dreistellige Zahlen; 8 vierstellige Zahlen; 16 fünfstellige Zahlen

c) (1) $100 = 1100100_2$; 7 Stellen
$200 = 11001000_2$; 8 Stellen
$400 = 110010000_2$; 9 Stellen

(2) $500 = 111110100_2$; 9 Stellen
$1000 = 1111101000_2$; 10 Stellen
$2000 = 11111010000_2$; 11 Stellen

(3) $1000 = 1111101000_2$; 10 Stellen
$2000 = 11111010000_2$; 11 Stellen
$4000 = 111110100000_2$; 12 Stellen

d) Im Zweiersystem haben die Zahlen mehr Stellen als im Zehnersystem (außer 0 und 1).

12. a) 5-mal; 11111_2 b) –

1.4 Römische Zahlzeichen

22

1. Auftrag: Umwandeln einer in römischer Schreibweise geschriebenen Zahl

1	2	3	4	5	6	7	8	9	10
I	II	III	IV	V	VI	VII	VIII	IX	X

11	12	13	14	15	16	17	18	19	20
XI	XII	XIII	XIV	XV	XVI	XVII	XVIII	XIX	XX

23

1. a) 37; 125; 752; 1326; 1666; 1773 b) 42; 24; 39; 93; 94; 1919; 1949

2. a) MDCCCXXVIII = 1828 b) 1794

3. –

23 4. 804 zu 3

5. **a)** I; II; III; IV; V; VI; VII; VIII; IX; X; XI; XII; XIII; XIV; XV; XVI; XVII; XVIII; XIX; XX
   b) XXXIII; LXVI; LXXXV; DCCCXXI; DCXXV; MDCCCLXXII

6. Größte Zahlen: LXXX = 80 [MMMCCC = 3300; CCCXXXV = 335]
   Kleinste Zahlen: XL = 40 [CM = 900; XCV = 95]

7. V + I + V + D + I + L + L + X + I + C + M = 1723

8. XIV + IX = XXIII; 14 + 9 = 23; XVI + XI = XXVII 16 + 11 = 27

1.5 Anordnung der natürlichen Zahlen – Zahlenstrahl

1.5.1 Vergleich von natürlichen Zahlen

24 **Einstieg:**

a) Man kann die Karten nach verschiedenen Gesichtspunkten ordnen, z. B.

alphabetisch (Typ):	1A, 1A, 7A, 6D
WPI-Punkte:	61 < 142 < 252 < 256
Leistung:	540 kW < 548 kW < 551 kW = 551 kW
Drehzahl:	18 000 U/min < 18 000 U/min = 18 000 U/min < 19 000 U/min
Gewicht:	545 kg = 545 kg < 546 kg < 605 kg
Tempo:	319 km/h < 320 km/h < 322 km/h < 325 km/h

b) –

25 2. **a)** und **b)** siehe Merksatz im Schülerband auf Seite 25.

26 3. **a)** 2 385 > 2 367
   998 > 989
   1 010 > 1 001
   b) 8 375 024 < 8 375 042
   67 003 < 67 013
   3 759 333 > 375 933
   c) 152 191 233 < 152 191 322
   94 533 408 > 94 453 499
   12 865 745 > 12 856 745

4. **a)** 6 570 > 3 750 > 3 715 > 3 658 > 3 121
   b) 920 000 > 92 900 > 92 590 > 9 950 > 9 295
   c) 406 400 > 66 040 > 46 640 > 44 660 > 6 460
   d) 4 150 000 > 757 170 > 314 571 > 171 250 > 49 350

26 **5. a)** Hamburg; Berlin; Düsseldorf; Köln/Bonn; Frankfurt/Main; Stuttgart; München

b) Nach der Anzahl der Fluggäste:
Frankfurt/Main; München; Berlin; Düsseldorf; Hamburg; Köln/Bonn; Stuttgart; Hannover; Nürnberg; Hahn; Leipzig-Halle; Bremen; Dortmund; Dresden; Münster-Osnabrück; Erfurt; Saarbrücken

c) Die Flughäfen sind von Nord nach Süd geordnet.

d) *Beispiele:*
Welcher Flughafen hat die meisten Fluggäste?
Antwort: Frankfurt/Main
Welche Flughäfen haben weniger als 1 Mio. Fluggäste?
Antwort: Saarbrücken; Erfurt

6. Audi; BMW/Mini; Ford; Mercedes; Opel; Renault/Dacia; VW

7. a) **(1)** $15 < 27 < 38 < 86$ **(3)** $426 < 472 < 599$
(2) $31 < 32 < 198 < 528$ **(4)** $79 < 783 < 7625$

b) Aus $29 < 38 > 25$ kann man nicht sofort ablesen, dass $29 > 25$ gilt.

Das kann ich noch!

A) **1)** 33 **2)** 43 **3)** 53 **4)** 63 **5)** 73
Die erste Zahl erhöht sich immer um 10, also wird auch das Ergebnis jeweils um 10 größer.

B) **1)** 67 **2)** 57 **3)** 47 **4)** 37 **5)** 27
Die erste Zahl wird immer um 10 kleiner, also wird auch das Ergebnis jeweils um 10 kleiner.

27 **8. a)** **(1)** $31 < 49 < 76$ **(4)** $29 < 52 < 61$
(2) $92 > 71 > 64$ **(5)** $141 < 156 < 159$
(3) $123 > 105 > 88$ **(6)** $104 < 112 < 121$

b) **(1)** 14 ist kleiner als 34 und 34 ist kleiner als 44.
(2) 55 ist größer als 31 und 31 ist größer als 29.
(3) 56 ist kleiner als 67 und 67 ist kleiner als 76.

9. a) **(1)** 126; 127; 128
(2) Keine natürliche Zahl.
(3) 13
(4) 100; 101; 102; 103; 104; 105; 106; 107; 108; 109; 110; 111; 112; 113; 114; 115; 116
(5) 126; 127; 128
(6) 1 025

27 9. b) (1) Von 0 bis 5, also 6 natürliche Zahlen.
(2) Alle Zahlen ab 18 (und größer), also unendlich viele natürliche Zahlen.
(3) Alle Zahlen von 124 bis 344, also 221 natürliche Zahlen.
(4) Keine natürliche Zahl.
(5) Alle Zahlen von 659 bis 942, also 284 natürliche Zahlen.
(6) Keine natürliche Zahl.

10. a) 789 < 798 < 879 < 897 < 978 < 987
b) (1) 4444; 4445; 4446; 4447; 4454; 4455
(2) 7777; 7776; 7775; 7774; 7767; 7766
c) 77777
d) 98765
e) (1) 100000
(2) 111111

1.5.2 Zahlenstrahl – Skalen

Einstieg:

a) (1) 53 bis 54 (2) 0 (3) 101 (4) 300
b) –
c) Man gewinnt z. B. schneller einen Überblick. Das Ablesen ist allerdings mühsamer und ggf. ungenauer.

29 2. a) 60; 230; 370; 540; 720; 830; 1010; 1140
b) 300; 1200; 2800; 4400; 5700; 7100; 8600; 9500; 10600
c) 6000; 14000; 26000; 35000; 47000; 59000; 78000; 93000; 109000
d) 900000; 1800000; 2700000; 4100000; 5700000; 7400000; 9300000; 10600000
e) 700000000; 1700000000; 2500000000; 4300000000; 5300000000; 7300000000; 8700000000; 9900000000; 11600000000

3.

Einzeller:	1100000000	Amphibien:	4200000000
Bakterien:	2700000000	Reptilien:	4400000000
erste Pflanzen:	4000000000	größere Säugetiere:	4500000000
Wirbeltiere:	4100000000	Mensch:	4550000000

4. *Beispiele:* (Zu a) und b) wurde der Zahlenstrahl hier aus Platzgründen geteilt.)
a) 10 Einheiten = 10 mm

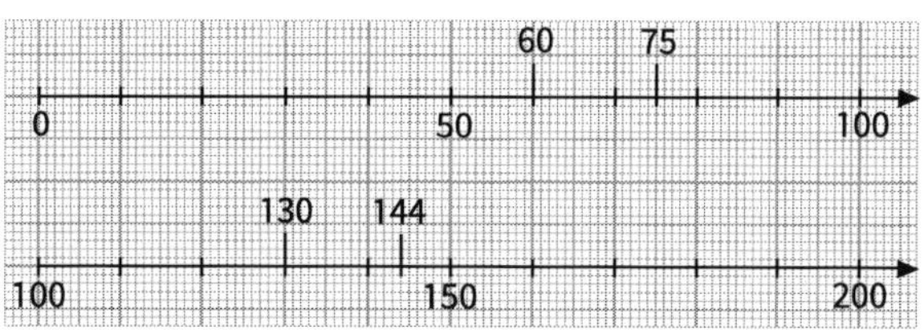

29 4. b) 100 Einheiten = 10 mm

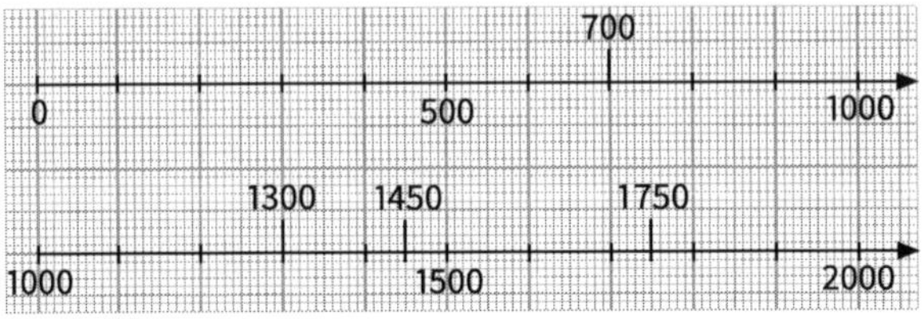

c) 1000 Einheiten = 10 mm

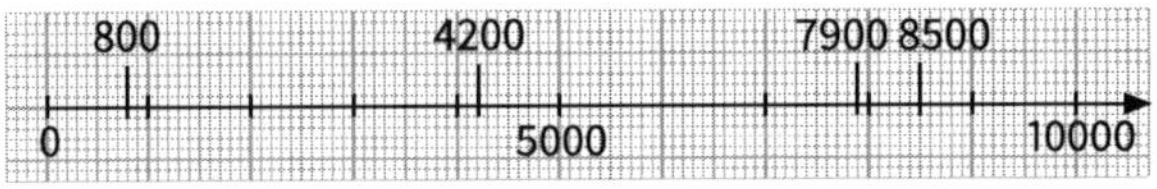

5. (1) Die Zahlen liegen rechts von der 65.
   (2) Die Zahlen liegen links von der 65.

6. a) (1) 450 000 (2) 2 500 000 (3) 9 500 000
   b) (1) 900 000 (4) 1 050 000 (7) 590 000 (10) 310 280
      (2) 650 000 (5) 5 500 000 (8) 338 000
      (3) 900 000 (6) 3 110 000 (9) 312 800
   c) Beispiele:
      (1) 2 und 8 (2) 80 und 88 (3) 111 und 127 (4) 0 und 2
   d) (1) 25 und 29 (2) 17 und 37 (3) 6 und 48 (4) 24 und 30

1.6 Runden von Zahlen – Bilddiagramme

30 **Einstieg:**

a) Bei der ersten Darstellung hat man genauere Werte, bei der zweiten ist auf den ersten Blick besser ein Unterschied zu erkennen.

b) Die Zahlen aus der Tabelle wurden auf 1 000 000 gerundet. Für je 1 000 000 Tiere wird dann ein Tier gezeichnet.
Umgekehrt erhält man aus dem Bild nur die gerundeten Werte.
Die genauen Werte kann man nicht ablesen.

31 2. a) 100; [100] 28 560; [28 600]
   190; [200] 265 000; [265 000]
   250; [200] 4 783 970; [4 784 000]
   330; [300]
   b) 9 000; [10 000] 4 786 000; [4 790 000]
   25 000; [30 000] 1 878 000; [1 880 000]
   25 000; [20 000]
   c) 6 000 000; [6 100 000] 2 000 000; [2 300 000]
   3 000 000; [3 400 000] 5 000 000; [5 500 000]

31

3. 2007: 70 Mio. 2008: 80 Mio. 2009: 90 Mio. 2010: 100 Mio. 2011: 110 Mio.

4. An der Zehnerstelle steht eine 4, also wird auf 2 500 abgerundet.

5. 1 Figur für 1 Mio.

Athen:	3 Figuren	Paris:	2 Figuren	Warschau:	2 Figuren
Berlin:	3 Figuren	Prag:	1 Figur	Rom:	3 Figuren
Brüssel:	1 Figur	London:	7 Figuren	Wien:	2 Figuren
Moskau:	10 Figuren	Madrid:	3 Figuren	Budapest:	2 Figuren

6. Zum Beispiel eine Figur für 5 000 Schülerinnen und Schüler.

Grundschulen:	27 Figuren
Hauptschulen:	Keine oder eine halbe Figur
Realschulen:	2 Figuren
Realschulen plus:	19 Figuren
integrierte Gesamtschulen:	7 Figuren
Gymnasien:	27 Figuren
Förderschulen:	2 Figuren
Schulen besonderer Art:	1 Figur

7. a) Von 35 bis 44.
Von 95 bis 104.
Von 3085 bis 3094.

b) Von 250 bis 349.
Von 4450 bis 4549.
Von 957 950 bis 958 049.

32

8. mindestens: 42 500 höchstens: 43 499

9. a) 134 [125]
b) 4549 [4450]
c) 34 499 [33 500]
d) 354 999 [345 000]

10. Die Telefonnummer und die Kleidergröße darf man nicht runden. Die Flugsicherung und der Pilot dürfen die Angabe 10 300 m nicht runden, da das Flugzeug sonst 300 m tiefer fliegen würde und Flugzeuge dann zusammenstoßen könnten. Wir könnten sie aber auf 10 000 m runden.

32

11. a)

	gerundete Zahl	Rundungsfehler
(1)	30	4
	290	5
	5630	2
	40	5
	590	2
	239540	3
(2)	400	15
	2700	25
	29500	22
	967300	21
	435200	11
	666400	44

b) (1) Auf Zehner: 366 oder 374
(2) Auf Hunderter: 2563 oder 2637
(3) Auf Zehner: 1225
(4) Auf Tausender: 2764 oder 3236
(5) Auf Zehntausender: 335442 oder 344558
(6) Auf Hunderter: 2250

c) 5 [50; 500; ...] Der größte Rundungsfehler tritt beim Runden einer 5 auf.

12. a) Für die Endziffern 25 bis 49 ist das Ergebnis von Max kleiner als das von Maxi.
Beispiele:
Max: $125 \approx 100$; $100 \cdot 2 = 200$ — Maxi: $125 \cdot 2 = 250 \approx 300$
$149 \approx 100$; $100 \cdot 2 = 200$ — $149 \cdot 2 = 298 \approx 300$

b) Für die Endziffern 00 und 75 bis 99 ist das Ergebnis von Max genau so groß wie das Ergebnis von Maxi.
Beispiele:
Max: $200 \approx 200$; $200 \cdot 2 = 400$ — Maxi: $200 \cdot 2 = 400 \approx 400$
$175 \approx 200$; $200 \cdot 2 = 400$ — $175 \cdot 2 = 350 \approx 400$
$199 \approx 200$; $200 \cdot 2 = 400$ — $199 \cdot 2 = 398 \approx 400$

c) Für die Endziffern 50 bis 74 ist das Ergebnis von Max größer als das von Maxi.
Beispiele:
Max: $150 \approx 200$; $200 \cdot 2 = 400$ — Maxi: $150 \cdot 2 = 300 \approx 300$
$174 \approx 200$; $200 \cdot 2 = 400$ — $174 \cdot 2 = 348 \approx 300$

Das kann ich noch!

A) 1) $13 \cdot 3 = 39$ $\quad 13 \cdot 4 = 52$ $\quad 13 \cdot 7 = 91$
Das zweite Ergebnis ist um 13 größer als das erste. Das dritte Ergebnis ist (wegen $3 + 4 = 7$) die Summe der ersten beiden Ergebnisse.

2) $33 \cdot 2 = 66$ $\quad 33 \cdot 3 = 99$ $\quad 33 \cdot 5 = 165$
Das zweite Ergebnis ist um 33 größer als das erste. Das dritte Ergebnis ist (wegen $2 + 3 = 5$) die Summe der ersten beiden Ergebnisse.

1.7 Größen und ihre Einheiten

1.7.1 Messen von Längen – Einheiten der Länge

33 **Einstieg:**
Keine Lösungen

35 **1. a)** (1) Breite einer Tür
(2) Breite eines Fußes/einer Hand
(3) Dicke des Schülerbandes
(4) Dicke eines Geodreiecks
b) –

2. –

3. (1) m
(2) cm
(3) m
(4) mm
(5) m
(6) m
(7) km
(8) km
(9) cm
(10) cm oder m
(11) km oder m
(12) cm oder mm

4. Hornisse: 26 mm
Blattlaus: 6 mm
Honigbiene: 14 mm
Marienkäfer: 6 mm
Ohrwurm: 15 mm

36 **5.** –

6.

a)	b)	c)	d)
7 000 m	170 cm	9 990 dm	80 cm
40 mm	6 250 dm	880 mm	7 500 m
390 dm	800 mm	300 000 m	210 mm

7.

a)	b)	c)	d)
5 cm	5 dm	5 km	7 m
20 cm	300 dm	60 km	14 m
350 cm	740 dm	12 km	130 m

8. a) 7,5 cm = 7 cm 5 mm = 75 mm
27,8 cm = 27 cm 8 mm = 278 mm
0,5 cm = 0 cm 5 mm = 5 mm

b) 23,04 m = 23 m 4 cm = 2 304 cm
16,5 m = 16 m 5 dm = 165 dm
0,05 m = 0 m 5 cm = 5 cm

c) 7,256 km = 7 km 256 m = 7 256 m
20,005 km = 20 km 5 m = 20 005 m
11,4 km = 11 km 400 m = 11 400 m

d) 0,703 km = 0 km 703 m = 703 m
7,3 km = 7 km 300 m = 7 300 m
7,03 km = 7 km 30 m = 7 030 m

36 **9.**

	km		m						Schreibweisen
	Z	E	H	Z	E	dm	cm	mm	
a)							6	7	67 mm = 6,7 cm
						4	1		41 cm = 4,1 dm
						5	0	6	506 mm = 50,6 cm = 5,06 dm
b)				1	7		8		1 708 cm = 17,08 m
				5	7	2	2		5 722 cm = 57,22 m
		4	3	1	9				4 319 m = 4,319 km
c)	3	9	4						39 400 m = 39,4 km
	2	0		5	0				20 050 m = 20,05 km
						1		8	108 mm = 1,08 dm
d)					2	3			230 cm = 2,3 m
					1		3		103 cm = 1,03 m
		9			2				9 002 m = 9,002 km

10. a) 500 cm; 4 000 mm; 200 mm
b) 40 km; 30 m; 7 m
c) 5,7 km; 2,08 m; 1,003 m
d) 7,6 km; 340 000 cm; 3 000 cm

11. a) 6 m 2 cm = 602 cm
b) 5 m 1 cm = 5,01 m
c) 2 km 300 m = 2,3 km
d) 8 km 60 m = 8,06 km
e) 0,5 m = 50 cm
f) 4 m 1 cm = 4,01 m

12. 2 dm; 1 dm 8 cm; 13 cm; 1 dm; 9 cm 8 mm; 0,5 dm; 40 mm

37 **13.** Football:
16,8 cm = 16 cm 8 mm; 17,2 cm = 17 cm 2 mm
Football-Spielfeld:
48,77 m = 48 m 77 cm; 9,14 m = 9 m 14 cm; 19,44 m = 19 m 44 cm; 9,14 m = 9 m 14 cm
Olympia-Marathonstrecken:
24,85 km = 24 km 850 m; 40,26 km = 40 km 260 m; 40 km; 42,195 km = 42 km 195 m; 40,2 km = 40 km 200 m; 42,75 km = 42 km 750 m; 42,195 km = 42 km 195 m

14. a) **(1)** 3 km; 6 km; 8 km; 2 km; 6 km; 1 km
(2) 7 m; 9 m; 12 m; 10 m; 24 m; 65 m
(3) 14 cm; 7 cm; 534 cm; 72 cm; 36 cm; 156 cm
b) **(1)** Von 319,50 m bis 320,49 m.
(2) Von 247,5 cm bis 248,4 cm.

15. a) L = 4,432 m; B = 1,757 m; H = 1,544 m
b) L = 4750 mm; B = 1700 mm; H = 1430 mm

1.7.2 Messen von Gewichten – Gewichtseinheiten

37 **Einstieg:**

Fahrrad: 10 kg   Motorroller: 50 kg   Briefmarke: 40 mg   Schokolade: 100 g
Lokomotive: 120 t   Bus: 12 t   Zuckerwürfel: 3 g   Schreiber: 30 g

39 **1.** (1) Lkw: t
(2) Flugzeug: t
(3) Wassertropfen: mg
(4) Mathematikbuch: g
(5) Melone: g
(6) Brief: g
(7) Tisch: kg
(8) Pferd: t oder kg
(9) Stück Käse: g
(10) Briefmarke: mg
(11) Apfel: g
(12) Münze: g oder mg

2. (1) Z. B.: Schokolade
(2) Z. B.: Puderzucker; Nudeln; Butter
(3) Z. B.: Tomaten (abgepackt); Nudeln
(4) Z. B.: Mehl; Zucker; 1 l Milch
(5) Z. B.: Waschmittel
(6) Z. B.: Arzneimittel, Tablette
(7) Z. B.: Obst
(8) Z. B.: Wurst oder Käse

40 **3.** a) 6 000 g   b) 3 000 mg   c) 12 000 kg   d) 108 000 g   e) 10 000 kg   f) 26 000 mg   g) 215 000 mg   h) 100 000 g

4. a) 60 t   b) 7 g   c) 24 kg   d) 125 t   e) 2 kg

5. a) 3 700 g; 5 040 g   b) 3 635 kg; 6 017 kg   c) 1 200 mg; 1 003 mg   d) 12 080 kg; 126 900 g   e) 5 007 mg; 1 001 g

6. a) 7 964 g; 7 064 g; 7 004 g   b) 66 800 kg; 23 200 kg; 23 050 kg   c) 7 364 mg; 13 289 mg; 76 981 mg   d) 7 800 g; 7 080 g; 7 008 g   e) 6 400 kg; 6 400 kg; 6 400 kg

7.

	t		kg			g			mg			Schreibweisen
	Z	E	H	Z	E	H	Z	E	H	Z	E	
a)					4	3	2	5				4 kg 325 g = 4 325 g = 4,325 kg
				7	3		8					73 kg 80 g = 73 080 g = 73,08 kg
					1			9				1 kg 9 g = 1 009 g = 1,009 kg
b)		7	2									7 t 200 kg = 7 200 kg = 7,2 t
	1	1		3	3							11 t 33 kg = 11 033 kg = 11,033 t
	4				5							40 t 5 kg = 40 005 kg = 40,005 t
c)						1	3	4	6	6		134 g 660 mg = 134 660 mg = 134,66 g
						8			3			800 g 300 mg = 800 300 mg = 800,3 g
								2		1	5	2 g 15 mg = 2 015 mg = 2,015 g
d)		3	5									3 t 500 kg = 3 500 kg = 3,5 t
					1		5					1 kg 50 g = 1 050 g = 1,05 kg
								8	3	6	4	8 g 364 mg = 8 364 mg = 8,364 g
e)					2		7	5				2 kg 75 g = 2 075 g = 2,075 kg
								3			5	3 g 5 mg = 3 005 mg = 3,005 g
		1			7							1 t 7 kg = 1 007 km = 1,007 t

40 8. a) 8,634 t; 0,8 t   b) 0,329 kg; 0,007 kg   c) 16,481 g; 0,6 kg   d) 0,04 t; 0,48 g   e) 0,05 kg; 0,007 t

9. a) 3 kg 2 g = 3 002 g
b) 5 t 100 kg = 5,1 t
c) 8 g 27 mg = 8 027 mg
d) 9 kg 384 g = 9 384 g
e) 3 t 8 g = 3,000008 t
f) 0,5 kg = 500 g

10. 1,5 t; 700 kg; 100 kg; 13 kg; 1 kg 500 g; 1,3 kg; 400 g; 0,003 kg

11. a) 250 g; 920 g; 991 kg; 699 kg; 500 mg; 901 g
b) 950 mg; 250 mg; 875 g; 992 g; 999 kg; 872 kg

12. a) (1) 8 t; 12 t; 3 t; 1 t; 10 t
(2) 2 kg; 1 kg; 116 kg; 4 kg; 6 kg
(3) 5 g; 11 g; 8 g; 1 g; 10 g
b) (1) Zum Beispiel in ganzen kg: Von 2 500 kg bis 3 499 kg.
(2) Zum Beispiel in ganzen g: Von 24 500 g bis 25 499 g.

41 13. 10,3 g = 10 300 mg   18,6 g = 18 600 mg   151 mg = 0,151 g
7,2 g = 7 200 mg   50,8 g = 50 800 mg   4 mg = 0,004 g
0,01 g = 10 mg   14,9 g = 14 900 mg   60 g = 60 000 mg

14. 7,257 kg = 7 kg 257 g = 7 257 g   4 kg = 4 000 g = 0,004 t

15. 1. Tag: zwischen 10 250 g und 10 349 g.
2. Tag: zwischen 10 350 g und 10 449 g.
Die Zunahme kann zwischen 1 g und 199 g liegen.

1.7.3 Zeitpunkte, Zeitspannen – Zeiteinheiten

Einstieg:
Zum Beispiel scheint die Sonne am 21. März 12 Stunden 13 Minuten, am 21. Juni 16 Stunden 37 Minuten, am 23. September 12 Stunden 10 Minuten und am 22. Dezember 7 Stunden 52 Minuten.

42 2. (1) 100-m-Lauf: Sekunden
(2) Winterschlaf eines Igels: Monate
(3) Wachsen eines Baumes: Jahre
(4) Urlaubsreise: Tage oder Wochen
(5) Abspielen einer Musik: Minuten
(6) Abbrennen einer Kerze: Stunden

3. –

43 4. a) 1 200 min; 660 s   b) 360 h; 3 600 s   c) 9 h; 1 800 s   d) 5 d; 1 h   e) 7 200 s; 30 min

43 **5.** **a)** 192 s 484 s **b)** 760 s 330 min **c)** 669 min 657 min **d)** 32 h 58 h **e)** 304 s 195 min

6. **a)** 1 min 5 s
1 min 30 s
b) 1 h 15 min
2 h 5 min
c) 1 d 4 h
2 d 9 h
d) 2 d 15 h
1 h 27 min
e) 5 h 6 min
2 d 17 h
f) 1 min 48 s
10 d 6 h

7. **a)** **(1)** 43 min **(2)** 79 min **(3)** 307 min **(4)** 694 min **(5)** 1 040 min
b) **(1)** 0.55 Uhr **(2)** 1.40 Uhr **(3)** 3.23 Uhr **(4)** 9.15 Uhr **(5)** 18.31 Uhr

8. **a)** Sarah 14.45 Uhr. Sie ist 6 Minuten unterwegs.
Anne 14.49 Uhr. Sie ist 3 Minuten unterwegs.
b) 24 Minuten
c) Alle 12 Minuten bzw. alle 13 Minuten oder alle 15 Minuten.
d) Ab Rieth 12.22 Uhr, an Hauptbahnhof 12.39 Uhr, oder sogar eine Bahn früher.

9. Z. B.: Um wie viel Uhr begann das Spiel nach mitteleuropäischer Zeit?
Antwort: Um 7.20 Uhr.
Z. B.: Um wie viel Uhr endete das Spiel nach ostaustralischer Zeit?
Antwort: Um 19.10 Uhr.
Z. B.: Wie lange dauerte das Spiel?
Antwort: Es dauerte 2 h 50 min.

10. Goethe: 82 Jahre Beethoven: 56 Jahre Einstein: 76 Jahre
Schumann: 76 Jahre Curie: 66 Jahre

Im Blickpunkt: Wie man große Zahlen veranschaulichen kann

44 **1.** **a)** Der Stapel aus 1 000 000 Münzen ist 100 000-mal so hoch, also:
100 000 · 21 mm = 2 100 000 mm = 210 000 cm = 2 100 m = 2,1 km.
b) Der Stapel besteht aus 100 000 000 Münzen, er ist also 10 000 000-mal so hoch:
10 000 000 · 13 mm = 130 000 000 mm = 13 000 000 cm = 130 000 m = 130 km

2. **a)** Eine Kette aus 1 000 000 Münzen ist 10 000-mal so lang, also:
10 000 · 2 325 mm = 23 250 000 mm = 2 325 000 cm = 23 250 m = 23,25 km
b) Eine Kette aus 100 000 000 Münzen ist 1 000 000-mal so lang, also:
1 000 000 · 1625 mm = 1 625 000 000 mm = 162 500 000 cm = 1 625 000 m = 1625 km
c) –

44 3. a) Ein Berg von 1 000 000 Münzen wiegt 100 000-mal so viel, also:
$100\,000 \cdot 76\,g = 7\,600\,000\,g = 7\,600\,kg = 7{,}6\,t$

b) Ein Berg mit 100 000 000 Münzen wiegt 10 000 000-mal so viel, also:
$10\,000\,000 \cdot 22\,g = 220\,000\,000\,g = 220\,000\,kg = 220\,t$

c) –

4. 1 000 000 € ist ein Stapel von zehntausend 100-Euro-Scheinen.
Diese sind $100 \cdot 12\,mm = 1200\,mm = 120\,cm = 1{,}20\,m$ dick und wiegen $10\,000 \cdot 1\,g = 10\,000\,g = 10\,kg$

1.8 Maßstab

45 **Einstieg:**
Keine Lösungen

46 2. $42\,mm : 3 = 14\,mm$

3. $11\,m : 200 = 110\,000\,mm : 200 = 55\,mm = 5{,}5\,cm$
$14\,m : 200 = 1\,400\,cm : 200 = 7\,cm = 70\,mm$
$3\,m : 200 = 3\,000\,mm : 200 = 15\,mm = 1{,}5\,cm$

47 4. a) (1) $4\,cm \cdot 50 = 200\,cm = 2\,m$
(2) $2\,cm \cdot 50 = 100\,cm = 1\,m$

b) (1) $35\,mm \cdot 200 = 7\,000\,mm = 700\,cm = 7\,m$
(2) $15\,mm \cdot 200 = 3\,000\,mm = 300\,cm = 3\,m$

5. a) (1) 16 cm und 10 cm (2) 8 cm und 5 cm (3) 4 cm und 2,5 cm
b) (1) 8 cm und 3 cm (2) 12 cm und 4,5 cm (3) 16 cm und 6 cm

6. $56\,cm \cdot 8 = 448\,cm = 4{,}48\,m$

7. $4{,}50\,m : 25\,cm = 450\,cm : 25\,cm = 18$. Der Maßstab ist 1 : 18.

8. a)

Karte	Wirklichkeit
1 cm	250 m
5 cm	1250 m
8 cm	2000 m
3 cm	750 m
16 cm	4 km
20 cm	5 km

b)

Karte	Wirklichkeit
1 cm	500 m
4 cm	2000 m
6 cm	3000 m
5 cm	2500 m
10 cm	5 km
16 cm	8 km

c)

Karte	Wirklichkeit
1 cm	2 km
8 cm	16 km
20 cm	40 km
40 cm	80 km
72 cm	144 km
100 cm	200 km

9. Ungefähr 2 mm

10. –

1.9 Grafische Darstellung von Größen in Säulendiagrammen

48 **Einstieg:**

Säulenlängen: Gorilla: 204 mm, Kegelrobbe: 151 mm, Eisbär: 51 mm, Gazelle: 388 mm, Timberwolf: 515 mm

49 **2.** a)

Januar:	70 mm	Juli:	100 mm
Februar:	60 mm	August:	90 mm
März:	50 mm	September:	100 mm
April:	60 mm	Oktober:	80 mm
Mai:	80 mm	November:	70 mm
Juni:	90 mm	Dezember:	60 mm

b) Zum Beispiel kann man 1 mm Säulenlänge für 1 mm Niederschlag nehmen oder, wie hier im Bild, 1 mm Säulenlänge für 2 mm Niederschlag.

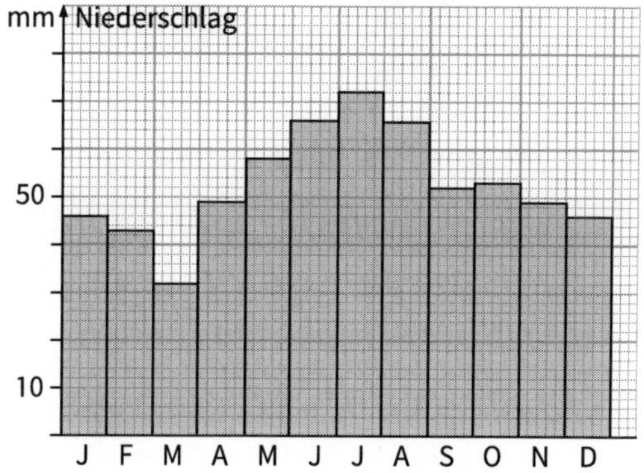

3. a)

Hummel:	18 km/h	Strauß:	80 km/h
Adler:	130 km/h	Elefant:	40 km/h
Thunfisch:	74 km/h		

b) Zum Beispiel kann man 1 mm Säulenlänge für 1 Jahr nehmen oder, wie hier im Bild, 1 mm für 2 Jahre.

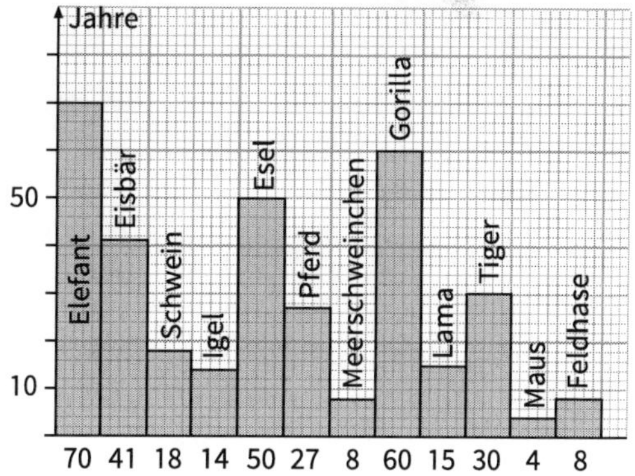

4. Zum Beispiel

1 mm für 10 Tonnen. Stablängen:

Glas:	110 mm	Metalle:	70 mm
Pappe/Papier:	105 mm	Holz:	99 mm
Kunststoffe:	266 mm	Sonstiges:	1 mm

49 *Das kann ich noch!*

A) 1) 9 2) 27 3) 81

Der Divisor in Aufgabe 1) ist dreimal so groß wie der Divisor in Aufgabe 2).
Das Ergebnis in Aufgabe 2) ist dreimal so groß wie das Ergebnis in Aufgabe 1).
Der Divisor in Aufgabe 2) ist dreimal so groß wie der Divisor in Aufgabe 3).
Das Ergebnis in Aufgabe 3) ist dreimal so groß wie das Ergebnis in Aufgabe 2).
Der Divisor in Aufgabe 1) ist neunmal so groß wie der Divisor in Aufgabe 3).
Das Ergebnis in Aufgabe 3) ist neunmal so groß wie das Ergebnis in Aufgabe 1).

4) 27 5) 18 6) 9

Der Divisor in Aufgabe 6) ist dreimal so groß wie der Divisor in Aufgabe 4).
Das Ergebnis in Aufgabe 4) ist dreimal so groß wie das Ergebnis in Aufgabe 6).
Der Divisor in Aufgabe 6) ist doppelt so groß wie der Divisor in Aufgabe 5).
Das Ergebnis in Aufgabe 5) ist doppelt so groß wie das Ergebnis in Aufgabe 6).

Im Blickpunkt: Tabellenkalkulation und Diagramme

50 **1.** –

2. –

51 **3.** –

4. 1. Diagramm: Anzahl der Geburten
2. Diagramm: Einkommen Auszubildender
3. Diagramm: Verpackungskonsum je Einwohner

5. a)

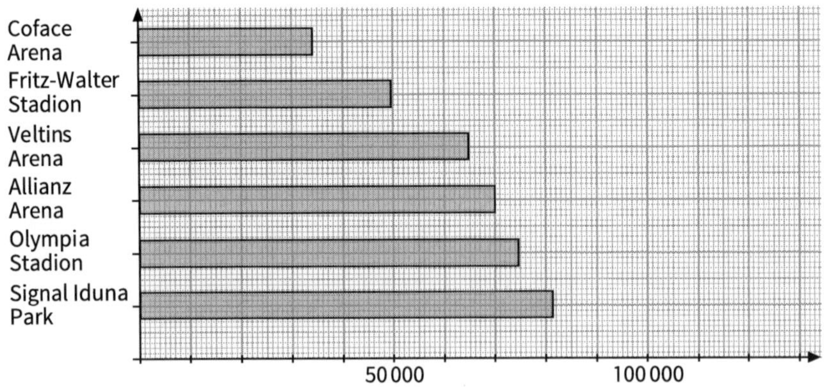

b) –

1.10 Zahlenfolgen

52 **Einstieg:**

Figur Nr.	1	2	3	4	5	6
Anzahl Streichhölzer	3	5	7	9	11	13

Die erste Figur besteht aus drei Streichhölzern, bei den folgenden kommen immer zwei hinzu.

2. **a)** $3 \xrightarrow{+13} 16 \xrightarrow{+13} 29 \xrightarrow{+13} 42 \xrightarrow{+13} 55 \xrightarrow{+13} 68 \xrightarrow{+13} 81$
$\xrightarrow{+13} 94 \xrightarrow{+13} 107 \xrightarrow{+13} 120 \xrightarrow{+13} 133$

b) $7 \xrightarrow{+13} 20 \xrightarrow{+13} 33 \xrightarrow{+13} 46 \xrightarrow{+13} 59 \xrightarrow{+13} 72 \xrightarrow{+13} 85$
$\xrightarrow{+13} 98 \xrightarrow{+13} 111 \xrightarrow{+13} 124 \xrightarrow{+13} 137$

c) $8 \xrightarrow{+15} 23 \xrightarrow{+15} 38 \xrightarrow{+15} 53 \xrightarrow{+15} 68 \xrightarrow{+15} 83 \xrightarrow{+15} 98$
$\xrightarrow{+15} 113 \xrightarrow{+15} 128 \xrightarrow{+15} 143 \xrightarrow{+15} 158$

3. **a)** 27; 32; 37; 42; 47; 52; 57; 62; 67; 72
Vorschrift: $\xrightarrow{+5}$

b) 66; 78; 90; 102; 114; 126; 138; 150; 162; 174
Vorschrift: $\xrightarrow{+12}$

c) 78; 97; 116; 135; 154; 173; 192; 211; 230; 249
Vorschrift: $\xrightarrow{+19}$

d) 37; 44; 51; 58; 65; 72; 79; 86; 93; 100
Vorschrift: $\xrightarrow{+7}$

4. **a)** 31; 39; 48; 58; 69
Vorschrift: $\xrightarrow{+2}$; $\xrightarrow{+3}$; $\xrightarrow{+4}$; …

b) 48; 63; 80; 99; 120
Vorschrift: $\xrightarrow{+3}$; $\xrightarrow{+5}$; $\xrightarrow{+7}$; …

c) 720; 5 040; 40 320; 362 880; 3 628 800
Vorschrift: $\xrightarrow{\cdot 2}$; $\xrightarrow{\cdot 3}$; $\xrightarrow{\cdot 4}$; …

d) 28; 36; 45; 55; 66
Vorschrift: $\xrightarrow{+2}$; $\xrightarrow{+3}$; $\xrightarrow{+4}$; …

5. **a)** 52; 104; 108; 216; 220
Vorschrift: $\xrightarrow{\cdot 2}$; $\xrightarrow{+4}$; $\xrightarrow{\cdot 2}$; $\xrightarrow{+4}$; …

b) 430; 530; 600; 700; 770
Vorschrift: $\xrightarrow{+70}$; $\xrightarrow{+100}$; $\xrightarrow{+70}$; $\xrightarrow{+100}$; …

53 6. a) 42; 56; 72; 90; 110

Vorschrift: $\xrightarrow{+4}$; $\xrightarrow{+6}$; $\xrightarrow{+8}$; $\xrightarrow{+10}$; …

b) 22; 29; 37; 46; 56

Vorschrift: $\xrightarrow{+2}$; $\xrightarrow{+3}$; $\xrightarrow{+4}$; …

c) Quadrat der Zahlen: 1; 4; 9; 16; 25; 36; 49; 64; 81; 100

d) 1; 3; 6; 10; 15; 21; 28; 36; 45; 55

Vorschrift: $\xrightarrow{+2}$; $\xrightarrow{+3}$; $\xrightarrow{+4}$; …

7. Druckfehler in der 1. und 2. Auflage
in b): 5; 15; 45; 135; ... und
in f): 20; 15; 30; 25; 50; 45; ...

a) 27; 35; 44; 54; 65

Vorschrift: $\xrightarrow{+3}$; $\xrightarrow{+4}$; $\xrightarrow{+5}$; …

b) 405; 1 215; 3 645; 10 935; 32 805

Vorschrift: $\xrightarrow{\cdot 5}$

c) 216; 432; 1 296; 2 592; 7 776

Vorschrift: $\xrightarrow{\cdot 2}$; $\xrightarrow{\cdot 3}$; $\xrightarrow{\cdot 2}$; …

d) 25; 36; 49; 64; 81

Vorschrift: $\xrightarrow{+3}$; $\xrightarrow{+5}$; $\xrightarrow{+7}$; …

e) 275; 280; 1 400; 1 405; 7 025

Vorschrift: $\xrightarrow{\cdot 5}$; $\xrightarrow{+5}$; $\xrightarrow{\cdot 5}$; …

f) 90; 85; 170; 165; 330

Vorschrift: $\xrightarrow{-5}$; $\xrightarrow{\cdot 2}$; $\xrightarrow{-5}$; …

8.

Generation	a) Anzahl	b) Anzahl
1	2	2
2	4	6
3	8	14
4	16	30
5	32	62
6	64	126
7	128	254
8	256	510
9	512	1 022
10	1 024	2 046
11	2 048	4 094
12	4 096	8 190

9. –

53 **10.** *1. Beispiel:* 1; 1; 2; 6; 24; 120; …

Vorschrift: $\xrightarrow{\cdot 1}$; $\xrightarrow{\cdot 2}$; $\xrightarrow{\cdot 3}$; $\xrightarrow{\cdot 4}$; …

2. Beispiel: 1; 1; 2; 2; 4; 4; 8; …

Vorschrift: $\xrightarrow{\cdot 1}$; $\xrightarrow{\cdot 2}$; $\xrightarrow{\cdot 1}$; $\xrightarrow{\cdot 2}$; …

Auf den Punkt gebracht: Umgang mit Texten, Tabellen und Diagrammen

54 **1.** a) –

b) Da der Seehund in höchstens 12 Minuten 200 m tief taucht und wieder zum Luft holen auftaucht, könnte man etwa 30 m pro Minute abschätzen. Das ist aber sehr ungenau. Es müssen aber mehr als 17 m pro Minute sein, da er sonst in 12 Minuten nur 200 m tief tauchen, aber nicht mehr zum Luft holen auftauchen könnte.

2.

Jahr	a) Anzahl der Seehunde	b) Länge einer Säule im Säulendiagramm (1 mm für 100 Seehunde)
1996	4 548	45 mm
1997	5 003	50 mm
1998	5 568	56 mm
2000	6 700	67 mm
2001	7 534	75 mm
2002	3 934	39 mm
2003	5 038	50 mm
2004	6044	60 mm
2010	9720	97 mm

55 **3.**

Art der Münze	Anzahl der Münzen (in Mio.) in		
	Finnland	Portugal	Deutschland
1 Cent	35	232	3700
2 Cent	23	272	1800
5 Cent	355	196	2300
10 Cent	285	220	3300
20 Cent	190	116	1600
50 Cent	72	152	1600
1 Euro	60	68	1700
2 Euro	50	40	1000

4. Man weiß nur, dass die Anzahl der Arbeiterinnen über 80 000 liegen kann. Über die Anzahl der Drohnen wird in dem Text nichts ausgesagt.

1.11 Aufgaben zur Vertiefung

56 **1. a)**

Dezimalsystem	Hexadezimalsystem
16	10
17	11
18	12
19	13
20	14
21	15
22	16
23	17
24	18
25	19
26	1A
27	1B
28	1C
29	1D
30	1E
31	1F
32	20
33	21
34	22
35	23
36	24
37	25
38	26
39	27
40	28

Dezimalsystem	Hexadezimalsystem
41	29
42	2A
43	2B
44	2C
45	2D
46	2E
47	2F
48	30
49	31
50	32
51	33
52	34
53	35
54	36
55	37
56	38
57	39
58	3A
59	3B
60	3C
61	3D
62	3E
63	3F
64	40

b) $51_z = 5 \cdot 16 + 1 = 81$
$99_z = 9 \cdot 16 + 9 = 153$
$5A_z = 5 \cdot 16 + 10 = 90$
$F3_z = 15 \cdot 16 + 3 = 243$
$FF_z = 15 \cdot 16 + 15 = 255$

c) $70 = 4 \cdot 16 + 6 = 46_z$
$80 = 5 \cdot 16 + 0 = 50_z$
$100 = 6 \cdot 16 + 4 = 64_z$
$123 = 7 \cdot 16 + 11 = 7B_z$
$187 = 11 \cdot 16 + 11 = BB_z$
$202 = 12 \cdot 16 + 10 = CA_z$
$256 = 1 \cdot 256 + 0 \cdot 16 + 0 = 100_z$
$298 = 1 \cdot 256 + 2 \cdot 16 + 10 = 12A_z$

2. 26 700 Lichtjahre ≈ 267 000 000 000 000 000 km
10 000 Lichtjahre ≈ 100 000 000 000 000 000 km
120 000 Lichtjahre ≈ 1 200 000 000 000 000 000 km
2 Millionen Lichtjahre ≈ 20 000 000 000 000 000 000 km
Die Zahlen sind mit Lichtjahren nicht so groß und damit besser lesbar.

2. Rechnen mit natürlichen Zahlen

59 **Einstiegsseite:**

→ 10 · 8 M = 80 M
→ Zweimal.
→ 4 · 200 M + 200 M = 1 000 M
→ Keine Lösungen

Lernfeld: Mehr ... oder weniger?

60 **1. Auftrag: Das Polyeder-Spiel**

Man sollte beim ersten, dritten und fünften Wurf die Würfel mit den höheren Augenzahlen nehmen, beim zweiten und vierten Wurf Tetraeder und Hexaeder.

2. Auftrag: Entdeckungen an Zahlenmauern

→ Die obere Zahl ist am größten, wenn die 13 in der Mitte steht (Ergebnis 42), am kleinsten, wenn die 7 in der Mitte steht (Ergebnis 36).
Wenn die 9 in der Mitte steht, erhält man das Ergebnis 38.

→

9	8
4 5	3 5
1 3 2	1 2 3

61 → Es müssen immer (mindestens) drei Zahlen vorgegeben sein, bei denen man die dritte Zahl aber nicht aus den anderen beiden Zahlen berechnen kann.
In dem Beispiel ist 7 die Summe aus 3 und 4. Im rechten Feld unten kann man eine beliebige Zahl einsetzen.
Weitere Beispiele für Zahlenmauern wie im Beispiel des Buches sind:

leer	7
leer 7	3 4
leer 3 4	leer leer leer

→

5	5	6	6
2 3	3 2	2 4	4 2
1 1 2	2 1 1	1 1 3	3 1 1
6	6	7	7
3 3	3 3	2 5	5 2
2 1 2	1 2 1	1 1 4	4 1 1
7	7	7	7
3 4	3 4	4 3	4 3
1 2 2	2 1 3	2 2 1	3 1 2

61 **2. Auftrag:** Fortsetzung

→ Es gilt: ungerade + ungerade = gerade
ungerade + gerade = ungerade
gerade + ungerade = ungerade
gerade + gerade = gerade

Man erhält folgende ausgefüllte Mauern:

1. Mauer

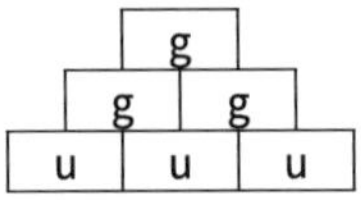

2. Mauer

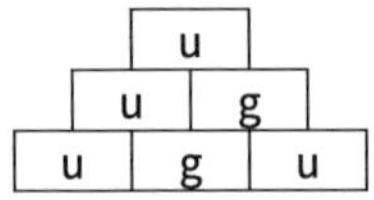

oder

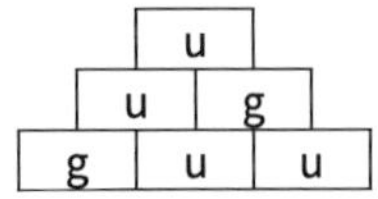

3. Mauer:

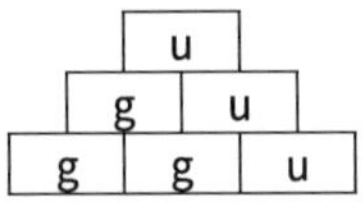

oder

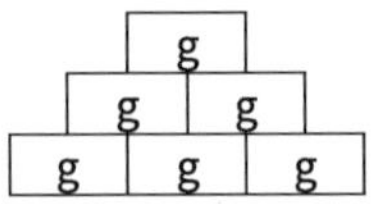

3. Auftrag: Fermi-Fragen

→ Frankfurt hat ungefähr 690 000 Einwohner, das sind ungefähr 230 000 Haushalte.
Wenn jeder 20. Haushalt ein Klavier besitzt, sind das etwa 11 500 Klaviere.
Wir gehen davon aus, dass jedes Klavier einmal pro Jahr gestimmt wird und ein Klavierstimmer drei Klaviere pro Tag schafft. Wenn wir von 220 Arbeitstagen im Jahr ausgehen, dann schafft ein Klavierstimmer also 660 Klaviere pro Jahr.
Man benötigt in Frankfurt also etwa 18 Klavierstimmer.

→ Keine Lösungen

→ Keine Lösungen

2.1 Addieren und Subtrahieren

62 **Einstieg:**

194 s + 217 s + 154 s + 163 s + 182 s = 910 s

Sie sollte sich für die mittlere Qualität entscheiden, da diese knapp 910 s Aufnahme möglich macht.
Wenn sie alle Titel vollständig aufnehmen möchte, muss sie auf einen Titel verzichten.

64

3. a) –

b)

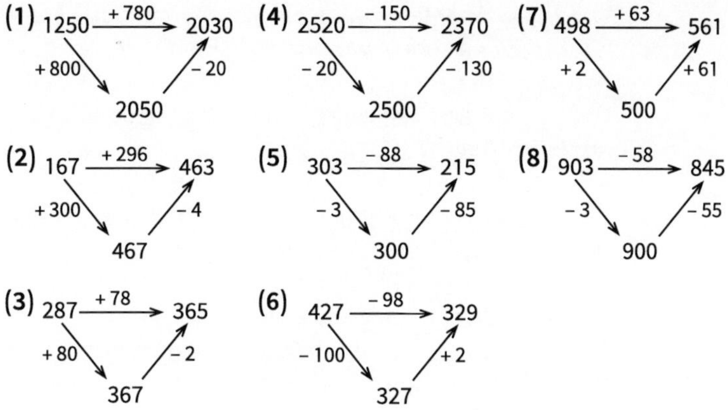

4.

a)	b)	c)	d)	e)	f)
79	266	814	730	716	722
80	876	622	5 970	561	545
400	489	909	5 350	331	865

5.

a)	b)	c)	d)	e)	f)
112	280	558	3 270	666	353
235	214	639	4 850	829	614
830	445	6 270	2 870	245	26

6. **a)** 107 = 107 **c)** 148 < 158 **e)** 654 = 654
b) 130 > 120 **d)** 99 < 101 **f)** 486 > 466

7. **a)** 39 km + 102 km = 141 km
b) 102 km – 48 km = 54 km
c) Wie weit ist es von Kleve bis Haltern?
Antwort: 39 km + 48 km = 87 km

8. *Beispiele:*

37 + 54 = 91	[127 – 36 = 91]
40 + 51 = 91	[163 – 72 = 91]
11 + 80 = 91	[175 – 84 = 91]
43 + 48 = 91	[208 – 117 = 91]
27 + 64 = 91	[259 – 168 = 91]

Das kann ich noch!

	1)	2)	3)	4)	5)	6)
A)	3 mm	322 g	2,5 dm	17 s	112 kg	160 m
	7 cm	797 kg	6,6 cm	45 min	368 m	22 cm
B)	7 dm	2 kg	1 m	7 min	6 t	1 km
	3 cm	0 g	8 dm	2 h	8 kg	10 m

65

9. a) Wie viel kg Tomaten wurden Mittwoch verkauft? *Antwort:* 62 kg
   b) Wie viel kg Spargel wurden am Montag verkauft? *Antwort:* 37 kg
   c) Wie viel kg Kartoffeln wurden an beiden Tagen insgesamt verkauft?
   Antwort: 210 kg
   Wie viel kg Kartoffeln wurden am Samstag mehr verkauft?
   Antwort: 40 kg

10. a) *Rechengeschichte:* Marie wiegt 43 kg, ihr Bruder 19 kg.
   Wie viel wiegen beide zusammen?
   Rechnung: 43 kg + 19 kg = 62 kg
   Ergebnis: Zusammen wiegen sie 62 kg.
   b) *Rechengeschichte:* Felix hat 55 € auf seinem Konto. Er hebt 28 € ab.
   Wie viel € hat er nun auf seinem Konto?
   Rechnung: 55 € – 28 € = 27 €
   Ergebnis: Er hat nun noch 27 € auf seinem Konto.
   c) *Rechengeschichte:* Frau Beyer ist in dieser Woche 203 km mit ihrem Auto gefahren. In der letzten Woche waren es 87 km weniger.
   Wie viel km waren es in der letzten Woche?
   Rechnung: 203 km – 87 km = 116 km
   Ergebnis: In der letzten Woche waren es 116 km.
   d) *Rechengeschichte:* Herr Grobe hat heute für den Hinweg zur Arbeit 24 min benötigt. Auf dem Rückweg stand er im Stau und hat 33 min benötigt.
   Wie lange hat Herr Grobe an diesem Tag insgesamt für Hin- und Rückweg benötigt?
   Rechnung: 24 min + 33 min = 57 min
   Ergebnis: Herr Grobe hat heute 57 min benötigt.

11. a) 5,21 € b) 20,794 kg c) 118 h d) 35,1 m e) 1 720 kg

12. a) (1) Der Wert der Summe erhöht sich um 53.
   (2) Der Wert der Summe vermindert sich um 120.
   (3) Der Wert der Summe erhöht sich um 140.
   b) (1) Der Wert der Differenz vermindert sich um 72.
   (2) Der Wert der Differenz vermindert sich um 16.
   (3) Der Wert der Differenz bleibt gleich.

13. a) 380 + 245 = 625 [380 – 65 = 315]
   b) 65 + 90 = 155 [90 – 65 = 25]
   c) 140 + 65 = 205; 140 + 90 = 230; 140 + 90 + 65 = 295;
   180 + 65 = 245; 180 + 90 = 270; 180 + 90 + 65 = 335; 180 + 140 = 320;
   180 + 140 + 65 = 385;
   210 + 65 = 275; 210 + 90 = 300; 210 + 90 + 65 = 365; 210 + 140 = 350;
   210 + 180 = 390;
   245 + 65 = 310; 245 + 90 = 335; 245 + 140 = 385

65 **14.** Z. B.: Wie viele CDs, Hörbücher, Musikkassetten waren es im letzten Jahr?
533 CDs; 75 Hörbücher; 314 Musikkassetten.

15. –

66 **16.** –

17. a) 70; 42 **b)** 37; 220 **c)** 66; 50 **d)** 83; 910

18. a)	**b)**	**c)**	**d)**
26	620	3 600	579
63	720	500	114
63	880	6 800	321
28	660	1 800	471

19. a) falsch; richtig ist: 90 – 33 = 57
b) richtig
c) richtig
d) richtig
e) falsch; richtig ist: 840 – 84 = 756
f) richtig

20. 119 € + 46 € = 165 €

21. Tina muss um 7.20 Uhr von zu Hause wegfahren.

22. a) 36 cm **b)** 42 cm

23. Regional-Express: 1 h 47 min = 107 min
Regional-Bahn: 107 min + 24 min = 131 min = 2 h 11 min
Inter-City-Express: 107 min - 22 min = 85 min = 1 h 25 min

24. a)

430
234 | 196
130 | 104 | 92
63 | 67 | 37 | 55

b)

25
57 | 32
122 | 65 | 33
260 | 138 | 73 | 40

2.2 Schriftliches Addieren und Subtrahieren

68 **1. a)** 108 061 **b)** 5 563 961 **c)** 12 050 **d)** 29 705 **e)** 130 243

2. (1) Falsch; Einerziffer ist 5; richtig ist 90 615.
(2) Das Ergebnis ist richtig.
(3) Falsch; Überschlag ergibt 82 000 + 10 000 + 305 000 = 397 000; richtig ist 396 248.

68 **3.** **a)** 1804, 2384 **b)** 4174, 4500 **c)** 16408, 84950

	a)	b)	c)	d)	e)	f)
4.	214	53	201	3219	63141	63080
5.	284	2550	124102	335779	0	338600
6.	5000	9009	51115	260260	54321	444444

7. 170825 Autos

69 **8.** *Beispiele:*
Wie viele Übernachtungen zählte man im Jahr 2011?
Rechnung: 125832 + 37187 + 28518 = 191537
Antwort: 191537 Übernachtungen
Wie viele Übernachtungen zählte man in der Nebensaison (Vor- und Nachsaison zusammen)?
Rechnung: 37187 + 28515 = 65705
Antwort: 65705 Übernachtungen
Wie viele Übernachtungen zählte man in der Hauptsaison mehr als in der Nebensaison?
Rechnung: 125832 – 65705 = 60127
Antwort: 60127 Übernachtungen

9. *Beispiele:*
a) Wie viele km fährt Herr Schmitz nun? *Rechnung:* 353 + 18 = 371
Antwort: Herr Schmitz fährt nun 371 km.
b) Wie viele Euro hat Herr Mertes nach den Buchungen auf seinem Konto?
Rechnung: 879 + 376 = 1255; 1255 – 459 = 796
Antwort: Herr Mertes hat dann 796 € auf seinem Konto.
c) Über wie viel km geht die dritte Tagesetappe?
Rechnung: 646 – 188 – 245 = 213
Antwort: Die dritte Etappe geht über 213 km.
d) Wie viel kg Gepäck können sie noch mitnehmen?
Rechnung: 1600 – 1045 – 62 – 81 – 27 – 44 = 341
Antwort: Sie können noch 341 kg Gepäck mitnehmen.

10. a) 1090 m + 1420 m + 1240 m = 3750 m
b) Zum Beispiel: PEAPDECABCDP
Die Strecke von P nach D wird doppelt gegangen.
1090 m + 1280 m + 1640 m + 1860 m + 1310 m + 1420 m + 2050 m + 1550 m + 1240 m + 2040 m + 1860 m
= 17340 m

69 **11. a)** 9 553 Karten
b) 16 Karten mit den Nummern von 471 997 bis 472 012

12.

a)	c)	e)	g)	i)
572	855	230	889	2 634
+ 42	+ 756	+ 639	+ 182	+ 6 244
+ 368	+ 468	+ 776	+ 676	+ 354
982	2 079	1 645	1 747	9 232

b)	d)	f)	h)	j)
1 549	2 234	3 124	55 700	10 000
− 358	− 1 079	− 485	− 445	− 4 010
− 607	− 788	− 26	− 8 997	− 2 183
584	367	2 613	− 25 114	− 2 074
			21 144	1 733

70 **13.** Z. B.: Wie viele Besucher waren es insgesamt?
Antwort: Es waren insgesamt 1 009 188 Besucher.

14. a) Richtig; jede dreistellige Zahl ist kleiner als 1 000. Daher liegt die Summe dreier Zahlen unter 3 000.
b) Falsch; zum Beispiel: 1 000 – 999 = 1
c) Falsch; zum Beispiel: 1 000 + 1 001 + 1 500 + 1 448 = 4 949

15. a) Das Ergebnis ist wieder eine gerade Zahl.
b) Die Summe zweier ungerader Zahlen ist gerade.
c) –

16. a) –
b) Die Zahlen werden nach oben immer größer; oben fehlt die größte Zahl. Die Summe zweier gerader Zahlen ist immer gerade, die Summer zweier ungerader Zahlen immer gerade. Die Summe einer geraden und einer ungeraden Zahl ist immer ungerade.

17. a) *Zum Beispiel:*

35
19 | 16
12 | 7 | 9
8 | 4 | 3 | 6
5 | 3 | 1 | 2 | 4

Die kleinste Zahl steht unten in der Mitte, die beiden größten Zahlen außen.

b) *Zum Beispiel:*

61
29 | 32
12 | 17 | 15
4 | 8 | 9 | 6
1 | 3 | 5 | 4 | 2

Die größte Zahl steht unten in der Mitte, die beiden kleinsten Zahlen außen.

18. *Überschlag:* 16 000 € + 1600 € + 800 € + 600 € + 300 € = 19 300 €
Rechnung: 15 999 € + 1559 € + 816 € + 621 € + 329 € = 19 324 €
Bei Verzicht auf Metallic-Lackierung kostet das Auto 18 995 €, bei Verzicht auf Leichtmetallfelgen 18 703 €, bei Verzicht auf ein elektrisches Glasschiebedach 18 508 €, bei Verzicht auf eine automatisch geregelte Klimaanlage 17 765 €.

Im Blickpunkt: Berechnungen mithilfe einer Tabellenkalkulation

71 1. Die Geschäfte Dani und Elfi haben 0 € Gewinn.

72 2. a) Gesamteinnahmen: 69 000 €; Befehl: =Summe(C1:E1)
b) Gesamtausgaben: 64 500 €; Befehl: =Summe(C2:E2)
Gesamtgewinn: 4 500 €; Befehl: =Summe(C3:E3); auch: =F2–F3
c) –

3. –

4. Gewinn:

Januar:	3 694 €	Mai:	6 315 €	September:	4 190 €
Feburar:	5 026 €	Juni:	5 453 €	Oktober:	4 681 €
März:	4 105 €	Juli:	2 278 €	November:	5 834 €
April:	6 471 €	August:	2 562 €	Dezeber:	8 784 €

Gesamteinnahmen: 210 €369 €
Gesamtausgaben: 150 976 €
Gesamtgewinn: 59 393 €

Im Blickpunkt: Magie und Mathe – Zauberquadrate erforschen

73 1. Die Summen haben alle den Wert 15.

2.

8	3	4
1	5	9
6	7	2

2	7	6
9	5	1
4	3	8

4	9	2
3	5	7
8	1	6

3. a) Die Summe der natürlichen Zahlen von 1 bis 9 ist 45. Geteilt durch die Anzahl der Spalten bzw. Zeilen erhält man $45:3=15$.
b) Man addiert dann alle Zahlen des Zauberquadrats (Summe 45), nur die Zahl in der Mitte wird zusätzlich noch dreimal addiert.
$15+15+15+15=60;\ 60-45=15;\ 15:3=5$

4. a) Die magische Zahl ist 150. Marc hat alle Zahlen des Lo-Shu-Quadrats mit 10 multipliziert.
b) Jede Zahl des Lo-Shu-Quadrats mit $120:15$, also 8 multiplizieren.

32	72	16
24	40	56
64	8	48

c) In der Mitte müsste ein Vielfaches der Zahl 5 stehen, aber $33:3=11$.

73 **4. d)** Wenn die magische Zahl 33 ist, muss in der Mitte die Zahl 33 : 3 = 11 stehen. Man erhält dieses Quadrat, indem man zu den Zahlen des Lo-Shu-Quadrats jeweils 6 addiert.

10	15	8
9	11	13
14	7	12

e) Mit den Verfahren von Marc bzw. in Teilaufgabe d) kann man die Zahlen des Lo-Shu-Quadrats mit jeder natürlichen Zahl multiplizieren bzw. jede natürliche Zahl addieren. Da es unendlich viele natürliche Zahlen gibt, erhält man unendlich viele Zauberquadrate.

74 **5. a)** 136 : 4 = 34

b)

16	3	2	13
5	10	11	8
9	6	7	12
4	15	14	1

6. Die magische Zahl ist immer 34.

7	1	14	12
16	10	5	3
9	15	4	6
2	8	11	13

2	3	15	14
13	16	4	1
8	5	9	12
11	10	6	7

1	14	15	4
12	7	6	9
8	11	10	5
13	2	3	16

2.3 Multiplizieren und Dividieren

2.3.1 Multiplizieren und Dividieren – Fachbegriffe

75 **Einstieg:**

a) $8 \cdot 26 = 208$ Es besuchen 208 Kinder die Schule.
b) $112 : 4 = 28$ Jede Klasse hat 28 Schüler(innen).
c) $168 : 28 = 6$ Es müssen 6 Klassen gebildet werden.

76 **2. a)** *Rechnung:* $8 \cdot 70\,g = 560\,g$
Ergebnis: Frederick kauft 560 g Tee.

b) *Rechnung:* $1\,200\,g : 4 = 300\,g$
Ergebnis: In jeder Tüte sind 300 g Weihnachtstee.

c) 2 kg sind 2 000 g.
Rechnung: $2\,000\,g : 50\,g = 40$
Ergebnis: Es werden 40 Beutel benötigt.

3. a) $6 \cdot 24 = 6 \cdot (20 + 4) = 6 \cdot 20 + 6 \cdot 4 = 120 + 24 = 144$
$8 \cdot 59 = 8 \cdot (60 - 1) = 8 \cdot 60 - 8 \cdot 1 = 480 - 8 = 472$
$144 : 4 = (120 + 24) : 4 = 120 : 4 + 24 : 4 = 30 + 6 = 36$
$28\,000 : 400 = (28\,000 : 100) : 4 = 280 : 4 = 70$

76 **3. b)** (1) $7 \cdot 16$
$7 \cdot 10 = 70$
$7 \cdot 6 = 42$
$7 \cdot 16 = 112$

(2) $3 \cdot 48$
$3 \cdot 50 = 150$
$3 \cdot 2 = 6$
$3 \cdot 48 = 144$

(3) $3 \cdot 170$
$3 \cdot 100 = 300$
$3 \cdot 70 = 210$
$3 \cdot 170 = 510$

(4) $5 \cdot 2400$
$5 \cdot 2000 = 10\,000$
$5 \cdot 400 = 2000$
$5 \cdot 2400 = 12\,000$

(5) $42 : 3$
$30 : 3 = 10$
$12 : 3 = 4$
$42 : 3 = 14$

(6) $112 : 4$
$100 : 4 = 25$
$12 : 4 = 3$
$112 : 4 = 28$

(7) $321 : 3$
$300 : 3 = 100$
$21 : 3 = 7$
$321 : 3 = 107$

(8) $1500 : 50$
$1000 : 50 = 20$
$500 : 50 = 10$
$1500 : 50 = 30$

(9) $56\,000 : 700$
$56\,000 : 100 = 560$
$560 : 7 = 80$
$56\,000 : 700 = 80$

(10) $990\,000 : 90$
$900\,000 : 90 = 10\,000$
$90\,000 : 90 = 1000$
$990\,000 : 90 = 11\,000$

77 **4.** 13,00 € + 13,00 € + 13,00 € + 13,00 € + 13,00 € = 65,00 €
13,00 € · 5 = 65,00 €

5. a) (1) $6 \cdot 8 = 48$ (2) $4 \cdot 15 = 60$ (3) $4 \cdot 3 = 12$

b) $4 + 4 + 4 + 4 + 4 + 4 + 4 = 28$
$9 + 9 + 9 = 27$
$2 + 2 + 2 + 2 + 2 + 2 = 12$
$1 + 1 + 1 + 1 + 1 = 5$
$8 + 8 + 8 + 8 + 8 + 8 + 8 + 8 + 8 + 8 + 8 + 8 + 8 = 104$
$4 + 4 + 4 + 4 = 16$

6. a) 192; 222 **b)** 13; 12 **c)** 444; 441 **d)** 27; 22 **e)** 1242; 1505 **f)** 104; 107

7. a) 76; 148; 428 **b)** 153; 207; 1836 **c)** 16; 26; 36 **d)** 14; 23; 37

8. 25 Personen

9. a) 2400 km : 6 = 400 km **b)** (1) 5 · 13 km = 65 (2) 190 · 13 km = 2470 km

10. 25 Runden [12 Runden und noch eine halbe Runde]

11. a) Kopiergerät: 200 s = 3 min 20 s
Drucker: 20 Minuten

b) Kopiergerät: 1800 Kopien
Drucker: 300 Kopien

12. a) 296 s **b)** 42 s **c)** 12 Bahnen

13. 8 Stücke, also 7 Schnitte; 210 s

78

14. *Beispiele:*

a) Wie viel g stemmt die Ameise? *Antwort:* 60 mg
b) Wie weit springt der Floh? *Antwort:* 340 mm = 34 cm
c) Wie viel km legt sie in 190 Tagen zurück? *Antwort:* 950 km
d) Wie viel € bezahlen die Eltern jeweils pro Tag?
Antwort: Inkes Eltern: 300 € pro Tag; Kathrins Eltern: 290 € pro Tag

15. a) *Rechengeschichte:* Für 1 Tasse benötigt man 2 g Hustentee.
Für wie viele Tassen reichen 60 g Hustentee?
Rechnung: 60 g : 2 g = 30
Ergebnis: Der Hustentee reicht für 30 Tassen.

b) *Rechengeschichte:* Eine Etage ist 3 m hoch. Ein Haus hat 6 Etagen.
Wie hoch ist das Haus?
Rechnung: 3 m · 6 = 18 m
Ergebnis: Das Haus ist 18 m hoch.

c) *Rechengeschichte:* Eine Schulstunde dauert 45 Minuten.
Jan hat heute 5 Stunden Unterricht. Wie viel Minuten sind das?
Rechnung: 5 · 45 min = 225 min = 3 h 45 min
Ergebnis: Jan hat 3 h 45 min Unterricht.

d) *Rechengeschichte:* Auf einer Drahtrolle sind 40 m Draht. Er reicht gerade, um einen Zaun mit 4 übereinander befestigten Drähten zu spannen.
Wie lang ist der Zaun?
Rechnung: 40 m : 4 = 10 m
Ergebnis: Der Zaun ist 10 m lang.

e) *Rechengeschichte:* 30 € werden an Kinder verteilt. Jedes Kind erhält 5 €.
Wie viele Kinder sind es?
Rechnung: 30 € : 5 € = 6
Ergebnis: Es sind 6 Kinder.

f) *Rechengeschichte:* Ein Sack Kartoffeln wiegt 25 kg.
Wie viel wiegen 8 Säcke Kartoffeln?
Rechnung: 25 kg · 8 = 200 kg
Ergebnis: 8 Säcke wiegen 200 kg.

g) *Rechengeschichte:* Ein Motor für die Stromversorgung im Notfall benötigt in 6 Stunden eine Tankfüllung. Wie viele Tankfüllungen sind das in 3 Tagen, wenn der Motor Tag und Nacht läuft?
Rechnung: 3 d : 6 h = 72 h : 6 h = 12
Ergebnis: Es werden 12 Tankfüllungen benötigt.

h) *Rechengeschichte:* Eine Fliese ist 15 cm lang. Er werden 12 Fliesen aneinandergelegt. Wie lang ist diese Strecke?
Rechnung: 12 · 15 cm = 180 cm = 1,80 m
Ergebnis: Die Strecke ist 180 cm lang.

i) *Rechengeschichte:* Meike benötigt für das Ausrechnen einer Additionsaufgabe 5 s. Wie lange benötigt sie für 15 Aufgaben?
Rechnung: 15 · 5 s = 75 s
Ergebnis: Meike benötigt 75 s.

78 **15. j)** *Rechengeschichte:* Felix will mit dem Fahrrad 80 km in 5 Stunden schaffen. Wie viel km muss er in einer Stunde schaffen?
Rechnung: $80\,\text{km} : 5 = 16\,\text{km}$
Ergebnis: Er muss in einer Stunden 16 km schaffen.

16. a) $■ : 15 = 4$; $60 : 15 = 4$; Der Dividend ist die Zahl 60.
b) $72 : ■ = 12$; $72 : 6 = 12$; Der Divisor ist die Zahl 6.
c) $■ : 18 = 25$; $450 : 18 = 25$; Der Dividend ist die Zahl 450.

17. a) Der Wert des Produktes verdoppelt sich.
b) Der Wert des Produktes vervierfacht sich.
c) Der Wert des Produktes bleibt gleich.

18. a) Der Wert des Quotienten halbiert sich.
b) Der Wert des Quotienten verdoppelt sich.
c) Der Wert des Quotienten bleibt gleich.
d) Der Wert des Quotienten vervierfacht sich.

2.3.2 Zusammenhang zwischen Multiplikation und Division

Einstieg:
$■ \cdot 6 = 222$; $222 : 6 = 37$; $37 \cdot 6 = 222$
$■ : 7 = 99$; $99 \cdot 7 = 693$; $693 : 7 = 99$

79 **2. a)** Es gilt: $0 \cdot 4 = 4 \cdot 0 = 0 + 0 + 0 + 0 = 0$ $\quad 0 \underset{\cdot 4}{\overset{:4}{\rightleftarrows}} 0$
b) Es ist $0 : 4 = 0$, denn $4 \cdot 0 = 0$
c) Wir versuchen $4 : 0$ zu berechnen. Welche Zahl wir auch immer für ■ wählen, stets erhalten wir beim Rückgängigmachen der Division als Produkt von ■ und 0 den Wert 0 und nie die Zahl 4. Daher kann $4 : 0$ nicht berechnet werden. Man kann nicht durch 0 dividieren. $\quad 4 \underset{\cdot 0}{\overset{:0}{\rightleftarrows}} ■$
d) Wir versuchen $0 : 0$ zu berechnen. Welche Zahl wir auch immer für ■ wählen, stets erhalten wir beim Rückgängigmachen der Division als Produkt von ■ und 0 den Wert 0. Man könnte also jede Zahl als Ergebnis für $0 : 0$ schreiben. $0 : 0$ ist nicht erklärt, weil die Divisionsaufgabe kein eindeutiges Ergebnis hat. $\quad 0 \underset{\cdot 0}{\overset{:0}{\rightleftarrows}} ■$

80 **3. (1)** $2 \cdot 189 = 378$ Es waren 378 Schulkinder.
(2) $378 : 3 = 126$ Es waren 126 Schulkinder.

4. *Frage:* Wie groß war Lukas bei seiner Geburt?
Rechnung: $102\,\text{cm} : 2 = 51\,\text{cm}$
Antwort: Lukas war bei der Geburt 51 cm groß.
Frage: Wie viel kg wog Lukas bei seiner Geburt?
Rechnung: $15\,400\,\text{g} : 5 = 3\,080\,\text{g}$
Antwort: Lukas wog bei seiner Geburt 3 080 g.

80 5. a) 96
16

b) 96
25

c) 13
78

d) 11
145

6. a) (1)
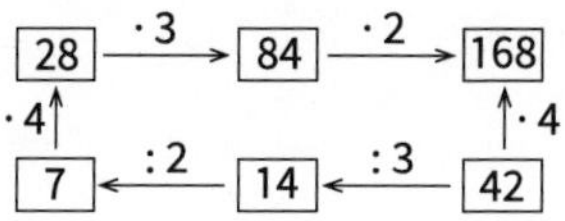

(2)
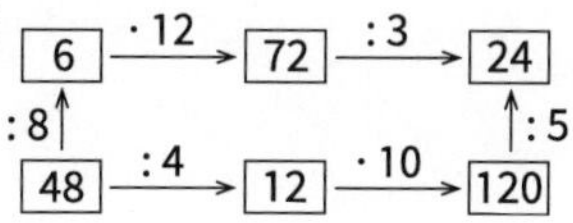

b) –

7. a) $81 \cdot 5 = 405$
b) $69 \cdot 7 = 483$; $434 : 7 = 62$
c) $32 \cdot 9 = 288$; $279 : 9 = 31$
d) $55 \cdot 4 = 220$

8. a) 9
0

81
b) 10

0
1

c) 0
durch 0 kann man nicht dividieren
2
d) 0

0
1

e) 1
1

0
f) durch 0 kann man nicht dividieren
0
1

9. a) $1 \cdot 12 = 12$
$80 \cdot 0 = 0$
$0 \cdot 1 = 0$
Ergebnis immer 0
b) $19 : 1 = 19$
$25 : 25 = 1$
$0 : 8 = 0$
Ergebnis nie gleich 0
c) $60 + 0 = 60$
$0 + 33 = 33$
beliebige Zahl ungleich 0
durch 0 kann man nicht dividieren
d) $48 - 48 = 0$
$72 - 0 = 72$
$26 - 25 = 1$
$60 - 30 = 30$

10. a) $84 : 14 = 6$
$144 : 18 = 8$
b) $336 : 21 = 16$
$126 : 18 = 7$
c) $210 : 14 = 15$
$234 : 13 = 18$
d) $225 : 15 = 15$
$132 : 12 = 11$

2.4 Schriftliches Multiplizieren und Dividieren

2.4.1 Schriftliches Multiplizieren

81 **Einstieg:**
a) $1\,745 \cdot 5 = 8\,725$, also 8 725 Sonnenkollektoren
b) $1\,745 \cdot 235 = 410\,075$, also 410 075 Sonnenkollektoren

2. a) 1 269
1 022

b) 27 328
42 558

c) 197 001
357 768

d) 23 800
42 120

e) 1 005 200
2 110 800

f) 388 800
77 200

82

3. **a)** 448; 3456 **b)** 1575; 2964 **c)** 47120; 30456 **d)** 38715; 37122 **e)** 387633; 396126 **f)** 413347; 584972

4. **a)** 645 muss eine Stelle weiter nach links

```
215 · 35
     645
    1075
    7525
```

b) 6 · 0 und 7 · 0 ergibt 0 und nicht 1.

```
580 · 67
   3480
    4060
   38860
```

c) 5784 muss eine Stelle weiter nach rechts.

```
723 · 408
   28920
     5784
   294984
```

d) Die Null in dem Faktor 320 wurde nicht berücksichtigt.

```
374 · 320
   1122
     7480
   119680
```

5. **a)** 429065 **b)** 784363 **c)** 106140 **d)** 149017 **e)** 357210 **f)** 106140 **g)** 784363 **h)** 149017 **i)** 429065 **j)** 357210

6. **a)** 131313; 313131 **b)** 202020; 777777 **c)** 464646; 555555 **d)** 535353; 888888 **e)** 424242; 242424

7. 16 · 19 cm = 304 cm = 3 m 4 cm = 3,04 m

8. **a)**

14929920
864 | 17280
12 | 72 | 240
2 | 6 | 12 | 20
1 | 2 | 3 | 4 | 5

b)

31610880
4704 | 6720
84 | 56 | 120
12 | 7 | 8 | 15

9. 587 · 17 € = 9979 € Die Angabe auf dem Plakat stimmt nicht.

10. 11200000 l am Tag; 78400000 l in einer Woche

82 **11.** Z. B.: Wie viele Fahrgäste können bei voller Belegung zwischen 7.00 Uhr und 19.00 Uhr befördert werden?
Rechnung: Es fahren 7 Züge. $7 \cdot 12 = 84$; $84 \cdot 106 = 8\,904$
Antwort: Bei voller Belegung können 8 904 Fahrgäste befördert werden.

83 **12. a)** $975 \cdot 115 = 112\,125$, also 112 125 Fahrgäste
b) $168 \cdot 38\,€ = 6\,384\,€$; $137 \cdot 95\,€ = 13\,015\,€$; $6384\,€ + 13\,015\,€ = 19\,399\,€$
Es wurden 19 399 € eingenommen.

13. Z. B.: Wie oft schlägt das Herz in einer Stunde?
Rechnung: $60 \cdot 85 = 5\,100$
Antwort: Das Herz schlägt in einer Stunde 5 100-mal.

14. Der Kurs ist $12 \cdot 15\,km = 180\,km$ lang. Bei 35 km in der Stunde fährt man in 6 Stunden 210 km. Das Rennen dauert nicht länger.

15. a) $12 \cdot 1\,609\,m = 19\,308\,m = 19{,}308\,km$
b) $19 \cdot 305\,m = 5\,795\,m = 5{,}795\,km$
c) $700 \cdot 1\,609\,m = 1\,126\,300\,m = 1\,126{,}3\,km$
d) 1 000 feet = 305 m = 3 050 dm
500 feet = 3 050 dm : 2 = 1 525 dm
1 500 feet = 3 050 dm + 1 525 dm = 4 575 dm = 457,5 m

16. Bei 365 Tagen sind das 31 025 l im Jahr.

17. a) $43 \cdot 10{,}2\,cm = 43 \cdot 102\,mm = 4\,386\,mm = 438{,}6\,cm$
$43 \cdot 4{,}0\,cm = 172\,cm$
$43 \cdot 3{,}4\,cm = 43 \cdot 34\,mm = 1\,462\,mm = 146{,}2\,cm$
Das Auto ist ungefähr 4,39 m lang, 1,72 m breit und 1,46 m hoch.
b) $64 \cdot 7{,}5\,cm = 64 \cdot 75\,mm = 4\,800\,mm = 480\,cm$
$64 \cdot 2{,}8\,cm = 64 \cdot 28\,mm = 1\,792\,mm = 179{,}2\,cm$
$64 \cdot 2{,}3\,cm = 64 \cdot 23\,mm = 1\,472\,mm = 147{,}2\,cm$
Das Auto ist ungefähr 4,80 m lang, 1,79 m breit und 1,47 m hoch.

Das kann ich noch!
A) 3.10 Uhr; 4.35 Uhr; 10.10 Uhr; 7.50 Uhr

84 **18.** $60 \cdot 7\,500\,l = 450\,000\,l$ in jeder Minute.
$60 \cdot 450\,000\,l = 27\,000\,000\,l$ in jeder Stunde.

19.

a)	b)	c)	d)
37 · 25	49 · 36	64 · 51	72 · 23
74	147	320	144
185	294	64	216
925	1 764	3 264	1 656

2.4.2 Schriftliches Dividieren

84 **Einstieg:**
18 540 : 12 = 1 545
Es werden 1 545 Kisten benötigt.

86 **3.**

a)	b)	c)	d)	e)	f)
123	302	502	56	2 783	340
428	225	271	605	1 667	4 018

4. a)

Partner A:	Partner B:
15	42
16	23
12	34
6	23

b)

Partner A:	Partner B:
123	541
237	624
84	132
245	789

5.

(1) 14985 : 37 = 405
```
148
 18
  0
 185
 185
   0
```

(2) 23940 : 63 = 380
```
189
 504
 504
  00
   0
   0
```

(3) 3467 : 47 = 73 R 36
```
329
 177
 141
  36
```

6. a) 2 080 mm : 32 mm = 65, also 65 Träger
b) 1 500 : 32 = 46 R 28, also 46 Träger; es bleibt ein Reststück von 28 mm.

7.
a) 1 155 : 33 ≈ 1 200 : 30 = 40; 1 155 : 33 = 35
2 272 : 71 ≈ 2 100 : 70 = 30; 2 272 : 71 = 32
4 968 : 69 ≈ 4 900 : 70 = 70; 4 968 : 69 = 72
6 545 : 85 ≈ 6 400 : 80 = 80; 6 545 : 85 = 77
b) 2 184 : 56 ≈ 2 200 : 50 = 44; 2 184 : 56 = 39
4 680 : 78 ≈ 4 800 : 80 = 60; 4 680 : 79 = 60
1 488 : 31 ≈ 1 500 : 30 = 50; 1 488 : 31 = 48
2 303 : 47 ≈ 2 300 : 50 = 46; 2 303 : 47 = 49
c) 3 403 : 41 ≈ 3 400 : 40 = 85; 3 403 : 41 = 83
4 899 : 69 ≈ 4 900 : 70 = 70; 4 899 : 69 = 71
5 396 : 76 ≈ 5 600 : 80 = 70; 5 396 : 76 = 71
4 505 : 53 ≈ 4 500 : 50 = 90; 4 505 : 53 = 85
d) 9 794 : 83 ≈ 9 600 : 80 = 120; 9 794 : 83 = 118
7 387 : 83 ≈ 7 200 : 80 = 90; 7 387 : 83 = 89
e) 24 231 : 591 ≈ 24 000 : 600 = 40; 24 231 : 591 = 41
92 196 : 234 ≈ 92 000 : 200 = 400; 92 196 : 234 = 394

86 **8.** a) $6\,000:20=300$; $6\,006:21=286$
$3\,700:20=185$; $3\,638:17=214$
$2\,400:20=120$; $2\,376:18=132$
b) $8\,800:40=220$; $8\,778:38=231$
$10\,000:25=400$; $9\,720:24=405$
$1\,600:50=32$; $1\,530:45=34$
c) $6\,000:20=300$; $6\,069:21=289$
$9\,900:30=330$; $9\,984:32=312$
$4\,800:60=80$; $4\,712:62=76$
d) $26\,000:40=650$; $26\,166:42=623$
$850\,000:500=1700$; $850\,796:454=1\,874$
$900\,000:500=1800$; $894\,855:507=1\,765$

87 **9.** a) $7\,736\,\text{km}:8=967\,\text{km}$, also durchschnittlich 967 km im Monat.
b) $12\cdot 967\,\text{km}=11\,604\,\text{km}$. Sie wird voraussichtlich 11 604 km, also ungefähr 11 600 km im Jahr fahren.

10. $1\,152\,€:72=16\,€$ Ein T-Shirt kostet 16 €.
$9\cdot 16\,€=144\,€$. Es müssen zusätzlich 144 € aufgewandt werden.

11. a) Überschlag: $1\,500:20=75$; das Ergebnis ist also falsch. $1\,539:19=81$
b) Das Ergebnis ist richtig.
c) Überschlag: $2\,800:70=40$; das Ergebnis ist also falsch. $2\,698:71=38$
d) Überschlag: $5\,400:60=90$; das Ergebnis ist also falsch. $5\,642:62=91$
e) Das Ergebnis ist richtig.
f) Überschlag: $4\,000:80=50$; das Ergebnis ist also falsch. $4\,316:83=52$
g) Überschlag: $7\,600:40=190$; das Ergebnis ist also falsch. $7\,938:42=189$
h) Das Ergebnis ist richtig.
i) Überschlag: $20\,000:80=250$; das Ergebnis ist also falsch. $19\,968:156=256$
j) Überschlag: $14000:350=40$; das Ergebnis ist also falsch. $14\,364:342=42$
k) Überschlag: $36\,000:120=300$; das Ergebnis ist also falsch.
$34\,563:123=281$
l) Überschlag: $15\,000:500=30$; das Ergebnis ist wahrscheinlich falsch.
Die Probe mit der Umkehraufgabe $36\cdot 512$ zeigt, dass das Ergebnis als letzte Ziffer eine 2 haben muss $(2\cdot 6=12)$; das Ergebnis ist also falsch.
$15\,360:512=30$

12. a) $1\,335:15=89$, also $89\cdot 15=1\,335$
b) $1\,968:24=82$, also $24\cdot 82=1\,968$
c) $74\cdot 14=1\,036$, also $1\,036:14=74$
d) $3\,465:21=165$, also $3\,465:165=21$
e) $1\,725:75=23$, also $23\cdot 75=1\,725$

87

13. a) 487 : 4 = 121 R 3
368 : 6 = 61 R 2
500 : 8 = 62 R 4
425 : 7 = 60 R 5

b) 347 : 20 = 17 R 7
685 : 30 = 22 R 25
402 : 50 = 8 R 2
400 : 90 = 4 R 40

c) 973 : 30 = 32 R 13
501 : 60 = 8 R 21
758 : 80 = 9 R 38
904 : 90 = 10 R 4

d) 150 : 12 = 12 R 6
200 : 15 = 13 R 5
378 : 18 = 21
198 : 21 = 9 R 9

e) 874 : 15 = 58 R 4
735 : 18 = 40 R 15
855 : 22 = 38 R 19
1 072 : 37 = 28 R 36

14. a) 562 : 11 = 51 R 1
465 : 18 = 25 R 15
721 : 27 = 26 R 19
1 + 15 + 19 = 35

b) 1 572 : 19 = 82 R 14
4 329 : 21 = 206 R 3
4 000 : 24 = 166 R 16
14 + 3 + 16 = 33

c) 8 462 : 35 = 241 R 27
7 070 : 42 = 168 R 14
9 401 : 28 = 335 R 21
27 + 14 + 21 = 62

d) 8 539 : 65 = 131 R 24
6 351 : 76 = 83 R 43
4 108 : 59 = 69 R 37
24 + 43 + 37 = 104

e) 19 683 : 63 = 312 R 27
47 338 : 92 = 514 R 50
832 941 : 123 = 6 771 R 108
27 + 50 + 108 = 185

15. A: 1 043 : 23 = 45 R 8
B: 5 657 : 101 = 56 R 1
C: 1 093 : 45 = 24 R 13
D: 4 977 : 56 = 88 R 49
E: 10 952 : 456 = 24 R 8
F: 2 362 : 87 = 27 R 13

16. a) Z. B.: Wie viele Kästen werden insgesamt benötigt?
Rechnung: (550 + 770) : 12 = 1 320 : 12 = 110
Antwort: Es werden 110 Kästen benötigt.

b) Z. B.: Wie viel Euro muss jede Schülerin und jeder Schüler insgesamt bezahlen?
Rechnung: (1 256 € + 520 €) : (23 + 25) = 1 776 € : (23 + 25) = 37 €
Antwort: Jede Schülerin und jeder Schüler muss 37 € bezahlen.

c) Z. B.: Wie viel wiegt der Teig insgesamt?
Rechnung: Mehl 250 g, Butter 250 g, Zucker/Zimt-Gemisch 150 g, 4 Eier 4 · 70 g = 280 g, Backpulver 4 g, Milch 4 · 20 g = 80 g
250 g + 250 g + 150 g + 280 g + 4 g + 80 g = 1024 g
Antwort: Der Teig wiegt etwa 1 kg.

88

17. a) 680 400 000 km : 225 = 3 024 000 km;
3 024 000 km : 24 = 126 000 km
Der Planet Venus legt in einer Stunde 126 000 km zurück.

b) Für einen Umlauf benötigt er 24 : 12 = 2 Stunden.
Für 7 Umläufe benötigt er also 14 Stunden.
In 50 Stunden schafft er 50 h : 2 h = 25 Umläufe.

88

18. a) $4 \cdot 150\,€ = 600\,€$ Die Tanzkapelle kostet insgesamt 600 €.
b) $17\,500\,€ : 5 = 3\,500\,€$ Jeder erhält 3 500 €.
c) $1\,100\,€ : 50\,€ = 22$ Der Chor besteht aus 22 Mitgliedern.

19. a) Anzahl der gekauften Äpfel: $25 \cdot 50 = 1250$
Anzahl der verkauften Äpfel: $1\,250 - 75 = 1\,175$
Einnahmen: $1\,175 \cdot 20\,ct = 23\,500\,ct = 235\,€$
b) Preis für die Äpfel beim Großhändler: $25 \cdot 5\,€ = 125\,€$
Gewinn: $235\,€ - 125\,€ = 110\,€$

20. In den 8 Stunden hat er zwei Pausen gemacht, also von den 8 Stunden ist er 7 Stunden gewandert. Insgesamt hat er $7 \cdot 4\,km = 28\,km$ zurückgelegt.

21. 16 Spielbesuche kosten $16 \cdot 6\,€ = 96\,€$ für einen Stehplatz und $16 \cdot 9\,€ = 144\,€$ für einen Sitzplatz. Ab 16 Spielbesuchen lohnt es sich, eine Saisonkarte zu kaufen.

22. Länge der beiden Triebköpfe: $2 \cdot 20\,560\,mm = 41\,120\,mm = 41{,}12\,m$
Länge der 13 Wagen: $13 \cdot 26\,400\,mm = 343\,200\,mm = 343{,}20\,m$
Länge des Zuges: $41\,120\,mm + 343\,200\,mm = 384\,320\,mm = 384{,}32\,m$
$400\,m - 384{,}32\,m = 15{,}68\,m \approx 16\,m$
Kirsten hat sich nur um etwa 16 m verschätzt.

23. Wenn man annimmt, dass die Autos alle 4 m lang sind und zwischen je zwei Autos noch 1 m Abstand ist, sind es $11\,000\,m : 5\,m = 2\,200$ Autos, die im Stau stehen.

24. a) $3\,195 : 71 = ■$; $3\,195 : 71 = 45$; Der Quotient hat den Wert 45.
b) $95\,580 : 270 = ■$; $95\,580 : 270 = 354$; Der Quotient hat den Wert 354.
c) $2\,054 : ■ = 13$; $2\,054 : 158 = 13$; Der Divident ist die Zahl 13.
d) $■ : 2\,054 = 13$; $26\,702 : 2\,054 = 13$; Der Divident ist die Zahl 26 702.
e) $185 \cdot ■ = 22\,200$; $185 \cdot 120 = 22\,200$; $■ \cdot 185 = 22\,200$; $120 \cdot 185 = 22\,000$;
Der andere Faktor ist die Zahl 120.

89

25. a) $1000 : 37 = 27$ R 1
Es sind 27 volle Runden zu 37 km und noch zusätzlich 1 km.
Die Ziellinie muss also 1 km von der Startlinie entfernt markiert werden.
b) $3\,min\,47\,s = 227\,s$; $25 \cdot 227\,s = 5675\,s = 94\,min\,35\,s = 1\,h\,34\,min\,35\,s$
Rudi Rassig benötigt für 25 Runden 1 h 34 min 35 s.
$3\,h = 10\,800\,s$; $10\,800\,s : 227\,s = 47\,s$ R $131\,s$
Rudi Rassig ist also 47 volle Runden gefahren.
$1\,h\,15\,min = 75\,min = 4500\,s$; $4500\,s : 20 = 225\,s = 3\,min\,45\,s$
Der andere Rennfahrer hat für ein Runde 2 s weniger benötigt, ist also schneller als Rudi Rassig gefahren.

89 **26.** Z. B.: Wie viel kostet eine Sitzplatzkarte?

Rechnung:
Verkaufte Stehplatzkarten: $12\,000 - 3\,220 = 8\,780$
Einnahmen für die verkauften Stehplatzkarten: $8\,780 \cdot 9\,€ = 79\,020\,€$
Einnahmen für die verkauften Sitzplatzkarten: $111\,470\,€ - 79\,020\,€ = 32\,450\,€$
Verkaufte Sitzplatzkarten: $4\,000 - 1\,250 = 2\,750$
Preis für eine Sitzplatzkarte: $32\,450\,€ : 2\,750 = 11{,}80\,€$
Antwort: Eine Sitzplatzkarte kostet 11,80 €

27. Fruchtfleisch in einer Orange: $210\,g - 60\,g = 150\,g$
$6\,kg = 6\,000\,g$; $6\,000\,g : 150\,g = 40$
Man muss 40 Orangen schälen.

28. Wir rechnen mit 30 Tagen im Monat, also 300 Tagen in 10 Monaten.

a) Eine Kuh liefert $3600 \cdot 2 = 7\,200\,l$ Milch in einem Jahr.
34 Kühe liefern dann $34 \cdot 7\,200\,l = 244\,800\,l$ Milch im Jahr.
Die gesamte Milchproduktion von Landwirt Egen beträgt 244 800 l im Jahr.

b) Die Milchlieferung in einem Monat beträgt $244\,800\,l : 12 = 20\,400\,l$;
$20\,400\,l : 9\,l = 2\,266$ R 6
Es können in einem Monat 2 266 kg Käse hergestellt werden.

c) Z. B.: Wie viele Nicht-Milchkühe gibt es?
Rechnung: $670\,000 - 340\,000 = 330\,000$
Antwort: Beim Allgäuer Braunvieh gibt es 330 000 Tiere, die keine Milchkühe sind.

d) –

29. In b) (3) müssen die letzten drei Zeilen eine Stelle weiter nach rechts.

a)

(1)
$$\begin{array}{r} 3578 \\ +\ 192 \\ +4316 \\ \underline{+1234} \\ 9320 \end{array}$$

(2)
$$\begin{array}{r} 5841 \\ \underline{-4212} \\ 1629 \end{array}$$

(3)
$$\begin{array}{r} 2813 \\ +\ 457 \\ +1216 \\ \underline{+\ 57} \\ 4543 \end{array}$$

(4)
$$\begin{array}{r} 8265 \\ \underline{-\ 347} \\ 7918 \end{array}$$

b) (1) Nur die Multiplikation von 278 mit 1 ergibt im Ergebnis hinten die 78. Die letzte Stelle des zweiten Faktors ist also eine 1.

$$\begin{array}{r} \underline{278 \cdot 21} \\ 556 \\ \underline{278} \\ 5838 \end{array}$$

(2) Nur die Multiplikation von 314 mit 4 ergibt ein Ergebnis, in dem vorne 1 200 steht. Die letzte Stelle des zweiten Faktors ist also eine 4.

$$\begin{array}{r} \underline{314 \cdot 24} \\ 628 \\ \underline{1256} \\ 7536 \end{array}$$

89 **29. b)** **(3)** ■ · 3 = 471; 471 : 3 = 157. Der erste Faktor ist also 157. Nur 157 · 4 ergibt ein Ergebnis, in dem vorne 600 steht. Da im Ergebnis an der letzten Stelle eine 9 steht, steht auch im Ergebnis der dritten Multiplikation mit 157 an der letzten Stelle eine 9. Die letzte Stelle beim zweiten Faktor muss also eine 7 sein (7 · 7 = 49).

```
157·437
628
 471
  1099
68609
```

(4) 3 · ■ = 2 202; 2 202 : 3 = 734. Der erste Faktor ist 734.

```
734·538
3670
 2202
  5872
394892
```

c) **(1)** 2 · ■ = 350; 350 : 2 = 175. Der Divisor ist 175.

```
411075:175=2349
350
 610
 525
  857
  700
  1575
  1575
     0
```

(2) Man kann zunächst aus den Differenzen die fett gedruckten Ziffern bestimmen.

```
■■■80■ : ■■■ = ■■5■
■■■↑↑
3128
2920
 2080
 1825
  255■
  ■■■■
     0
```

c) Daraus erhält man den Divisor: 1 825 : 5 = 365
Mit 2 920 : 365 = 8 erhält man im Ergebnis an der 2. Stelle eine 8.

```
■■■80■ : 365 = ■85■
■■■
3128
2920
 2080
 1825
  255■
  ■■■■
     0
```

An der 1. Stelle im Ergebnis muss eine 1 stehen, denn bereits 2 · 365 = 730 ist zu groß, da sonst wegen 730 + 312 > 999 der Divisor links eine weitere Stelle hätte.
Damit erhält man dann auch die ersten drei Ziffern des Divisors.

```
67780■ : 365 = 185■
305
3128
2920
 2080
 1825
  255■
  ■■■■
     0
```

89 **29.** *Fortsetzung*

Die Multiplikation von 365 mit der letzten Ziffer des Ergebnisses muss eine Zahl zwischen 2 550 und 2 559 ergeben. An der letzten Stelle des Ergebnisses steht also eine 7. Die Multiplikation mit 365 ergibt 2 555. Damit erhält man auch unten die letzten Ziffern. An der letzten Stelle des Divisors steht also eine 5.

```
677805 : 365 = 1857
305     ↑
3128    |
2920    |
 2080   |
 1825   |
  2555
  2555
     0
```

Im Blickpunkt: Muster beim Rechnen erforschen

90 **1.**

$1 \cdot 1 = 1$

$11 \cdot 11 = 121$

$111 \cdot 111 = 12\,321$

$1111 \cdot 1111 = 1\,234\,321$

Im Ergebnis steigen die Ziffern von links nach rechst zunächst von 1 an bis zur Ziffer, die die Anzahl der Stellen eines Faktors angibt, dann fallen die Ziffern wieder bis zur 1.

Der Aufbau dieser Ergebnisse wird deutlich, wenn man die Zahlen schriftlich multipliziert.

```
11 · 11      111 · 111      1111 · 1111
  11           111            1111
   11           111            1111
  121            111            1111
               12321             1111
                               1234321
```

Dieses kann man fortsetzen bis zu der Zahl mit 9 Einern.

$111\,111\,111 \cdot 111\,111\,111 = 12\,345\,678\,987\,654\,321$

Sobald man aber eine Zahl mit 10 Einern oder mehr wählt, erhält man einen Übertrag, und das Muster ist nicht mehr verhanden.

```
1111111111 · 1111111111
  1111111111
   1111111111
    1111111111
     1111111111
      1111111111
       1111111111
        1111111111
         1111111111
          1111111111
           1111111111
         11
  1234567900987654321
```

90 **2.** $2 \cdot 2 = 4$

$22 \cdot 22 = 484$

$222 \cdot 222 = 49\,284$

Auch hier zeigt die schriftliche Multiplikation, dass ab $222 \cdot 222$ ein Übertrag auftritt und das Muster zerstört.

```
2 2 · 2 2      2 2 2 · 2 2 2
    4 4            4 4 4
      4 4            4 4 4
    4 8 4              4 4 4
                     1
                   4 9 2 8 4
```

3. a) $1 \cdot 1 = 1$

$11 \cdot 11 = 121$

$101 \cdot 101 = 10\,201$

$1\,001 \cdot 1\,001 = 1\,002\,001$

Man erhält ein Ergebnis, das eine Stelle weniger hat als beide Faktoren zusammen. Vorne und hinten steht eine 1. Ab $11 \cdot 11$ steht in der Mitte jeweils eine 2.

Ab $101 \cdot 101$ stehen zwischen den beiden Einern und der 2 jeweils Nullen.

b) Betrachtet man wieder die schriftlichen Multiplikationen, so wird klar, dass man dieses auch bei noch so großen Zahlen erhält, denn die Faktoren stehen im Schema bei der schriftlichen Multiplikation so, dass die letzte Ziffer der ersten Multiplikation und die erste Ziffer der letzten Multiplikation untereinander stehen und als Summe die 2 ergeben.

```
1 0 1 · 1 0 1     1 0 0 1 · 1 0 0 1     1 0 0 0 1 · 1 0 0 0 1
    1 0 1 0           1 0 0 1 0 0           1 0 0 0 1 0 0 0 0
        1 0 1                 1 0 0 1                 1 0 0 0 1
    1 0 2 0 1         1 0 0 2 0 0 1         1 0 0 0 2 0 0 0 1
```

c) $2 \cdot 2 = 4$

$22 \cdot 22 = 484$

$202 \cdot 202 = 40\,804$

$2\,002 \cdot 2\,002 = 4\,008\,004$

Man erhält auch hier ein ähnliches Schema, nur 4 statt 1, 8 statt 2.

Auch dieses Schema kann man unendlich fortsetzen.

d) –

2.5 Terme – Rechengesetze

2.5.1 Regeln für das Berechnen von Termen

91 **Einstieg:**

a) $100\,€ - (2 \cdot 28\,€ + 4 \cdot 3\,€)$
$= 100\,€ - (56\,€ + 12\,€)$
$= 100\,€ - 68\,€$
$= 32\,€$
Frau Weyer erhält 32 € Wechselgeld.

b) Wenn die Klasse viermal ins Freibad geht, wäre eine Zwölferkarte für die vier einzelnen Kinder billiger.
$4 \cdot (2 \cdot 28\,€) + 4 \cdot (4 \cdot 3\,€)$
$= 4 \cdot 56\,€ + 4 \cdot 12\,€$
$= 224\,€ + 48\,€$
$= 272\,€$
$4 \cdot (2 \cdot 28\,€) + 1 \cdot 28\,€ + 4 \cdot 3\,€$
$= 4 \cdot 56\,€ + 28\,€ + 12\,€$
$= 224\,€ + 40\,€$
$= 264\,€$
Man spart dann also 8 €.

93 **2.** $41 + (58 - 44)$
$= 41 + 14$
$= 55$

3. **a)** $740 - [120 - (67 - 47)]$
$= 740 - [120 - 20]$
$= 740 - 100$
$= 640$

b) $482 - [13 \cdot (6 + 4)]$
$= 482 - [13 \cdot 10]$
$= 482 - 130$
$= 352$

c) $[400 - (300 - 100)] : 2$
$= [400 - 200] : 2$
$= 200 : 2$
$= 100$

4. **a)** $\underbrace{7 \cdot (\underbrace{21 - 5}_{\text{Differenz}})}_{\text{Produkt}} = 7 \cdot 16 = 112$

b) $\underbrace{(\underbrace{81 + 16}_{\text{Summe}}) - (\underbrace{37 - 13}_{\text{Differenz}})}_{\text{Differenz}} = 97 - 24 = 73$

c) $\underbrace{81 + \underbrace{16 : 2}_{\text{Quotient}}}_{\text{Summe}} = 81 + 8 = 89$

d) $\underbrace{\underbrace{64 : 4}_{\text{Quotient}} \cdot 3}_{\text{Produkt}} = 16 \cdot 3 = 48$

93

5. **a)** $712 - (72 - 12)$
$= 712 - 60$
$= 652$

b) $712 - (72 + 12)$
$= 712 - 84$
$= 628$

c) $712 - 72 - 12$
$= 640 - 12$
$= 628$

d) $293 + (73 - 23)$
$= 293 + 50$
$= 343$

e) $293 + 73 - 23$
$= 366 - 23$
$= 343$

f) $293 - (73 - 23)$
$= 293 - 50$
$= 243$

g) $844 - (27 - 19) - (83 - 50)$
$= 844 - 8 - 33$
$= 836 - 33$
$= 803$

h) $844 - 27 - 19 - 83 - 50$
$= 817 - 19 - 83 - 50$
$= 798 - 83 - 50$
$= 715 - 50$
$= 665$

i) $844 - (27 + 19) + (83 - 50)$
$= 844 - 46 + 33$
$= 798 + 33$
$= 831$

6. **a)** $8 + 72 : 8$
$= 8 + 9$
$= 17$

b) $36 + 24 : 6$
$= 36 + 4$
$= 40$

c) $84 : 7 - 7$
$= 12 - 7$
$= 5$

d) $12 + 78 : 6$
$= 12 + 13$
$= 25$

e) $105 - 45 : 15$
$= 105 - 3$
$= 102$

f) $45 : 3 + 12 : 2$
$= 15 + 6$
$= 21$

g) $84 : 12 + 91 : 7$
$= 7 + 13$
$= 20$

h) $12 \cdot 8 + 14 : 7$
$= 96 + 2$
$= 98$

i) $78 : 6 - 2 \cdot 5$
$= 13 - 10$
$= 3$

j) $135 : 45 - 48 : 16$
$= 3 - 3$
$= 0$

k) $117 - 17 \cdot 5 + 25$
$= 117 - 85 + 25$
$= 32 + 25$
$= 57$

l) $123 + 27 \cdot 3 - 2$
$= 123 + 81 - 2$
$= 204 - 2$
$= 202$

7. **a)** Richtiger Gebrauch des Gleichheitszeichens.

b) Falscher Gebrauch des Gleichheitszeichens; richtig:
$78 : 6 + 5 - 2 \cdot 3$
$= 13 + 5 - 6$
$= 18 - 6$
$= 12$

c) Falscher Gebrauch des Gleichheitszeichens; richtig:
$[33 - (4 + 23) - 5] + 6$
$= [33 - 27 - 5] + 6$
$= [6 - 5] + 6$
$= 1 + 6$
$= 7$

8. $30\,m - (4 \cdot 2\,m + 5 \cdot 3\,m)$
$= 30\,m - 23\,m$
$= 7\,m$
Es sind noch 7 m Stoff übrig.

93 **9. a)** $320\,kg - (78\,kg + 37\,kg + 31\,kg)$
$= 320\,kg - 146\,kg$
$= 174\,kg$
Es darf noch 174 kg eingeladen werden.

b) 1. Weg: $6 \cdot 12\,kg + 40\,kg$
$= 72\,kg + 40\,kg$
$= 112\,kg$

2. Weg: $174\,kg - (6 \cdot 12\,kg + 40\,kg)$
$= 174\,kg - (72\,kg + 40\,kg)$
$= 174\,kg - 112\,kg$
$= 62\,kg$

Die Wasserkisten und die Marmorplatte dürfen noch zugeladen werden. Es können sogar noch zusätzlich 62 kg zugeladen werden.

94 **10.** $10\,€ - (7 \cdot 40\,ct + 3 \cdot 30\,ct)$
$= 1\,000\,ct - (280\,ct + 90\,ct)$
$= 1\,000\,ct - 370\,ct$
$= 630\,ct = 6{,}30\,€$
Marten erhält 6,30 € zurück.

11. $57\,min\ 30\,s + 10 \cdot 10\,s + 2 \cdot 35\,s$
$= 3\,450\,s + 100\,s + 70\,s$
$= 3\,620\,s = 60\,min\ 20\,s = 1\,h\ 20\,s$
Die Läuferin benötigt 1 h 20 s.

12. $[10\,m - (2 \cdot 1{,}60\,m + 3 \cdot 80\,cm)] : 2$
$= [1\,000\,cm - (2 \cdot 160\,cm + 3 \cdot 80\,cm)] : 2$
$= [1\,000\,cm - (320\,cm + 240\,cm)] : 2$
$= [1\,000\,cm - 560\,cm] : 2$
$= 440\,cm : 2$
$= 220\,cm = 2{,}20\,m$
Ein Teil ist 2,20 m lang.

13. $(7{,}5\,t - 1{,}9\,t) : 175$
$= (7\,500\,kg - 1\,900\,kg) : 175$
$= 5\,600\,kg : 175$
$= 32$
Es können 32 Kisten geladen werden.

14. a) $12 \cdot (8 \cdot 5 \cdot 6) = 12 \cdot 240 = 2\,880$
Es werden 2 880 Eier geliefert.

b) $2\,880 \cdot 13\,ct + 12 \cdot 50\,ct + 500\,ct = 38\,450\,ct = 384{,}50\,€$
Die gesamte Lieferung kostet 384,50 €.

15. a) Z. B.: Marie hat 13 €. Sie erhält in den nächsten vier Wochen jede Woche 7 €. Wie viel Euro hat sie dann?
Rechnung: $13 + 4 \cdot 7 = 13 + 28 = 41$
Antwort: Marie hat dann 41 €.

94

15. b) Z. B.: Eine Schnur ist 100 m lang. Es wird ein 40 m langes Stück abgeschnitten. Der Rest wird in drei gleich lange Stücke geteilt.
Wie lang ist ein Stück?
Rechnung: $(100 - 40) : 3 = 60 : 3 = 20$
Antwort: Ein Teil ist 20 m lang.

c) Z. B.: Niclas spart im Monat 16 € Taschengeld, von dem er aber seiner Mutter 8 Monate lang immer 12 € für sein neues Handy abgeben muss. Nach 8 Monaten erhält er von seiner Oma noch 56 € zum Geburtstag.
Wie viel Euro hat Niclas dann?
Rechnung: $(16 - 12) \cdot 8 + 56 = 4 \cdot 8 + 56 = 32 + 56 = 88$
Antwort: Niclas hat dann 88 €.

d) Z. B.: Eine Tippgemeinschaft aus drei Spielern hat 38 € gewonnen. 14 € mussten sie für den Tippschein bezahlen. Der verbleibende Gewinn wird auf alle drei Spieler verteilt. Anschließend muss jeder Spieler noch 5 € für einen gemeinsamen Grillabend zahlen. Wie viel Euro bleibt für jeden übrig?
Rechnung: $(38 - 14) : 3 - 5 = 24 : 3 - 5 = 8 - 5 = 3$
Antwort: Für jeden Spieler bleiben noch 3 € übrig.

16. $20 \cdot (7 - 2) = 20 \cdot 5 = 100$
$20 \cdot 7 - 2 = 140 - 2 = 138$
$20 - (7 \cdot 2) = 20 - 14 = 6$
$20 - 7 \cdot 2 = 20 - 14 = 6$
$(20 - 7) \cdot 2 = 13 \cdot 2 = 26$

17. a) **(1)** $42 - (37 - 14) = 42 - 23 = 19$
(2) $(89 - 17) + (43 - 19) = 72 + 24 = 96$
(3) $(4 \cdot (12 + 38) = 4 \cdot 50 = 200$
(4) $57 - 7 \cdot 6 = 57 - 42 = 15$

b) –

18. a)

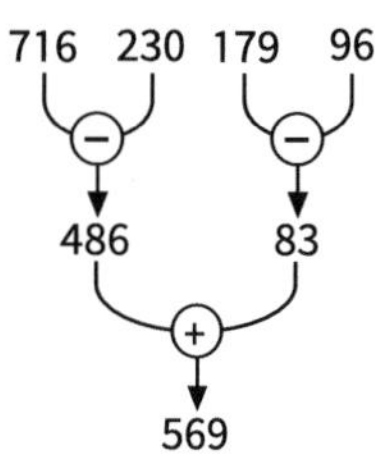

b)

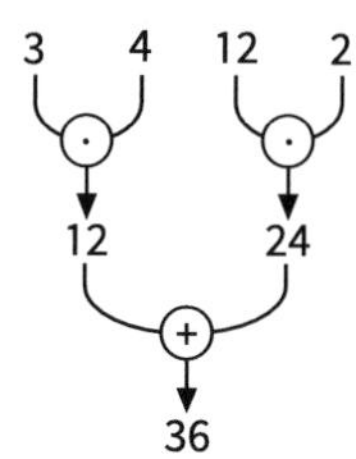

94 **18. c)**

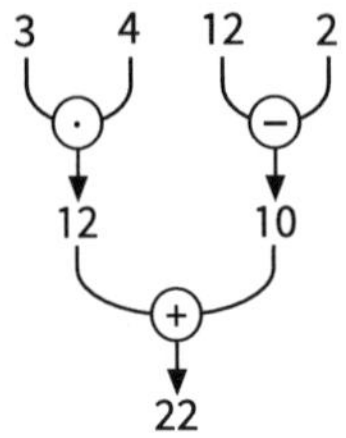

d)

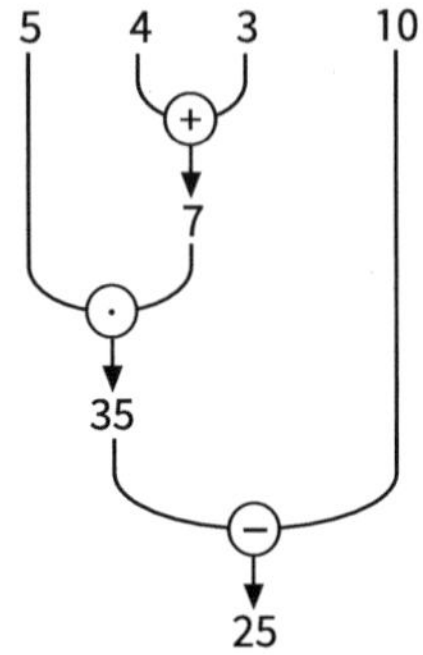

e)

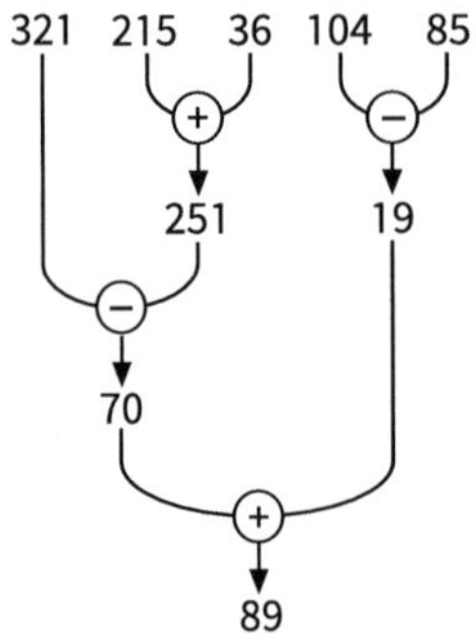

f)

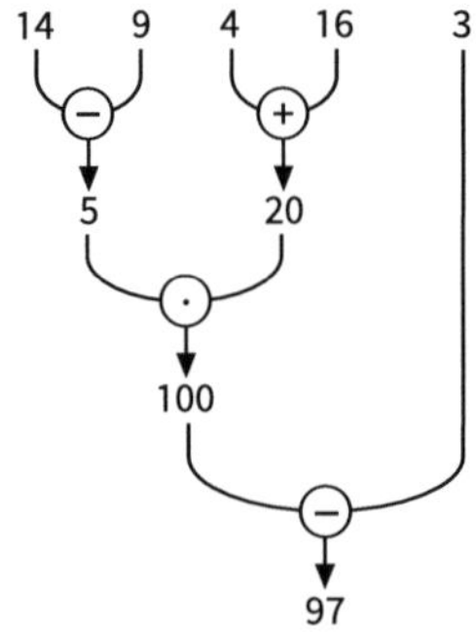

19. a) $(82 - 19) - 18$
$= 63 - 18$
$= 45$

b) $(24 \cdot 4) + 18$
$= 96 + 18$
$= 114$

c) $200 - (96 : 6)$
$= 200 - 16$
$= 184$

d) $(48 + 67) \cdot 20$
$= 115 \cdot 20$
$= 2300$

e) $(54 + 18) : (26 - 14)$
$= 72 : 12$
$= 6$

f) $(38 + 72) - 17 \cdot 6$
$= 110 - 102$
$= 8$

95 **20. a)** $37 + (48 - 12) = 73$
Addiere zur Zahl 37 die Differenz der Zahlen 48 und 12.

b) $117 - 7 \cdot 13 = 117 - 91 = 26$
Subtrahiere das Produkt der Zahlen 7 und 13 von der Zahl 117.

c) $(34 - 17) - 12 = 17 - 12 = 5$
Subtrahiere von der Differenz der Zahlen 34 und 17 die Zahl 12.

d) $(51 - 15) : 12 = 36 : 12 = 3$
Dividiere die Differenz der Zahlen 51 und 15 durch die Zahl 12.

e) $216 : (51 - 15) = 216 : 36 = 6$
Dividiere die Zahl 216 durch die Differenz der Zahlen 51 und 15.

f) $(19 - 7) \cdot (7 + 5) = 12 \cdot 12 = 144$
Multipliziere die Differenz der Zahlen 19 und 7 mit der Summe der Zahlen 7 und 5.

g) $(150 - 98) - (100 - 49) = 52 - 51 = 1$
Subtrahiere von der Differenz der Zahlen 150 und 98 die Differenz der Zahlen 100 und 49.

95 **20. h)** $(101 - 68) - 8 \cdot 3 = 33 - 24 = 9$
Subtrahiere von der Differenz der Zahlen 101 und 68 das Produkt der Zahlen 8 und 3.

21. a) $482 - [72 - (50 - 20)]$
$= 482 - [72 - 30]$
$= 482 - 42$
$= 440$

b) $482 - [(72 - 50) - 20]$
$= 482 - [22 - 20]$
$= 482 - 2$
$= 480$

c) $675 - (68 + 127 - 37)$
$= 675 - (195 - 37)$
$= 675 - 158$
$= 517$

d) $675 - [68 + (127 - 37)]$
$= 675 - [68 + 90]$
$= 675 - 158$
$= 517$

e) $578 - [(183 - 78) - 35]$
$= 578 - [105 - 35]$
$= 578 - 70$
$= 508$

f) $578 - [183 - (78 - 35)]$
$= 578 - [183 - 43]$
$= 578 - 140$
$= 438$

g) $700 - [300 - (200 - 100) \cdot 2]$
$= 700 - [300 - 100 \cdot 2]$
$= 700 - [300 - 200]$
$= 700 - 100$
$= 600$

h) $700 - [300 - (200 - 100)] \cdot 2$
$= 700 - [300 - 100] \cdot 2$
$= 700 - 200 \cdot 2$
$= 700 - 400$
$= 300$

i) $700 - [300 - 2 \cdot (200 - 100)]$
$= 700 - [300 - 2 \cdot 100]$
$= 700 - [300 - 200]$
$= 700 - 100$
$= 600$

j) $[700 - (300 - 100)] \cdot 2$
$= [700 - 200] \cdot 2$
$= 500 \cdot 2$
$= 1\,000$

k) $800 : [600 - 2 \cdot (350 - 150)]$
$= 800 : [600 - 2 \cdot 200]$
$= 800 : [600 - 400]$
$= 800 : 200$
$= 4$

l) $800 : [600 - (2 \cdot 350 - 300)]$
$= 800 : [600 - (700 - 300]$
$= 800 : [600 - 400]$
$= 800 : 200$
$= 4$

22. a) Tim hat nicht von links nach rechts gerechnet.
$86 - 27 + 3$
$= 59 + 3$
$= 62$

b) Tim hat „Punktrechnung vor Strichrechnung“ nicht beachtet.
$79 - 9 \cdot 8$
$= 79 - 72$
$= 7$

c) Tim hat die Klammern nicht. beachtet
$86 - (23 - 9)$
$= 86 - 14$
$= 72$

d) Tim hat die äußeren Klammern nicht beachtet.
$45 - [2 \cdot (7 + 5) - 2]$
$= 45 \cdot [2 \cdot 12 - 2]$
$= 45 - [24 - 2]$
$= 45 - 22$
$= 23$

95

23. I: $(15\cdot 8)+3\cdot(103-78)-(5\cdot 13)\cdot 2$
$=120+3\cdot 25-65\cdot 2$
$=120+75-130$
$=195-130$
$=65$

S: $45+(44-33)\cdot 5+(14\cdot 3)\cdot(101-98)$
$=45+11\cdot 5+42\cdot 3$
$=45+55+126$
$=100+126$
$=226$

L: $200-(87+14)-(6\cdot 3)\cdot 5+(14+6\cdot 9)$
$=200-101-18\cdot 5+(14+54)$
$=99-90+68$
$=77$

E: $(20\cdot 5\cdot 9-16\cdot 50)\cdot(3\cdot 6)\cdot 2+8\cdot 13$
$=(900-800)\cdot 18\cdot 2+104$
$=100\cdot 36+104$
$=3\,600+104$
$=3\,704$

$23<77<65<3\,704$

Lösungswort: ILSE

24. a) $(4\cdot(7\cdot 3))=(4\cdot 21)=4\cdot 21=84$
$4\cdot 7\cdot 3=28\cdot 3=84$

b) $95+(34-6\cdot 5)=95+(34-30)=95+4=99$
$95+34-6\cdot 5=95+34-30=129-30=99$

c) $28:(4\cdot 7)+(6:3)=28:28+2=1+2=3$
$28:(4\cdot 7)+6:3=28:28+2=1+2=3$

Die restlichen Klammern kann man nicht weglassen, denn
$28:4\cdot 7=7\cdot 7=49\neq 1$.

25. a) Zum Beispiel: $12+34-5+6-7=40$

b) Zum Beispiel: $12-3+45-6+7=55$ oder $123+4-5-67=55$

26.

$9+(3-2)=10$
$(9+3)-2=10$
$9-(3+2)=4$
$(9-3)+2=8$
$(9+2)-3=8$
$(9-2)+3=10$

$3+(9-2)=10$
$(3+9)-2=10$
$(3-2)+9=10$

$2+(9-3)=8$
$(2+9)-3=8$

27. a) $4+(10\cdot 5)=54$
$120:(8+12)=6$
$18-(20-3)=1$
$(18-15)\cdot(12+3)=45$

b) –

28. a) $(6+4)\cdot 3=30$

b) $70-(50-10)+3=33$

c) $200:(50-10)+8=13$

95 29. a) $(2+2)\cdot 2-2=6$
$2+2\cdot(2-2)=2$
b) $(9-2)\cdot 3-2=19$
$9-(2\cdot 3)-2=1$
c) $2\cdot(6-3)\cdot 2=12$
$(2\cdot 6)-3\cdot 2=6$ oder $2\cdot 6-(3\cdot 2)=6$
d) $(6+15):1+4=25$
$6+15:(1+4)=9$

2.5.2 Vorteilhaftes Rechnen: Kommutativgesetz und Assoziativgesetz

96 **Einstieg:**

a) $(128\,€+22\,€)+78\,€ = 150\,€+78\,€ = 228\,€$ oder $128\,€+(22\,€+78\,€) = 128\,€+100\,€ = 228\,€$

b) Z. B. 5 Kisten in einer Reihe, 4 Reihen in einer Schicht, 6 Schichten übereinander, in jeder Kiste 12 Flaschen, also: $(5\cdot 4\cdot 6)\cdot 12=120\cdot 12=1\,440$
oder 12 Flaschen in einer Kiste, $5\cdot 4$ Kisten in einer Schicht, 6 Schichten übereinander, also: $12\cdot(5\cdot 4)\cdot 6=12\cdot 20\cdot 6=240\cdot 6=1\,440$
Es sind insgesamt 1 440 Flaschen.

98 2. (1) $33\cdot 572=18\,876$; $572\cdot 33=18\,876$
Die zweite Reihenfolge ist günstiger, da in dem zweiten Faktor gleiche Ziffern vorkommen und weniger Stellen sind.

(2) $374\cdot 12=4\,488$; $12\cdot 374=4\,488$
Die erste Reihenfolge ist günstiger, da der zweite Faktor weniger Stellen hat und nur mit 1 bzw. 2 multipliziert wird.

(3) $128\cdot 3\,007=384\,896$; $3\,007\cdot 128=384\,896$
Die erste Reihenfolge ist (etwas) günstiger, da nur mit zwei Ziffern multipliziert wird (3 und 7).

(4) $1\,011\cdot 99=100\,089$; $99\cdot 1\,011=100\,089$
In der ersten Reihenfolge muss man nur eine Zahl mit Einsen und einer Null mit 9 multiplizieren, in der zweiten Reihenfolge nur die 99 dreimal mit der 1. Hier scheinen beide Reihenfolgen gleich günstig zu sein.

3. a) $25+38+62=25+100=125$
$21+54+79=21+79+54=100+54=154$
$65+57+253=65+310=375$

b) $42+58+87=100+87=187$
$47+153+38=200+38=238$
$219+27+54=219+1+26+54=220+80=300$

c) $134+29+71=134+100=234$
$168+46+44=168+32+14+44=200+58=258$
$234+69+566=234+566+69=800+69=869$

d) 3 Mio. + 15 Mio. + 27 Mio. = 3 Mio. + 27 Mio. + 15 Mio.
= 30 Mio. + 15 Mio. = 45 Mio.
18 Mrd. + 32 Mrd. + 15 Mrd. = 50 Mrd. + 15 Mrd. = 65 Mrd.
138 Mio. + 1 Mrd. + 62 Mio. = 138 Mio. + 62 Mio. + 1 Mrd. = 200 Mio. + 1 Mrd.
= 1 Mrd. 200 Mio.

98

4. a) $5 \cdot 19 \cdot 2 = 5 \cdot 2 \cdot 19 = 10 \cdot 19 = 190$
$2 \cdot 79 \cdot 5 = 2 \cdot 5 \cdot 79 = 10 \cdot 79 = 790$
$2 \cdot 7 \cdot 50 = 2 \cdot 50 \cdot 7 = 100 \cdot 7 = 700$

b) $5 \cdot 31 \cdot 20 = 5 \cdot 20 \cdot 31 = 100 \cdot 31 = 3100$
$11 \cdot 8 \cdot 5 = 11 \cdot 40 = 440$
$25 \cdot 7 \cdot 4 = 25 \cdot 4 \cdot 7 = 100 \cdot 7 = 700$

c) $8 \cdot 5 \cdot 7 \cdot 2 = 8 \cdot 7 \cdot 5 \cdot 2 = 56 \cdot 10 = 560$
$5 \cdot 13 \cdot 3 \cdot 2 = 5 \cdot 2 \cdot 13 \cdot 3 = 10 \cdot 39 = 390$
$2 \cdot 7 \cdot 4 \cdot 50 = 7 \cdot 4 \cdot 2 \cdot 50 = 28 \cdot 100 = 2\,800$

d) $5 \cdot 13 \cdot 5 \cdot 4 = 5 \cdot 5 \cdot 4 \cdot 13 = 100 \cdot 13 = 1\,300$
$4 \cdot 5 \cdot 25 \cdot 20 = 4 \cdot 25 \cdot 5 \cdot 20 = 100 \cdot 100 = 10\,000$
$8 \cdot 40 \cdot 125 \cdot 5 = 8 \cdot 125 \cdot 40 \cdot 5 = 1\,000 \cdot 200 = 200\,000$

5. Bei der Addition und der Multiplikation kann man Zahlen ggf. tauschen und dann günstig zusammenfassen. Man kann Zahlen auch zerlegen, um günstiger rechnen zu können. Beispiel siehe Aufgabe 2 und Aufgabe 3.

Das kann ich noch!

A)
Höhe des Wagens:	19 mm, also 3,80 m
Länge des Wagens:	123 mm, also 24,60 m
Höhe eines Fensters:	4 mm, also 80 cm
Breite eines Fensters:	7 mm, also 1,40 m
Höhe einer Tür:	13 mm, also 2,60 m
Breite einer Tür:	5 mm, also 1,00 m

99

6. a) $187 + 435 + 93 + 165 + 13 + 107$
$= (187 + 13) + (435 + 165) + (93 + 107)$
$= 200 + 600 + 200$
$= 1\,000$

$173 + 99 + 34 + 201 + 166 + 27$
$= (173 + 27) + (99 + 201) + (34 + 166)$
$= 200 + 300 + 200$
$= 700$

b) $93 + 179 + 14 + 321 + 57 + 86$
$= (93 + 57) + (179 + 321) + (14 + 86)$
$= 150 + 500 + 100$
$= 750$

$47 + 128 + 33 + 97 + 42 + 53$
$= (47 + 53) + (128 + 42) + (33 + 97)$
$= 100 + 170 + 130$
$= 400$

c) $125 \cdot 18 \cdot 8$
$= 125 \cdot 8 \cdot 18$
$= 1\,000 \cdot 18$
$= 18\,000$

$5 \cdot 17 \cdot 2\,000$
$= 5 \cdot 2\,000 \cdot 17$
$= 10\,000 \cdot 17$
$= 170\,000$

d) $4 \cdot 12 \cdot 25 \cdot 5$
$= (4 \cdot 25) \cdot (12 \cdot 5)$
$= 100 \cdot 60$
$= 6\,000$

$8 \cdot 40 \cdot 125 \cdot 5$
$= (8 \cdot 125) \cdot (40 \cdot 5)$
$= 1\,000 \cdot 200$
$= 200\,000$

e) $8 \cdot 25 \cdot 3 \cdot 17$
$= 200 \cdot 51$
$= 10\,200$

$25 \cdot 7 \cdot 90 \cdot 4$
$= (25 \cdot 4) \cdot (7 \cdot 90)$
$= 100 \cdot 630$
$= 63\,000$

99

6. f) $15 \cdot 8 \cdot 125 \cdot 60$
$= (15 \cdot 60) \cdot (8 \cdot 125)$
$= 900 \cdot 1\,000$
$= 900\,000$

$11 \cdot 1250 \cdot 3 \cdot 8$
$= (11 \cdot 3) \cdot (1\,250 \cdot 8)$
$= 33 \cdot 10\,000$
$= 330\,000$

7. a) (1) falsch; $(14 - 8) - 5 = 6 - 5 = 1$; $14 - (8 - 5) = 14 - 3 = 11$
(2) falsch; $(29 - 19) - 9 = 10 - 9 = 1$; $29 - (19 - 9) = 29 - 10 = 19$
(3) richtig; $(23 - 23) - 0 = 0 - 0 = 0$; $23 - (23 - 0) = 23 - 23 = 0$
b) Es gibt kein Assoziativgesetz für die Subtraktion.

8. a) $7\,000 \cdot 7 = 49\,000$; 48 363
$1\,500 \cdot 9 = 13\,500$; 13 347
$11\,500 \cdot 4 = 46\,000$; 45 892
b) $600 \cdot 80 = 48\,000$; 47 600
$500 \cdot 60 = 30\,000$; 28 740
$1\,500 \cdot 90 = 135\,000$; 139 410
c) $300 \cdot 40 = 12\,000$; 10 526
$800 \cdot 60 = 48\,000$; 45 704
$1\,000 \cdot 20 = 20\,000$; 23 391
d) $200 \cdot 90 = 18\,000$; 15 130
$500 \cdot 300 = 150\,000$; 159 900
$500 \cdot 60 = 30\,000$; 28 800
e) $500 \cdot 800 = 400\,000$; 418 026
$150 \cdot 8\,000 = 1\,200\,000$; 1 160 725
$250 \cdot 4\,000 = 1\,000\,000$; 958 629

9. a) $1 + 2 + 3 + 4 + 5 + 6 + 7 + 8 + 9 + 10$
$= (1 + 10) + (2 + 9) + (3 + 8) + (4 + 7) + (5 + 6)$
$= 11 + 11 + 11 + 11 + 11$
$= 5 \cdot 11$
$= 55$
b) (1) $1 + 2 + 3 + 4 + \ldots + 97 + 98 + 99 + 100 = 50 \cdot 101 = 5\,050$
(2) $2 + 4 + 6 + 8 + \ldots + 94 + 96 + 98 + 100 = 25 \cdot 102 = 2\,550$
(3) $1 + 3 + 5 + 7 + \ldots + 93 + 95 + 97 + 99 = 25 \cdot 100 = 2\,500$

10. a) $178 - 97 = 178 - 100 + 3 = 78 + 3 = 81$
b) $147 - 88 = 147 - 100 + 12 = 47 + 12 = 59$
c) $207 - 98 = 207 - 100 + 2 = 107 + 2 = 109$
d) $453 - 199 = 453 - 200 + 1 = 253 + 1 = 254$
e) $1\,053 - 498 = 1\,053 - 500 + 2 = 553 + 2 = 555$
f) $1\,423 - 997 = 1\,423 - 1\,000 + 3 = 423 + 3 = 426$
g) $2\,532 - 148 = 2\,532 - 200 + 52 = 2\,332 + 52 = 2\,384$
h) $2\,361 - 796 = 2\,361 - 800 + 4 = 1\,561 + 4 = 1\,565$
i) $3\,453 - 1\,290 = 3\,453 - 1\,300 + 10 = 2\,153 + 10 = 2\,163$

11. a) Richtig; Faktoren 9 und 12 getauscht; Ergebnis: 5 184
b) Falsch; beim Vertauschen der Faktoren wurde 42 statt 24 geschrieben.
$24 \cdot 5 \cdot 13 \cdot 4 = 6\,240$ und $13 \cdot 5 \cdot 4 \cdot 42 = 10\,920$
c) Richtig; $27 \cdot 45 \cdot 14 = 45 \cdot 14 \cdot 27 = 45 \cdot (2 \cdot 7) \cdot 27 = (45 \cdot 2) \cdot 7 \cdot 27$
$= 90 \cdot 7 \cdot 27 = 17\,010$

99 12. $(504\,€ : 9) : 8 = 56\,€ : 8 = 7\,€$
Michaels Bruder hat einen Stundenlohn von 7 €.

2.5.3 Vorteilhaftes Runden – Distributivgesetze

Einstieg:
$20 \cdot 12 + 12 \cdot 12 = 240 + 144 = 384$
$(20 + 12) \cdot 12 = 32 \cdot 12 = 384$
Sie erhalten zusammen im Jahr 384 € Taschengeld.

100 2. a) (1) $8 \cdot (12 - 7) = 8 \cdot 5 = 40$ $8 \cdot 12 - 8 \cdot 7 = 96 - 56 = 40$
(2) $9 \cdot 16 - 5 \cdot 16 = 144 - 80 = 64$ $(9 - 5) \cdot 16 = 4 \cdot 16 = 64$
Die Ergebnisse sind jeweils gleich.
b) (1) $(56 + 35) : 7 = 91 : 7 = 13$ $56 : 7 + 35 : 7 = 8 + 5 = 13$
(2) $96 : 12 - 72 : 12 = 8 - 6 = 2$ $(96 - 72) : 12 = 24 : 12 = 2$
Die Ergebnisse sind jeweils gleich.

101 3. a) $8 \cdot 96 + 8 \cdot 4 = 8 \cdot (96 + 4) = 8 \cdot 100 = 800$
b) $4 \cdot 16 + 4 \cdot 34 = 4 \cdot (16 + 34) = 4 \cdot 50 = 200$
c) $15 \cdot 17 + 15 \cdot 13 = 15 \cdot (17 + 13) = 15 \cdot 30 = 450$
d) $18 \cdot 12 + 22 \cdot 12 = (18 + 22) \cdot 12 = 40 \cdot 12 = 480$

4. a) (1) $4 \cdot (19 + 6) = 4 \cdot 25 = 100$
(2) $4 \cdot (17 + 23) = 4 \cdot 40 = 160$
(3) $9 \cdot 100 + 9 \cdot 12 = 900 + 108 = 1008$
(4) $9 \cdot 50 + 9 \cdot 7 = 450 + 63 = 513$
b) (1) $8 \cdot 17 + 2 \cdot 17 = (8 + 2) \cdot 17 = 10 \cdot 17 = 170$
(2) $23 \cdot 64 + 23 \cdot 36 = 23 \cdot (64 + 36) = 23 \cdot 100 = 2\,300$
(3) $39 \cdot 24 + 11 \cdot 24 = (39 + 11) \cdot 24 = 50 \cdot 24 = 1\,200$
(4) $176 \cdot 36 + 24 \cdot 36 = (176 + 24) \cdot 36 = 200 \cdot 36 = 7\,200$
(5) $(40 + 3) \cdot 9 = 40 \cdot 9 + 3 \cdot 9 = 360 + 27 = 387$
(6) $12 \cdot (20 + 3) = 12 \cdot 20 + 12 \cdot 3 = 240 + 36 = 276$
(7) $7 \cdot (30 + 12) = 7 \cdot 30 + 7 \cdot 12 = 210 + 84 = 294$
(8) $(100 + 9) \cdot 18 = 100 \cdot 18 + 9 \cdot 18 = 1800 + 162 = 1\,962$

5. a) $8 \cdot (40 - 7) = 8 \cdot 40 - 8 \cdot 7 = 320 - 56 = 264$
b) $(50 - 6) \cdot 7 = 50 \cdot 7 - 6 \cdot 7 = 350 - 42 = 308$
c) $9 \cdot (400 + 30 + 4) = 9 \cdot 400 + 9 \cdot 30 + 9 \cdot 4 = 3600 + 270 + 36 = 3\,906$
d) $(125 + 11) \cdot 8 = 125 \cdot 8 + 11 \cdot 8 = 1\,000 + 88 = 1\,088$
e) $(250 - 17) \cdot 4 = 250 \cdot 4 - 17 \cdot 4 = 1\,000 - 68 = 932$
f) $(200 + 40 + 3) \cdot 5 = 200 \cdot 5 + 40 \cdot 5 + 3 \cdot 5 = 1\,000 + 200 + 15 = 1\,215$
g) $18 \cdot (38 + 12) = 18 \cdot 50 = 900$
h) $(50 - 2) \cdot 14 = 50 \cdot 14 - 2 \cdot 14 = 700 - 28 = 672$

101

6. a) $(72+45):9=72:9+45:9=8+5=13$
   b) $102:6+78:6=(102+78):6=180:6=30$
   c) $(168-28):14=140:14=10$
   d) $135:15+15:15=(135+15):15=150:15=10$
   e) $720:8-32:8=90-4=86$
   f) $221:17-51:17=(221-51):17=170:17=10$
   g) $(360-36):12=360:12-36:12=30-3=27$
   h) $(378+42):21=420:21=20$

7. a) $17\cdot 13+87\cdot 17=17\cdot(13+87)=17\cdot 100=1700$
   b) $54\cdot 19-9\cdot 54=54\cdot(19-9)=54\cdot 10=540$
   c) $24\cdot 33-33\cdot 14=(24-14)\cdot 33=10\cdot 33=330$
   d) $47\cdot 73-23\cdot 47=47\cdot(73-23)=47\cdot 50=2350$
   e) $16\cdot 13+16\cdot 29+16\cdot 8=16\cdot(13+29+8)=16\cdot 50=800$
   f) $14\cdot 38-3\cdot 14+65\cdot 14=14\cdot(38-3+65)=14\cdot 100=1400$

8. a) Man zerlegt eine Zahl in eine Summe oder eine Differenz, um mithilfe des Distributivgesetzes einfache Produkte bzw. Quotienten zu erhalten.
   b) (1) $7\cdot 36=7\cdot(30+6)=7\cdot 30+7\cdot 6=210+42=252$
   $84\cdot 6=(80+4)\cdot 6=80\cdot 6+4\cdot 6=480+24=504$
   (2) $9\cdot 98=9\cdot(100-2)=9\cdot 100-9\cdot 2=900-18=882$
   $8\cdot 149=8\cdot(150-1)=8\cdot 150-8\cdot 1=1200-8=1192$
   (3) $69\cdot 4=(70-1)\cdot 4=70\cdot 4-1\cdot 4=280-4=276$
   $152\cdot 3=(150+2)\cdot 3=450+6=456$
   (4) $917:7=(910+7):7=910:7+7:7=130+1=131$
   $104:8=(80+24):8=80:8+24:8=10+3=13$
   (5) $187:17=(170+17):17=170:17+17:17=10+1=11$
   $156:13=(130+26):13=130:13+26:13=10+2=12$
   (6) $247:13=(260-13):13=260:13-13:13=20-1=19$
   $330:15=(300+30):15=300:15+30:15=20+2=22$

9. $23\cdot 3\,€+27\cdot 3\,€=69\,€+81\,€=150\,€$
   $(23+27)\cdot 3\,€=50\cdot 3\,€=150\,€$

10. $380:20+120:20=19+6=25$
    $(380+120):20=500:20=25$
    Es werden 25 Kästen benötigt.

11. $12:(2+4)=12:6=2$ und
    $12:2+12:4=6+3=9$ also
    $12:(2+4)\neq 12:2+12:4$
    Es gibt dieses Gesetz also nicht.

2.6 Potenzieren

102 **Einstieg:**

2 Elternteile (1. Vorfahrengeneration)
$2 \cdot 2 = 4$ Großelternteile (2. Vorfahrengeneration)
$2 \cdot 2 \cdot 2 = 8$ Urgroßelternteile (3. Vorfahrengeneration)
$2 \cdot 2 \cdot 2 \cdot 2 = 16$ Urgroßelternteile (4. Vorfahrengeneration)
$2 \cdot 2 \cdot 2 \cdot 2 \cdot 2 = 32$ Ururgroßelternteile (5. Vorfahrengeneration)
$2 \cdot 2 \cdot 2 \cdot 2 \cdot 2 \cdot 2 = 64$ Urururgroßelterngeneration (6. Vorfahrengeneration)
5. Vorfahrengeneration: $2 \cdot 2 \cdot 2 \cdot 2 \cdot 2 = 32$
6. Vorfahrengeneration: $2 \cdot 2 \cdot 2 \cdot 2 \cdot 2 \cdot 2 = 64$
7. Vorfahrengeneration: $2 \cdot 2 \cdot 2 \cdot 2 \cdot 2 \cdot 2 \cdot 2 = 128$
8. Vorfahrengeneration: $2 \cdot 2 \cdot 2 \cdot 2 \cdot 2 \cdot 2 \cdot 2 \cdot 2 = 256$

103 **1.**

Merkur:	$58 \cdot 10^6 = 58 \cdot 1\,000\,000 = 58\,000\,000$
Venus:	$108 \cdot 10^6 = 108 \cdot 1\,000\,000 = 108\,000\,000$
Erde:	$150 \cdot 10^6 = 150 \cdot 1\,000\,000 = 150\,000\,000$
Mars:	$228 \cdot 10^6 = 228 \cdot 1\,000\,000 = 228\,000\,000$
Jupiter:	$778 \cdot 10^6 = 778 \cdot 1\,000\,000 = 778\,000\,000$
Saturn:	$1\,427 \cdot 10^6 = 1\,427 \cdot 1\,000\,000 = 1\,427\,000\,000$
Uranus:	$2\,870 \cdot 10^6 = 2\,870 \cdot 1\,000\,000 = 2\,870\,000\,000$
Neptun:	$4\,497 \cdot 10^6 = 4\,497 \cdot 1\,000\,000 = 4\,497\,000\,000$

2. **a)** $4^3 = 64$ **b)** $12^2 = 144$ **c)** $10^5 = 100\,000$ **d)** $7^4 = 2\,401$ **e)** $8^1 = 8$

3. **a)** 16 **b)** 25 **c)** 216 **d)** 10 **e)** 256 **f)** 1 **g)** 0 **h)** 4 **i)** 1 000 000 **j)** 1 600 **k)** 1 000 000 **l)** 25 000 000 **m)** 3 719 **n)** 1 000 000 000 000

4. **a)** 12; 36; 12; 36 **b)** 7; 12; 64 **c)** 8; 7; 7 **d)** 25; 32 **e)** 16; 16

5. **a)** $5 \cdot 5 \cdot 3 = 75$ **b)** $7 \cdot 2 \cdot 2 \cdot 2 = 56$ **c)** $32 : (2 \cdot 2 \cdot 2) = 4$ **d)** $96 - 6 \cdot 6 = 60$ **e)** $4 \cdot 3 \cdot 3 - 12 = 24$ **f)** $28 + (2 \cdot 2 \cdot 2 \cdot 2 \cdot 2 \cdot 2) : 16 = 32$

6. **a)** $16 = 16$ **b)** $32 > 25$ **c)** $27 = 27$ **d)** $125 < 512$ **e)** $16\,807 > 343$ **f)** $100 > 80$

7. **a)** $2^4 = 16$ **b)** $2 \cdot 2^3 = 16$ **c)** $11^2 = 121$ **d)** $4^3 = 64$ **e)** $13^2 = 169$ **f)** $2^3 \cdot 18 = 144$ **g)** $12^2 = 144$ **h)** $2^{10} = 1\,024$ oder $4^5 = 1\,024$

104

8\. a) Sie sind durch Quadrate (Anzahl der Kästchen) darstellbar.

b)

$10^2 = 100$	$14^2 = 196$	$18^2 = 324$	$22^2 = 484$
$11^2 = 121$	$15^2 = 225$	$19^2 = 361$	$23^2 = 529$
$12^2 = 144$	$16^2 = 256$	$20^2 = 400$	$24^2 = 576$
$13^2 = 169$	$17^2 = 289$	$21^2 = 441$	$25^2 = 625$

c) (1) 10; 100; 1000; 10 000; 100 000; 1 000 000; 1 000 000 000
(2) 2; 4; 8; 16; 32; 64; 128; 256; 512; 1 024

9\. a) 5^2; 2^3; 11^2; 7^3 b) $4^2 = 2^4$; $9^2 = 3^4$; $8^2 = 4^3 = 2^6$; z. B. 0^5; z. B. 1^{10}

10\. a) $10^5 = 100\,000$ c) $2 \cdot 5^3 = 2 \cdot 125 = 250$
b) $13^1 = 13$ d) $8^2 + 2^3 = 64 + 8 = 72$

11\. a) $6^3 = 216$ b) $2^6 = 64$ c) $100^3 = 1\,000\,000$

12\. a) $5 \cdot 4^2 = 80$ Keime b) $100 \cdot 4^5 = 102\,400$ Keime
c) $5 \cdot 3^2 = 45$ Keime bzw. $100 \cdot 3^5 = 24\,300$ Keime

13\. a) $(6 + 8)^3 = 14^3 = 2744$, also 14^3 statt $14 \cdot 3$
b) $5 \cdot 4^4 = 5 \cdot 256 = 1280$, also $5 \cdot 256$ statt 20^4
c) $(22 - 2 \cdot 8)^2 = (22 - 16)^2 = 6^2 = 36$, also 6^2 statt $(20 \cdot 8)^2$,
Punktrechnung vor Strichrechnung
d) $(8 + 11 \cdot 2)^2 = (8 + 22)^2 = 30^2 = 900$, also 30^2 statt $8^2 + 22^2$, Klammer zuerst

14\.

a)	b)	c)	d)
36	96	63	508
500	540	55	131
48	8	128	232
125	72	152	68

105

15\. a) $(3 \cdot 4)^2 = 12^2 = 144$
$(5 \cdot 4)^4 = 20^4 = 160\,000$
$2 \cdot (3 \cdot 2)^2 = 2 \cdot 6^2 = 2 \cdot 36 = 72$
$2^3 \cdot (2 \cdot 3) = 8 \cdot 6 = 48$
b) $(3 + 4)^2 = 7^2 = 49$
$8 \cdot (12 - 8)^3 = 8 \cdot 4^3 = 8 \cdot 64 = 512$
$(15 + 5)^1 \cdot 4^2 = 20^1 \cdot 16 = 20 \cdot 16 = 320$
$(30 - 4 \cdot 7)^5 = (30 - 28)^5 = 2^5 = 32$
c) $(16 - 3 \cdot 4)^2 = (16 - 12)^2 = 4^2 = 16$
$5 \cdot (2 + 3^2) - 5 \cdot 3 = 5 \cdot (2 + 9) - 15 = 5 \cdot 11 - 25 = 55 - 15 = 40$
$(5^1 \cdot 2 + 10)^2 - 10^2 = (10 + 10)^2 - 10^2 = 20^2 - 10^2 = 400 - 100 = 300$
$4^3 + (5 \cdot 13 - 4^3)^7 = 64 + (65 - 64)^7 = 64 + 1^7 = 64 + 1 = 65$

16\. a) $50\,€ \cdot 4^3 = 50\,€ \cdot 64 = 3200\,€$
b) 5 richtige Antworten: $50\,€ \cdot 4^4 = 50\,€ \cdot 256 = 12\,800\,€$
6 richtige Antworten: $50\,€ \cdot 4^5 = 50\,€ \cdot 1\,024 = 51\,200\,€$
Er muss also 6 richtige Antworten geben.

105 **16. c)** 7 richtige Antworten: $50\,€ \cdot 4^6 = 50\,€ \cdot 4\,096 = 204\,800\,€$
8 richtige Antworten: $50\,€ \cdot 4^7 = 50\,€ \cdot 16\,384 = 819\,200\,€$
9 richtige Antworten: $50\,€ \cdot 4^8 = 50\,€ \cdot 65\,536 = 3\,276\,800\,€$
Er muss also 9 richtige Antworten geben.

17. a) 10^2 **b)** 10^4 **c)** 10^6 **d)** 10^9 **e)** 10^{13}

18.

Bakterien:	600 000 000	Saurier:	200 000 000
Fische:	450 000 000	Blütenpflanzen:	70 000 000
Insekten:	400 000 000	Mensch:	100 000

19. a) $35 \cdot 10^3$
b) $42 \cdot 10^6$; $25 \cdot 10^5$
c) 10^{11}; $365 \cdot 10^5$
d) $7 \cdot 10^6$

20. –

2.7 Geschicktes Bestimmen von Anzahlen – Zählprinzip

106 **Einstieg:**
Christina kann je eine Farbe mit 18 Gängen und je eine Farbe mit 21 Gänge wählen. Sie hat also $3 \cdot 2 = 6$ Möglichkeiten.

107 **2.** $3 \cdot 4 = 12$ Möglichkeiten

3. a) $11 \cdot 3 \cdot 2 = 66$ Möglichkeiten
b) $4{,}50\,€ + 2{,}00\,€ + 2{,}50\,€ = 9{,}00\,€$; $7{,}00\,€ + 2{,}50\,€ + 4{,}00\,€ = 13{,}50\,€$
c) 10 Möglichkeiten, nämlich:
Vanille, Schoko, Erdbeer
Vanille, Schoko, Himbeer
Vanille, Schoko, Zitrone
Vanille, Erdbeer, Himbeer
Vanille, Erdbeer, Zitrone
Vanille, Himbeer, Zitrone
Schoko, Erdbeer, Himbeer
Schoko, Erdbeer, Zitrone
Schoko, Himbeer, Zitrone
Erdbeer, Himbeer, Zitrone

4. $10 \cdot 9 \cdot 8 \cdot 7 = 5040$ verschiedene Einstellmöglichkeiten.

5. a) $10 \cdot 10 \cdot 10 \cdot 10 = 10^4 = 10\,000$ Möglichkeiten
b) $3 \cdot 3 \cdot 3 \cdot 3 = 3^4 = 81$ Möglichkeiten
c) $3 \cdot 10 \cdot 10 \cdot 7 = 2100$ Möglichkeiten

108 **6. a)**

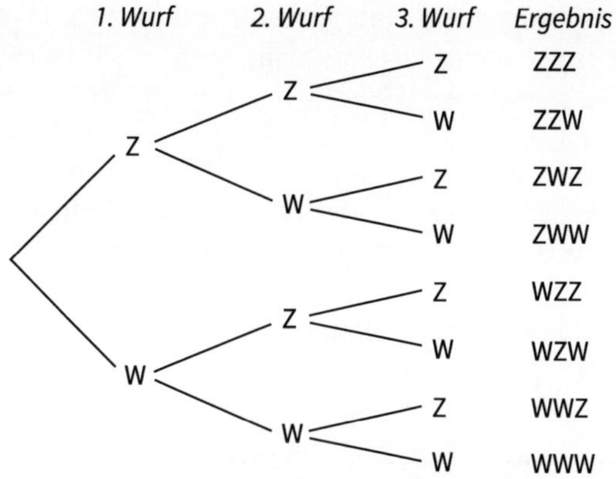

b) ZZW bedeutet: Beim 1. Wurf lag Zahl oben, beim 2. Wurf lag Zahl oben und beim 3. Wurf lag Wappen oben.
Bei ZWZ lag Zahl im 1. und 3. Wurf oben, Wappen im 2. Wurf.
Bei ZZW lag Zahl im 1. und 2. Wurf oben, Wappen im 3. Wurf.

c) Es gibt $2 \cdot 2 \cdot 2 = 8$ Ergebnisse.

7. a) Es gibt $4 \cdot 4 = 16$ Ergebnisse.

b)

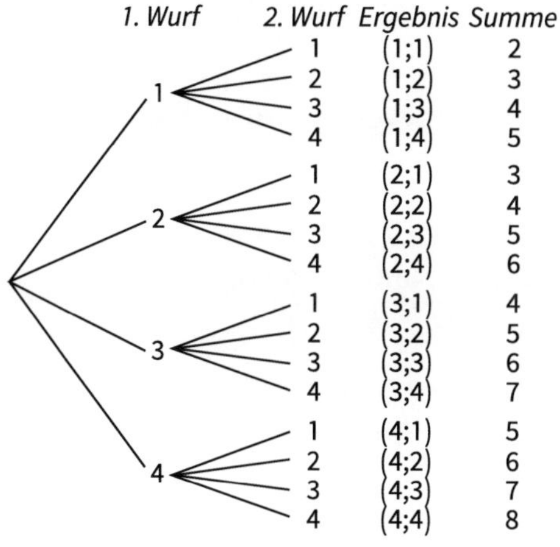

Man erhält als Summenwert die Zahlen 2, 3, 4, 5, 6, 7, 8.

c)

Summenwert	Ergebnisse
2	(1|1)
3	(1|2); (2|1)
4	(1|3); (2|2); (3|1)
5	(1|4); (2|3); (3|2); (4|1)
6	(2|4); (3|3); (4|2)
7	(3|4); (4|3)
8	(4|4)

108

8. a) Blau und grün, blau und rot, grün und grün, grün und rot, rot und rot also fünf unterschiedliche Farbkombinationen. Es wird nicht unterschieden, welche Farbe zuerst und welche beim zweiten Ziehen gezogen wird.
   b) Zweimal sind beide grün und zwölfmal $(4 \cdot 3)$ sind beide rot.

9. Anzahl der Möglichkeiten: Torwart 2; Abwehr 4; Mittelfeld 6; Sturm 6, also insgesamt $2 \cdot 4 \cdot 6 \cdot 6 = 288$ Möglichkeiten.

10. blau, blau, gelb, gelb   gelb, blau, gelb, blau
    blau, gelb, blau, gelb   gelb, blau, gelb, gelb
    blau, gelb, gelb, blau   gelb, gelb, blau, blau
    blau, gelb, gelb, gelb   gelb, gelb, blau, gelb
    gelb, blau, blau, gelb   gelb, gelb, gelb, blau
    Es gibt also 10 Möglichkeiten.

Das kann ich noch!

A) 1) Die Lieblingsfarbe der Schüler ist gelb.
   2)

Lieblingsfarbe	blau	rot	grün	gelb
Anzahl der Schüler(innen)	22	29	43	51

   3) Es wurden 145 Schülerinnen und Schüler befragt.

Auf den Punkt gebracht: Schätzen und Überschlagen

109

1. a) (1) Der Mann vor dem Turm ist etwa 1,80 m groß. Der Turm ist etwa 12- bis 13-mal so hoch, also 22 m bis 23 m.
      (2) Rechts könnte die Mutter sein, dann wäre die Frau wohl etwa 35 Jahre, das Mädchen etwa 14 Jahre alt.
      (3) Es sind etwa 120 Pinguine.
      (4) Es sind ungefähr 400 Menschen auf dem Foto.
   b) Siehe Beispiele im Schülerband auf Seite 103 unten.

110

2. a) (1) $2 \cdot 1{,}00\,€ + 1{,}50\,€ + 3 \cdot 1{,}70\,€ + 2 \cdot 0{,}70\,€$
      $= 2{,}00\,€ + 1{,}50\,€ + 5{,}10\,€ + 1{,}40\,€ = 10{,}00\,€$
      Das Geld reicht aus, da man immer aufgerundet hat.
      Genauer Preis 9,89 €.
      (2) In 6 Stunden fährt man 780 km. Man benötigt also länger und sollte etwa sechseinhalb Stunden einrechnen. Wenn man genau rechnet, sind es 6 Stunden und 15 Minuten.
      (3) Ein Jahr mit 365 Tagen hat $365 \cdot 24 = 8\,760$ Stunden, also etwa 9 000 Stunden. 1 Millionen Stunden sind also über 100 Jahre.
   b) Siehe Beispiele in Aufgabe 2.

110 3. Eine Zeile hat ungefähr 80 Buchstaben. Bei 40 Zeilen pro Seite sind das 3 200 Buchstaben pro Seite, bei 250 Seiten dann 800 000 Buchstaben. Wenn man Bilder, Absätze usw. berücksichtigt, sind es eher noch weniger, zumindest keine Millionen.

4. a) (1) $4000 + 74000 = 78000$; $5000 + 75000 = 80000$; $4637 + 74589 = 79226$
(2) $22000 - 5000 = 17000$; $21000 - 6000 = 15000$; $21345 - 5978 = 15367$
(3) $400 \cdot 300 = 120000$; $500 \cdot 400 = 200000$; $453 \cdot 337 = 152661$
(4) $8400 : 70 = 120$; $8000 : 80 = 100$; $8395 : 73 = 115$
b) (1) Beide Summanden abrunden [aufrunden].
(2) Den Minuenden abrunden und den Subtrahenden aufrunden. [Den Minuenden aufrunden und den Subtrahenden abrunden].
(3) Beide Faktoren abrunden [aufrunden].
(4) Den Dividenden abrunden und den Divisor aufrunden. [Den Dividenden aufrunden und den Divisor abrunden.]

5. a) Es gibt Hauptverkehrszeiten (Arbeitsbeginn, Arbeitsende, Schulbeginn, Schulende, Einkaufszeiten, ...) und weniger befahrene Zeiten.
b) (1) $3 \cdot 336 = 1008 \approx 1000$ (3) $2 \cdot 147 = 294 \approx 300$
(2) $4 \cdot 281 = 1124 \approx 1100$
c) Da man über die Morgenstunden, den Vormittag und über die Nachtstunden keine Aussage hat, ist eine Aussage sehr unsicher. Man könnte z. B. mit $500 \cdot 24$, also mit 12 000 Autos rechnen (siehe auch Teilaufgabe b).
d) Die Aussage könnte richtig sein, ist aber nicht sinnvoll, da die Autos nicht 24 Stunden lang genau gezählt wurden. Man kann also nur einen Schätzwert angeben.

6. –

2.8 Variable und Gleichungen

2.8.1 Aufstellen von Termen

111 **Einstieg:**

Monat	Januar	Februar	März	April	Mai	Juni
Anzahl der SMS	10	30	15	27	32	45
Kosten (in €)	6,90	8,70	7,35	8,43	8,88	10,05

Rechenweg: $6 + x \cdot 0{,}09$ (x: Anzahl der SMS)

112

1. a) Term: $x \cdot 11 + 350$ (x: Anzahl der Stunden)

Name	Anzahl der Stunden	Ausgezahlter Lohn (in €)
Jahn	64	$64 \cdot 11 + 350 = 1\,054$
Lange	76	$76 \cdot 11 + 350 = 1\,186$
Schulz	48	$48 \cdot 11 + 350 = 878$
Thon	82	$82 \cdot 11 + 350 = 1\,252$
Scholl	114	$114 \cdot 11 + 350 = 1\,604$

b) Term: $38 \cdot x + 4 \cdot (x + 3)$ (x: Stundenlohn in €)

Person	Stundenlohn (in €)	Ausgezahlter Wochenlohn (in €)
Maurermeister	13	$38 \cdot 13 + 4 \cdot 16 = 558$
Geselle	9	$38 \cdot 9 + 4 \cdot 12 = 390$
Handlanger	8	$38 \cdot 8 + 4 \cdot 11 = 348$
Aushilfe	6	$38 \cdot 6 + 4 \cdot 9 = 264$

2. a)

x	x:6	x:6·12
72	12	144
90	15	180
102	17	204
114	19	228

b)

x	x·5	x·5 + 3
8	40	43
9	45	48
12	60	63
34	170	173

c)

12	12·x	12·x:4	12·x:4 − 9
7	84	21	12
12	144	36	27
20	240	60	51
35	420	105	96

113

3. a)

x	x·4 + 50
8	$8 \cdot 4 + 50 = 82$
15	$15 \cdot 4 + 50 = 110$
36	$36 \cdot 4 + 50 = 194$
47	$47 \cdot 4 + 50 = 238$

c)

x	9·x − 65
8	$9 \cdot 8 - 65 = 7$
15	$9 \cdot 15 - 65 = 70$
36	$9 \cdot 36 - 65 = 259$
47	$9 \cdot 47 - 65 = 358$

b)

x	200 − x − 35
8	$200 - 8 - 35 = 157$
15	$200 - 15 - 35 = 150$
36	$200 - 36 - 35 = 129$
47	$200 - 47 - 35 = 118$

d)

x	7 985 + 246·x
8	$7\,985 + 246 \cdot 8 = 9\,953$
15	$7\,985 + 246 \cdot 15 = 11\,675$
36	$7\,985 + 246 \cdot 36 = 16\,841$
47	$7\,985 + 246 \cdot 47 = 19\,547$

4. a) $x \cdot 3 + 17$

x	x·3 + 17
16	$16 \cdot 3 + 17 = 65$
32	$32 \cdot 3 + 17 = 113$
40	$40 \cdot 3 + 17 = 137$

b) $48 - x : 8$

x	48 − x:8
16	$48 - 16 : 8 = 46$
32	$48 - 32 : 8 = 44$
40	$48 - 40 : 8 = 43$

113 **4. c)** $(x+4)\cdot(x-5)$

x	(x + 4) · (x – 5)
16	(16 + 4) · (16 – 5) = 220
32	(32 + 4) · 32 – 5) = 972
40	(40 + 4) · (40 – 5) = 1 540

d) $65-(x-4)+x$

x	65 – (x – 4) + x
16	65 – (16 – 4) + 16 = 69
32	65 – (32 – 4) + 32 = 69
40	65 – (40 – 4) + 40 = 69

5. a)

x	180 – (x + 46)
35	180 – (35 + 46) = 99
52	180 – (52 + 46) = 82
67	180 – (67 + 46) = 67

b)

x	(x + 15) : 5
5	(5 + 15) : 5 = 4
25	(25 + 15) : 5 = 8
45	(45 + 15) : 5 = 12

c)

x	(x – 18) : 6
24	(24 – 18) : 6 = 1
48	(48 – 18) : 6 = 5
60	(60 – 18) : 6 = 7

d)

x	5 · (x – 26) + 18
36	5 · (36 – 26) + 18 = 68
42	5 · (42 – 26) + 18 = 98
71	5 · (71 – 26) + 18 = 243

6. a)

x	x · 6 + 237
12	12 · 6 + 237 = 309
24	24 · 6 + 237 = 381
36	36 · 6 + 237 = 453
84	84 · 6 + 237 = 741
108	108 · 6 + 237 = 885

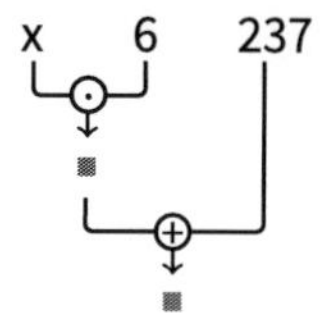

b)

x	435 + x · 7
12	435 + 12 · 7 = 519
24	435 + 24 · 7 = 603
36	435 + 36 · 7 = 687
84	435 + 84 · 7 = 1 023
108	435 + 108 · 7 = 1 191

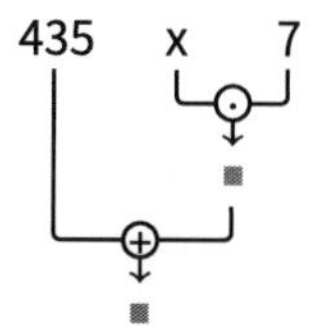

c)

x	937 – (x + 436)
12	937 – (12 + 436) = 489
24	937 – (24 + 436) = 477
36	937 – (36 + 436) = 465
84	937 – (84 + 436) = 417
108	937 – (108 + 436) = 393

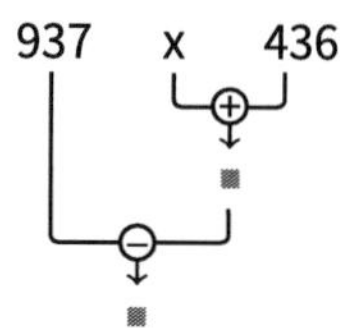

d)

x	x · (3 + 4) – 17
12	12 · (3 + 4) – 17 = 67
24	24 · (3 + 4) – 17 = 151
36	36 · (3 + 4) – 17 = 235
84	84 · (3 + 4) – 17 = 571
108	108 · (3 + 4) 17 = 739

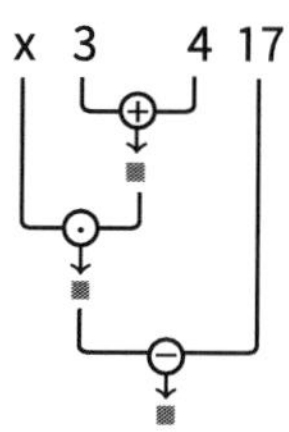

113 6. e)

x	$x \cdot 5 - x + 5$
12	$12 \cdot 5 - 12 + 5 = 53$
24	$24 \cdot 5 - 24 + 5 = 101$
36	$36 \cdot 5 - 36 + 5 = 149$
84	$84 \cdot 5 - 84 + 5 = 341$
108	$108 \cdot 5 - 108 + 5 = 437$

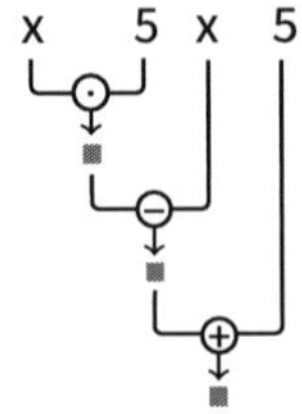

f)

x	$x : 4 + x \cdot 4$
12	$12 : 4 + 12 \cdot 4 = 51$
24	$24 : 4 + 24 \cdot 4 = 102$
36	$36 : 4 + 36 \cdot 4 = 153$
84	$84 : 4 + 84 \cdot 4 = 357$
108	$108 : 4 + 108 \cdot 4 = 459$

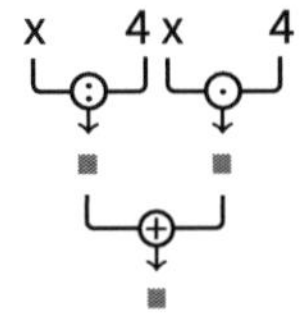

g)

x	$(x + 4) \cdot (x - 4)$
12	$(12 + 4) \cdot (12 - 4) = 128$
24	$(24 + 4) \cdot (24 - 4) = 560$
36	$(36 + 4) \cdot (36 - 4) = 1\,280$
84	$(84 + 4) \cdot (84 - 4) = 7\,040$
108	$(108 + 4) \cdot (108 - 4) = 11\,648$

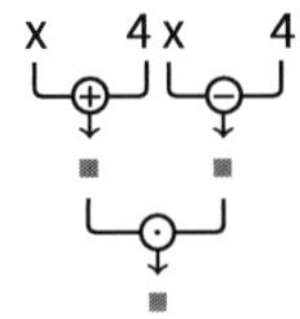

h)

x	$(x \cdot 8 - x \cdot 5) - x \cdot 2$
12	$(12 \cdot 8 - 12 \cdot 5) - 12 \cdot 2 = 12$
24	$(24 \cdot 8 - 24 \cdot 5) - 24 \cdot 2 = 24$
36	$(36 \cdot 8 - 36 \cdot 5) - 36 \cdot 2 = 36$
84	$(84 \cdot 8 - 84 \cdot 5) - 84 \cdot 2 = 84$
108	$(108 \cdot 8 - 108 \cdot 5) - 108 \cdot 2 = 108$

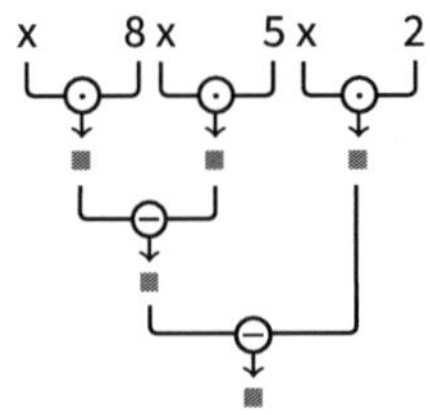

i)

x	$[(x + 6) + (x - 12)] - x : 4$
12	$[(12 + 6) + (12 - 12)] - 12 : 4 = 15$
24	$[(24 + 6) + (24 - 12)] - 24 : 4 = 36$
36	$[(36 + 6) + (36 - 12)] - 36 : 4 = 57$
84	$[(84 + 6) + (84 - 12)] - 84 : 4 = 141$
108	$[(108 + 6) + (108 - 12)] - 108 : 4 = 183$

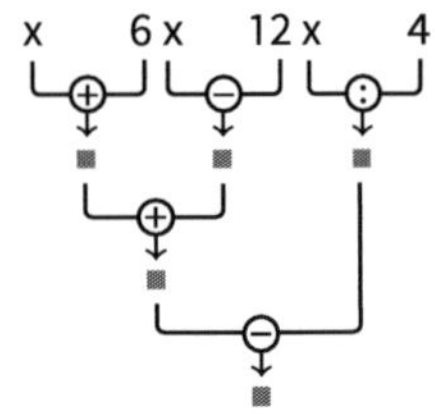

7. Druckfehler in der 1. und 2. Auflage: Setze für x nacheinander die Zahlen 220, 231, 440, 990 und 143 ein.

a) $(x + 95) - 17$

x	$(x + 95) - 17$
220	$(220 + 95) - 17 = 298$
231	$(231 + 95) - 17 = 309$
440	$(440 + 95) - 17 = 518$
990	$(990 + 95) - 17 = 1\,068$
143	$(143 + 95) - 17 = 231$

113 **7. b)** $(x \cdot 43) - 227$

x	$(x \cdot 43) - 227$
220	$(220 \cdot 43) - 227 = 9\,233$
231	$(231 \cdot 43) - 227 = 9\,706$
440	$(440 \cdot 43) - 227 = 18\,693$
990	$(990 \cdot 43) - 227 = 42\,343$
143	$(143 \cdot 43) - 227 = 5\,922$

c) $348 + (x : 11)$

x	$348 + (x : 11)$
220	$348 + (220 : 11) = 368$
231	$348 + (231 : 11) = 369$
440	$348 + (440 : 11) = 388$
990	$348 + (990 : 11) = 438$
143	$348 + (143 : 11) = 361$

d) $(x + 58) + 259$

x	$(x + 58) + 259$
220	$(220 + 58) + 259 = 537$
231	$(231 + 58) + 259 = 548$
440	$(440 + 58) + 259 = 757$
990	$(990 + 58) + 259 = 1\,307$
143	$(143 + 58) + 259 = 460$

e) $x \cdot (x - 18)$

x	$x \cdot (x - 18)$
220	$220 \cdot (220 - 18) = 44\,440$
231	$231 \cdot (231 - 18) = 49\,203$
440	$440 \cdot (440 - 18) = 185\,680$
990	$990 \cdot (990 - 18) = 962\,280$
143	$143 \cdot (143 - 18) = 17\,875$

8. d: Drahtlänge (in cm) x: Seitenlänge (in cm)

$d = 10 \cdot x + 20$

$d = 10 \cdot 10\,\text{cm} + 20\,\text{cm} = 120\,\text{cm}$

$[d = 10 \cdot 7\,\text{cm} + 20\,\text{cm} = 90\,\text{cm}]$

Im Blickpunkt: Tabellenkalkulation und Terme

115 1. –

2. a) Herr Meier: 725 € Herr Held: 533 €
Herr Sorge: 597 € Herr Lang: 629 €
Herr Alt: 709 €

b) Lohn (in €): $16 \cdot x + 85$ (x: Anzahl der Arbeitsstunden)

c) Herr Meier: 693 € Herr Held: 549 €
Herr Sorge: 677 € Herr Lang: 613 €
Herr Alt: 741 €

3. $4{,}90 + 0{,}11 \cdot x$ (x: Anzahl der Gesprächsminuten)

Dauer (in min)	Kosten (in €)	Dauer (in min)	Kosten (in €)	Dauer (in min)	Kosten (in €)	Dauer (in min)	Kosten (in €)
0	4,90	31	8,31	61	11,61	91	14,91
1	5,01	32	8,42	62	11,72	92	15,02
2	5,12	33	8,53	63	11,83	93	15,13
3	5,23	34	8,64	64	11,94	94	15,24
4	5,34	35	8,75	65	12,05	95	15,35
5	5,45	36	8,86	66	12,16	96	15,46
6	5,56	37	8,97	67	12,27	97	15,57
7	5,67	38	9,08	68	12,38	98	15,68
8	5,78	39	9,19	69	12,49	99	15,79
9	5,89	40	9,30	70	12,60	100	15,90
10	6,00	41	9,41	71	12,71	101	16,01
11	6,11	42	9,52	72	12,82	102	16,12
12	6,22	43	9,63	73	12,93	103	16,23
13	6,33	44	9,74	74	13,04	104	16,34
14	6,44	45	9,85	75	13,15	105	16,45
15	6,55	46	9,96	76	13,26	106	16,56
16	6,66	47	10,07	77	13,37	107	16,67
17	6,77	48	10,18	78	13,48	108	16,78
18	6,88	49	10,29	79	13,59	109	16,89
19	6,99	50	10,40	80	13,70	110	17,00
20	7,10	51	10,51	81	13,81	111	17,11
21	7,21	52	10,62	82	13,92	112	17,22
21	7,32	53	10,73	83	14,03	113	17,33
23	7,43	54	10,84	84	14,14	114	17,44
24	7,54	55	10,95	85	14,25	115	17,55
25	7,65	56	11,06	86	14,36	116	17,66
26	7,76	57	11,17	87	14,47	117	17,77
27	7,87	58	11,28	88	14,58	118	17,88
28	7,98	59	11,39	89	14,69	119	17,99
29	8,09	60	11,50	90	14,80	120	18,10
30	8,20						

2.8.2 Lösen einer Gleichung durch systematisches Probieren

115 **Einstieg:**

Wir legen eine Tabelle an.

Gesuchte Zahl	gesuchte Zahl mal gesuchte Zahl	dazu 18 addiert	Erstes Ergebnis	Neunfaches der gesuchten Zahl	Zweites Ergebnis	Sind die Ergebnisse gleich?
0	$0 \cdot 0$	$0 \cdot 0 + 18$	18	$9 \cdot 0$	0	nein
1	$1 \cdot 1$	$1 \cdot 1 + 18$	19	$9 \cdot 1$	9	nein
2	$2 \cdot 2$	$2 \cdot 2 + 18$	22	$9 \cdot 2$	18	nein
3	$3 \cdot 3$	$3 \cdot 3 + 18$	27	$9 \cdot 3$	27	ja
4	$4 \cdot 4$	$4 \cdot 4 + 18$	34	$9 \cdot 4$	36	nein
5	$5 \cdot 5$	$5 \cdot 5 + 18$	43	$9 \cdot 5$	45	nein
6	$6 \cdot 6$	$6 \cdot 6 + 18$	54	$9 \cdot 6$	54	ja
7	$7 \cdot 7$	$7 \cdot 7 + 18$	67	$9 \cdot 7$	63	nein

Wenn man noch größere Zahlen einsetzt, wird das erste Ergebnis schneller größer als das zweite Ergebnis. Sie stimmen also dann nie mehr überein.
Fatima könnte sich die Zahl 3, aber auch die Zahl 6 gedacht haben.

116 **2. a)**

Augenzahl	Vierfache Augenzahl	davon 2 subrahiert	Ergebnis	Ergebnis ist kleiner als 12	Aussage ist
1	$4 \cdot 1$	$4 \cdot 1 - 2$	2	ja	wahr
2	$4 \cdot 2$	$4 \cdot 2 - 2$	6	ja	wahr
3	$4 \cdot 3$	$4 \cdot 3 - 2$	10	ja	wahr
4	$4 \cdot 4$	$4 \cdot 4 - 2$	14	nein	falsch
5	$4 \cdot 5$	$4 \cdot 5 - 2$	18	nein	falsch
6	$4 \cdot 6$	$4 \cdot 6 - 2$	22	nein	falsch

Bei den Augenzahlen 1, 2 und 3 gewinnt man.

b)

Augenzahl	Dreifache Augenzahl	dazu 4 addiert	Ergebnis	Ergebnis ungerade	Aussage ist
1	$3 \cdot 1$	$3 \cdot 1 + 4$	7	ja	wahr
2	$3 \cdot 2$	$3 \cdot 2 + 4$	10	nein	falsch
3	$3 \cdot 3$	$3 \cdot 3 + 4$	13	ja	wahr
4	$3 \cdot 4$	$3 \cdot 4 + 4$	16	nein	falsch
5	$3 \cdot 5$	$3 \cdot 5 + 4$	19	ja	wahr
6	$3 \cdot 6$	$3 \cdot 6 + 4$	22	nein	falsch

Bei den Augenzahlen 1, 3 und 5 gewinnt man.

116 2. c)

Augenzahl	Dreifache Augenzahl	dazu 4 addiert	Ergebnis	Ergebnis zwischen 11 und 20	Aussage ist
1	$3 \cdot 1$	$3 \cdot 1 + 4$	7	nein	falsch
2	$3 \cdot 2$	$3 \cdot 2 + 4$	10	nein	falsch
3	$3 \cdot 3$	$3 \cdot 3 + 4$	13	ja	wahr
4	$3 \cdot 4$	$3 \cdot 4 + 4$	16	ja	wahr
5	$3 \cdot 5$	$3 \cdot 5 + 4$	19	ja	wahr
6	$3 \cdot 6$	$3 \cdot 6 + 4$	22	nein	falsch

Bei den Augenzahlen 3, 4 und 5 gewinnt man.

d)

Augenzahl	Vierfache Augenzahl	davon 3 subrahiert	Ergebnis	Ergebnis ist einstellig	Aussage ist
1	$4 \cdot 1$	$4 \cdot 1 - 3$	1	ja	wahr
2	$4 \cdot 2$	$4 \cdot 2 - 3$	5	ja	wahr
3	$4 \cdot 3$	$4 \cdot 3 - 3$	9	ja	wahr
4	$4 \cdot 4$	$4 \cdot 4 - 3$	13	nein	falsch
5	$4 \cdot 5$	$4 \cdot 5 - 3$	17	nein	falsch
6	$4 \cdot 6$	$4 \cdot 6 - 3$	21	nein	falsch

Bei den Augenzahlen 1, 2 und 3 gewinnt man.

e)

Augenzahl	Vierfache Augenzahl	davon 3 subrahiert	Ergebnis	Ergebnis lässt sich ohne Rest durch 2 teilen	Aussage ist
1	$4 \cdot 1$	$4 \cdot 1 - 3$	1	nein	falsch
2	$4 \cdot 2$	$4 \cdot 2 - 3$	5	nein	falsch
3	$4 \cdot 3$	$4 \cdot 3 - 3$	9	nein	falsch
4	$4 \cdot 4$	$4 \cdot 4 - 3$	13	nein	falsch
5	$4 \cdot 5$	$4 \cdot 5 - 3$	17	nein	falsch
6	$4 \cdot 6$	$4 \cdot 6 - 3$	21	nein	falsch

Man gewinnt bei keiner Augenzahl.

f)

Augenzahl	Doppelte Augenzahl	dazu 1 addiert	Ergebnis	Ergebnis lässt sich ohne Rest durch 3 teilen	Aussage ist
1	$2 \cdot 1$	$2 \cdot 1 + 1$	3	ja	wahr
2	$2 \cdot 2$	$2 \cdot 2 + 1$	5	nein	falsch
3	$2 \cdot 3$	$2 \cdot 3 + 1$	7	nein	falsch
4	$2 \cdot 4$	$2 \cdot 4 + 1$	9	ja	wahr
5	$2 \cdot 5$	$2 \cdot 5 + 1$	11	nein	falsch
6	$2 \cdot 6$	$2 \cdot 6 + 1$	13	nein	falsch

Bei den Augenzahlen 1 und 4 gewinnt man.

116 **3. a)** Mögliche Augensummen

$1+1=2$	$2+1=3$	$3+1=4$
$1+2=3$	$2+2=4$	$3+2=5$
$1+3=4$	$2+3=5$	$3+3=6$
$1+4=5$	$2+4=6$	$3+4=7$
$1+5=6$	$2+5=7$	$3+5=8$
$1+6=7$	$2+6=8$	$3+6=9$
$4+1=5$	$5+1=6$	$6+1=7$
$4+2=6$	$5+2=7$	$6+2=8$
$4+3=7$	$5+3=8$	$6+3=9$
$4+4=8$	$5+4=9$	$6+4=10$
$4+5=9$	$5+5=10$	$6+5=11$
$4+6=10$	$5+6=11$	$6+6=12$

Mögliche Augensummen: 2, 3, 4, 5, 6, 7, 8, 9, 10, 11, 12

Augensumme	Zwölffache Augensumme	Erstes Ergebnis	Augensumme mal Augensumme	dazu 27 addiert	Zweites Ergebnis	Sind die Ergebnisse gleich?	Aussage ist
2	$12\cdot 2$	24	$2\cdot 2$	$2\cdot 2+27$	31	nein	falsch
3	$12\cdot 3$	36	$3\cdot 3$	$3\cdot 3+27$	36	ja	wahr
4	$12\cdot 4$	48	$4\cdot 4$	$4\cdot 4+27$	43	nein	falsch
5	$12\cdot 5$	60	$5\cdot 5$	$5\cdot 5+27$	52	nein	falsch
6	$12\cdot 6$	72	$6\cdot 6$	$6\cdot 6+27$	63	nein	falsch
7	$12\cdot 7$	84	$7\cdot 7$	$7\cdot 7+27$	76	nein	falsch
8	$12\cdot 8$	96	$8\cdot 8$	$8\cdot 8+27$	91	nein	falsch
9	$12\cdot 9$	108	$9\cdot 9$	$9\cdot 9+27$	108	ja	wahr
10	$12\cdot 10$	120	$10\cdot 10$	$10\cdot 10+27$	127	nein	falsch
11	$12\cdot 11$	132	$11\cdot 11$	$11\cdot 11+27$	148	nein	falsch
12	$12\cdot 12$	144	$12\cdot 12$	$12\cdot 12+27$	171	nein	falsch

Man gewinnt bei den Augensummen 3 und 9, man verliert bei den Augensummen 2, 4, 5, 6, 7, 8, 10, 11 und 12.

b) Für die Augensumme x gilt: $12\cdot x = x\cdot x + 27$

4. a)

Eingesetzt für x	$2\cdot x = 3\cdot x - 3$ eingesetzt	berechnet	Aussage ist
3	$2\cdot 3 = 3\cdot 3 - 3$	$6 = 6$	wahr
6	$2\cdot 6 = 3\cdot 6 - 3$	$12 = 15$	falsch
9	$2\cdot 9 = 3\cdot 9 - 3$	$18 = 24$	falsch
12	$2\cdot 12 = 3\cdot 12 - 3$	$24 = 33$	falsch
15	$2\cdot 15 = 3\cdot 15 - 3$	$30 = 42$	falsch

$L = \{3\}$

116

4\. b)

Eingesetzt für x	$2 \cdot x + 6 = 3 \cdot x$ eingesetzt	berechnet	Aussage ist
3	$2 \cdot 3 + 6 = 3 \cdot 3$	$12 = 9$	falsch
6	$2 \cdot 6 + 6 = 3 \cdot 6$	$18 = 18$	wahr
9	$2 \cdot 9 + 6 = 3 \cdot 9$	$24 = 27$	falsch
12	$2 \cdot 12 + 6 = 3 \cdot 12$	$30 = 36$	falsch
15	$2 \cdot 15 + 6 = 3 \cdot 15$	$36 = 45$	falsch

$L = \{6\}$

c)

Eingesetzt für x	$2 \cdot x + 12 = 3 \cdot x - 3$ eingesetzt	berechnet	Aussage ist
3	$2 \cdot 3 + 12 = 3 \cdot 3 - 3$	$18 = 6$	falsch
6	$2 \cdot 6 + 12 = 3 \cdot 6 - 3$	$24 = 15$	falsch
9	$2 \cdot 9 + 12 = 3 \cdot 9 - 3$	$30 = 24$	falsch
12	$2 \cdot 12 + 12 = 3 \cdot 12 - 3$	$36 = 33$	falsch
15	$2 \cdot 15 + 12 = 3 \cdot 15 - 3$	$42 = 42$	wahr

$L = \{15\}$

d)

Eingesetzt für x	$4 \cdot x + 14 = 5 \cdot x + 5$ eingesetzt	berechnet	Aussage ist
3	$4 \cdot 3 + 14 = 5 \cdot 3 + 5$	$26 = 20$	falsch
6	$4 \cdot 6 + 14 = 5 \cdot 6 + 5$	$38 = 35$	falsch
9	$4 \cdot 9 + 14 = 5 \cdot 9 + 5$	$50 = 50$	wahr
12	$4 \cdot 12 + 14 = 5 \cdot 12 + 5$	$62 = 65$	falsch
15	$4 \cdot 15 + 14 = 5 \cdot 15 + 5$	$74 = 80$	falsch

$L = \{9\}$

e)

Eingesetzt für x	$6 \cdot x - 5 = 2 \cdot x + 38$ eingesetzt	berechnet	Aussage ist
3	$6 \cdot 3 - 5 = 2 \cdot 3 + 38$	$13 = 44$	falsch
6	$6 \cdot 6 - 5 = 2 \cdot 6 + 38$	$31 = 50$	falsch
9	$6 \cdot 9 - 5 = 2 \cdot 9 + 38$	$49 = 56$	falsch
12	$6 \cdot 12 - 5 = 2 \cdot 12 + 38$	$67 = 62$	falsch
15	$6 \cdot 15 - 5 = 2 \cdot 15 + 38$	$85 = 68$	falsch

$L = \{\ \}$

f)

Eingesetzt für x	$x - 2 = 13$ eingesetzt	berechnet	Aussage ist
3	$3 - 2 = 13$	$1 = 13$	falsch
6	$6 - 2 = 13$	$4 = 13$	falsch
9	$9 - 2 = 13$	$7 = 13$	falsch
12	$12 - 2 = 13$	$10 = 13$	falsch
15	$15 - 2 = 13$	$13 = 13$	wahr

$L = \{15\}$

5\. a) $L = \{2; 8\}$
b) $L = \{4; 10\}$
c) $L = \{6\}$
d) $L = \{2; 10\}$
e) $L = \{\ \}$
f) $L = \{10\}$

116 6. a)

Eingesetzt für x	$x^2 = 6 \cdot x + 7$ eingesetzt	berechnet	Aussage ist
0	$0^2 = 6 \cdot 0 + 7$	$0 = 7$	falsch
1	$1^2 = 6 \cdot 1 + 7$	$1 = 13$	falsch
2	$2^2 = 6 \cdot 2 + 7$	$4 = 19$	falsch
3	$3^2 = 6 \cdot 3 + 7$	$9 = 25$	falsch
4	$4^2 = 6 \cdot 4 + 7$	$16 = 31$	falsch
5	$5^2 = 6 \cdot 5 + 7$	$25 = 37$	falsch
6	$6^2 = 6 \cdot 6 + 7$	$36 = 43$	falsch
7	$7^2 = 6 \cdot 7 + 7$	$49 = 49$	wahr
8	$8^2 = 6 \cdot 8 + 7$	$64 = 55$	falsch
9	$9^2 = 6 \cdot 9 + 7$	$81 = 61$	falsch
10	$10^2 = 6 \cdot 10 + 7$	$100 = 67$	falsch

$L = \{7\}$

b)

Eingesetzt für x	$x^2 = 9 \cdot x$ eingesetzt	berechnet	Aussage ist
0	$0^2 = 9 \cdot 0$	$0 = 0$	wahr
1	$1^2 = 9 \cdot 1$	$1 = 9$	falsch
2	$2^2 = 9 \cdot 2$	$4 = 18$	falsch
3	$3^2 = 9 \cdot 3$	$9 = 27$	falsch
4	$4^2 = 9 \cdot 4$	$16 = 36$	falsch
5	$5^2 = 9 \cdot 5$	$25 = 45$	falsch
6	$6^2 = 9 \cdot 6$	$36 = 54$	falsch
7	$7^2 = 9 \cdot 7$	$49 = 63$	falsch
8	$8^2 = 9 \cdot 8$	$64 = 72$	falsch
9	$9^2 = 9 \cdot 9$	$81 = 81$	wahr
10	$10^2 = 9 \cdot 10$	$100 = 90$	falsch

$L = \{0; 9\}$

c)

Eingesetzt für x	$2 \cdot x + 5 = 15 + x$ eingesetzt	berechnet	Aussage ist
0	$2 \cdot 0 + 5 = 15 + 0$	$5 = 15$	falsch
1	$2 \cdot 1 + 5 = 15 + 1$	$7 = 16$	falsch
2	$2 \cdot 2 + 5 = 15 + 2$	$9 = 17$	falsch
3	$2 \cdot 3 + 5 = 15 + 3$	$11 = 18$	falsch
4	$2 \cdot 4 + 5 = 15 + 4$	$13 = 19$	falsch
5	$2 \cdot 5 + 5 = 15 + 5$	$15 = 20$	falsch
6	$2 \cdot 6 + 5 = 15 + 6$	$17 = 21$	falsch
7	$2 \cdot 7 + 5 = 15 + 7$	$19 = 22$	falsch
8	$2 \cdot 8 + 5 = 15 + 8$	$21 = 23$	falsch
9	$2 \cdot 9 + 5 = 15 + 9$	$23 = 24$	falsch
10	$2 \cdot 10 + 5 = 15 + 10$	$25 = 25$	wahr

$L = \{10\}$

116 6. d)

Eingesetzt für x	$x = x + 1$ eingesetzt	berechnet	Aussage ist
0	$0 = 0 + 1$	$0 = 1$	falsch
1	$1 = 1 + 1$	$1 = 2$	falsch
2	$2 = 2 + 1$	$2 = 3$	falsch
3	$3 = 3 + 1$	$3 = 4$	falsch
4	$4 = 4 + 1$	$4 = 5$	falsch
5	$5 = 5 + 1$	$5 = 6$	falsch
6	$6 = 6 + 1$	$6 = 7$	falsch
7	$7 = 7 + 1$	$7 = 8$	falsch
8	$8 = 8 + 1$	$8 = 9$	falsch
9	$9 = 9 + 1$	$9 = 10$	falsch
10	$10 = 10 + 1$	$10 = 11$	falsch

$L = \{\ \}$

e)

Eingesetzt für x	$2 \cdot x = 3 \cdot x$ eingesetzt	berechnet	Aussage ist
0	$2 \cdot 0 = 3 \cdot 0$	$0 = 0$	wahr
1	$2 \cdot 1 = 3 \cdot 1$	$2 = 3$	falsch
2	$2 \cdot 2 = 3 \cdot 2$	$4 = 6$	falsch
3	$2 \cdot 3 = 3 \cdot 3$	$6 = 9$	falsch
4	$2 \cdot 4 = 3 \cdot 4$	$8 = 12$	falsch
5	$2 \cdot 5 = 3 \cdot 5$	$10 = 15$	falsch
6	$2 \cdot 6 = 3 \cdot 6$	$12 = 18$	falsch
7	$2 \cdot 7 = 3 \cdot 7$	$14 = 21$	falsch
8	$2 \cdot 8 = 3 \cdot 8$	$16 = 24$	falsch
9	$2 \cdot 9 = 3 \cdot 9$	$18 = 27$	falsch
10	$2 \cdot 10 = 3 \cdot 10$	$20 = 30$	falsch

$L = \{0\}$

f)

Eingesetzt für x	$2 \cdot x + 24 = 3 \cdot x + 16$ eingesetzt	berechnet	Aussage ist
0	$2 \cdot 0 + 24 = 3 \cdot 0 + 16$	$24 = 16$	falsch
1	$2 \cdot 1 + 24 = 3 \cdot 1 + 16$	$26 = 19$	falsch
2	$2 \cdot 2 + 24 = 3 \cdot 2 + 16$	$28 = 22$	falsch
3	$2 \cdot 3 + 24 = 3 \cdot 3 + 16$	$30 = 25$	falsch
4	$2 \cdot 4 + 24 = 3 \cdot 4 + 16$	$32 = 28$	falsch
5	$2 \cdot 5 + 24 = 3 \cdot 5 + 16$	$34 = 31$	falsch
6	$2 \cdot 6 + 24 = 3 \cdot 6 + 16$	$36 = 34$	falsch
7	$2 \cdot 7 + 24 = 3 \cdot 7 + 16$	$38 = 37$	falsch
8	$2 \cdot 8 + 24 = 3 \cdot 8 + 16$	$40 = 40$	wahr
9	$2 \cdot 9 + 24 = 3 \cdot 9 + 16$	$42 = 43$	falsch
10	$2 \cdot 10 + 24 = 3 \cdot 10 + 16$	$44 = 46$	falsch

$L = \{8\}$

2.8.3 Lösen einer Gleichung durch Rückwärtsrechnen

117 **Einstieg:**

Druckfehler in der 1. und 2. Auflage in der Sprechblase: 15 statt 25 und 63 statt 73

a) $4 \cdot x + 15 = 63$

Wir übertragen die Aufgabe in ein Pfeilbild und machen die Rechenanweisungen rückgängig.

$x \xrightarrow{\cdot 4} 4 \cdot x \xrightarrow{+15} 63$

$12 \xrightarrow{:4} 48 \xrightarrow{-15} 63$

Sarah hat sich die Zahl 12 gedacht.

b) $z : 3 + 2 = 15$

$z \xrightarrow{:3} z : 3 \xrightarrow{+2} 15$

$39 \xrightarrow{\cdot 3} 13 \xrightarrow{-2} 15$

Wenn man für z die Zahl 39 einsetzt, so ist die Gleichung richtig.

2. Druckfehler in der 1. und 2. Auflage von d): $x \cdot 11 - 56 = 109$

a)	b)	c)	d)
$L = \{31\}$	$L = \{28\}$	$L = \{30\}$	$L = \{682\}$
$L = \{25\}$	$L = \{70\}$	$L = \{300\}$	$L = \{15\}$
$L = \{21\}$	$L = \{56\}$	$L = \{300\}$	$L = \{20\}$
$L = \{9\}$	$L = \{31\}$	$L = \{99\}$	$L = \{5\,590\}$

3. (1) $3 \cdot x + 27 = 63$; $L = \{12\}$

(2) $2 \cdot x - 15 = 55$; $L = \{35\}$

(3) $100 + 5 \cdot x = 175$; $L = \{15\}$

4. $90 \cdot x - 18 = 4\,662$; $L = \{52\}$

$90 \cdot x \;\; 18 < 4\,662$; $L = \{0; 1; 2; \ldots; 51\}$

$90 \cdot x \;\; 18 > 4\,662$; $L = \{53; 54; 55; \ldots\}$

5. a) $3 \cdot x - 17 = 52$; $L = \{23\}$

$3 \cdot x - 17 > 52$; $L = \{24; 25; 26; \ldots\}$

b) $6 \cdot y + 57 = 99$; $L = \{7\}$

$6 \cdot y + 57 < 99$; $L = \{0; 1; 2; 3; 4; 5; 6\}$

c) $9 \cdot y + 48 = 417$; $L = \{41\}$

$9 \cdot y + 48 > 417$: $L = \{42; 43; 44; \ldots\}$

d) $z : 3 - 17 = 18$; $L = \{105\}$

$z : 3 - 17 > 18$; $L = \{106; 107; 108; \ldots\}$

2.9 Teiler und Vielfache

118 **Einstieg:**

Ohne Rest nur durch die Augenzahl 1 zu teilen: 11, 13, 23, 31, 41, 43, 53, 61
Ohne Rest nur durch die Augenzahlen 1 und 2 zu teilen: 14, 22, 26, 34, 46, 62
Ohne Rest nur durch die Augenzahlen 1 und 3 zu teilen: 21, 33, 51, 63
Ohne Rest nur durch die Augenzahlen 1 und 5 zu teilen: 25, 35, 55, 65
Ohne Rest nur durch die Augenzahlen 1, 2 und 4 zu teilen: 16, 32, 44, 52, 56, 64
Ohne Rest nur durch die Augenzahlen 1, 3 und 5 zu teilen: 15, 45
Ohne Rest nur durch die Augenzahlen 1, 2, 3 und 6 zu teilen: 42, 54, 66
Ohne Rest nur durch die Augenzahlen 1, 2, 3, 4 und 6 zu teilen: 12, 24, 36
Die letzten Augenzahlen sind günstig, die ersten Augenzahlen sind ungünstig.

119 **2.**

Packungen	1	2	3	4	5	6	7	8	9	10	11	12	…
Stückzahl	6	12	18	24	30	36	42	48	54	60	66	72	…

3. 5 ist Teiler von 40, da $40 = 8 \cdot 5$. Also ist 40 Vielfaches von 5.
9 ist Teiler von 63, da $63 = 7 \cdot 9$. Also ist 63 Vielfaches von 9.
Das gilt allgemein für alle natürlichen Zahlen (ohne Null).

120 **4.**

a) $4 \mid 36$, $5 \mid 56$, $20 \mid 20$
b) $6 \mid 76$, $7 \mid 29$, $5 \mid 75$
c) $8 \mid 98$, $6 \mid 126$, $11 \mid 111$
d) $12 \mid 60$, $14 \mid 96$, $10 \mid 133$
e) $1 \mid 13$, $8 \mid 58$, $13 \mid 260$

5. **a)**

35	
1	35
5	7

b)

22	
1	22
2	11

c)

34	
1	34
2	17

d)

32	
1	32
2	16
4	8

e)

44	
1	44
2	22
4	11

6. **a)** $T_{10} = \{1, 2, 5, 10\}$
$T_{28} = \{1, 2, 4, 7, 14, 28\}$
b) $T_{13} = \{1, 13\}$
$T_{30} = \{1, 2, 3, 5, 6, 10, 15, 30\}$
c) $T_{16} = \{1, 2, 4, 8, 16\}$
$T_{22} = \{1, 2, 11, 22\}$
d) $T_{21} = \{1, 3, 7, 21\}$
$T_{18} = \{1, 2, 3, 6, 9, 18\}$
e) $T_{15} = \{1, 3, 5, 15\}$
$T_{23} = \{1, 23\}$
f) $T_{25} = \{1, 5, 25\}$
$T_{70} = \{1, 2, 5, 7, 10, 14, 35, 70\}$
g) $T_{56} = \{1, 2, 4, 7, 8, 14, 28, 56\}$
$T_{96} = \{1, 2, 3, 4, 6, 8, 12, 16, 24, 32, 48, 96\}$

7. **a)** $T_{32} = \{1, 2, 4, 8, 16, 32\}$
b) $T_{48} = \{1, 2, 3, 4, 6, 8, 12, 16, 24, 48\}$
c) $T_{31} = \{1, 31\}$
d) $T_{46} = \{1, 2, 23, 46\}$

120 8. Nein. Das große Zahnrad hat 32 Zähne, das kleine 7. 7 ist kein Teiler von 32.

9. a) Falsch; durch 0 darf man nicht dividieren; 2 ist kein Vielfaches von 0.
   b) Falsch; 0 gehört nicht zur Zweierreihe.
   c) Falsch; durch 0 darf man nicht dividieren.

10. a) Z. B.: 6; 12 b) Z. B.: 9; 18 c) Z. B.: 30; 60 d) Z. B.: 60; 120

11. 1 Packung = 9 Tafeln; 2 Packungen = 18 Tafeln; 3 Packungen = 27 Tafeln, also Vielfache von 9.

12.

richtig	falsch	richtig
falsch	richtig	falsch
falsch	falsch	falsch

13. a) $V_4 = \{32, 36, 40, 44, 48\}$
   b) $V_4 = \{56, 60, 64, 68, 72, 76, 80, 84\}$
   c) $V_4 = \{96, 100, 104, 108, 112, 116, 120, 124, 128, 132\}$
   d) $V_4 = \{488, 492, 496, 500, 504, 508, 512, 516, 520, 524, 528, 532\}$

14.

1. Karte: 5	3. Karte: 59	5. Karte: 2, 4 oder 8
2. Karte: 7	4. Karte: 23	6. Karte: 2 oder 4

15. 1 Schritt = 65 cm, 2 Schritte = 130 cm, 3 Schritte = 195 cm,
4 Schritte = 260 cm, 5 Schritte = 325 cm, 6 Schritte = 390 cm,
7 Schritte = 455 cm, 8 Schritte = 520 cm, 9 Schritte = 585 cm,
10 Schritte = 650 cm
Jeweils Vielfache von 65 cm.

2.10 Teilbarkeitsregeln

2.10.1 Endstellenregeln

121 **Einstieg:**
(1) 0; 2; 4; 6; 8 (2) 0; 5 (3) 0
Regel siehe Merkkasten in der Mitte von Seite 121 des Schülerbandes.

2. a) (1) $V_4 = \{4, 8, 12, 16, 20, 24, 28, 32, 36, 40, 44, 48, 52, 56, 60, 64, 68, 72, 76, 80, 84, 88, 92, 96, 100, 104, 108, 112, 116, 120, 124, 128, 132, 136, 140, 144, 148\}$
   (2) $V_{25} = \{25, 50, 75, 100, 125, 150\}$
   b) Siehe Merksatzkasten zu Aufgabe 2 auf Seite 121 des Schülerbandes.

121 **3.** **a)** 624, 10 458, 660, 6828, 28 124, 1 000
b) 660, 125, 375, 1 000, 1 005
c) 660, 1 000

4. **a)** Z. B.

(1) 3 820	**(3)** 87 400	**(5)** 7 352	**(7)** 68 440
(2) 600	**(4)** 23 700	**(6)** 34 222	

b) Z. B.

(1) 3 820	**(3)** 87 455	**(5)** 7 355	**(7)** 68 430
(2) 605	**(4)** 23 750	**(6)** 34 200	

c) Z. B.

(1) 3 820	**(3)** 87 400	**(5)** 7 350	**(7)** 68 100
(2) 600	**(4)** 23 700	**(6)** 34 200	

122 **5.** Durch 2: 348; 572; 700; 780; 1 000; 1 250; 1 770; 2 552; 5 216; 2 936; 17 700; 35 296; 124 110; 701 234
Durch 5: 375; 855; 725; 700; 780; 1 000; 1 250; 1 770; 3 555; 2 175; 8 415; 7 025; 3 175; 17 700; 124 110; 324 805
Durch 10: 700; 780; 1 000; 1 250; 1 770; 17 700; 124 110
Durch 4: 348; 572; 700; 780; 1 000; 2 552; 5 216; 2 936; 17 700; 35 296
Durch 25: 375; 725; 700; 1 000; 1 250; 2 175; 7 025; 3 175; 17 700

6. **a)** 1904, 1884, 1968, 1996 und 2000 waren Schaltjahre. 1926 nicht.
b) 2016; 2020; 2024; 2028; 2032

7. **a)** Z. B.: 1 000; 1 100 **b)** Z. B.: 1 004; 1 008
c) Z. B.: 1 025; 1 050 **d)** Z. B.: 1 003; 1 005

8. –

2.10.2 Quersummenregeln

Einstieg:
a) **(1)** 8 **(2)** 0; 9 **b)** **(1)** 2; 5; 8 **(2)** 0; 3; 6; 9

123 **1.** **(1)** $754 : 3 = 211$ R 1
Die Karten lassen sich nicht gleichmäßig auf 3 Klassen verteilen.
(2) $2361 : 3 = 787$
Die Karten lassen sich gleichmäßig auf 3 Klassen verteilen.
Begründung der Regel an diesen Beispielen:
9, 99, 999, … sind durch 9, also auch durch 3 teilbar. Für Vielfache davon lassen sich die Karten also gleichmäßig verteilen.
(1) $700 = 7 \cdot 99 + 7$
$50 = 5 \cdot 9 + 5$
$4 = 0 \cdot 9 + 4$

123 **1.** (1) Fortsetzung

Ob sich die 754 Karten gleichmäßig verteilen lassen, hängt also nur davon ab, ob sich $7 + 5 + 4 = 16$ Karten gleichmäßig verteilen lassen.

$16 : 3 = 5$ R 1

Die 16 Karten kann man nicht mehr gleichmäßig an 3 Klassen verteilen, also kann man auch die 754 Karten nicht gleichmäßig an 3 Klassen verteilen.

$7 + 5 + 4$ ist die Quersumme von 754.

(2) $2000 = 2 \cdot 999 + 2$

$300 = 3 \cdot 99 + 3$

$60 = 6 \cdot 9 + 6$

$1 = 0 \cdot 9 + 1$

Ob sich die Karten gleichmäßig verteilen lassen, hängt wieder davon ab, ob sich $2 + 3 + 6 + 1 = 12$ Karten gleichmäßig an 3 Klassen verteilen lassen.

$12 : 3 = 4$

Die 12 Karten kann man gleichmäßig an 3 Klassen verteilen, also auch die 2361 Karten.

$2 + 3 + 6 + 1$ ist die Quersumme von 2361.

2. a) 45; 105; 270; 816; 981; 1 215; 6 780; 7 431; 31 854; 42 975; 278 370; 798 303

b) 45; 270; 981; 1 215; 42 975; 278 370

3. a) (1) 2 703; 2 733; 2 763; 2 793 (4 Möglichkeiten)

(2) 5 814; 5 844; 5 874 (3 Möglichkeiten)

(3) 720 573; 723 573; 726 573; 729 573 (4 Möglichkeiten)

(4) 80 172; 83 172; 86 172; 89 172 (4 Möglichkeiten)

(5) 5 203 224; 5 203 524; 5 203 824; 5 213 124; 5 213 424; 5 213 724; 5 223 024; 5 223 324; 5 223 624; 2 523 924; 5 233 224; 5 233 524; 5 233 824; 5 243 124; 5 243 424; 5 243 724; 5 253 024; 5 253 324; 5 253 624; 5 253 924; 5 263 224; 5 263 524; 5 263 824; 5 273 124; 5 273 424; 5 273 724; 5 283 024; 5 283 324; 5 283 624; 5 283 924; 5 293 224; 5 293 524; 5 293 824 (33 Möglichkeiten)

(6) 601 251; 601 254; 601 257; 611 250; 611 253; 611 256; 611 259; 621 252; 621 255; 621 258; 631 251; 631 254; 631 257; 641 250; 641 253; 641 256; 641 259; 651 252; 651 255;651 258; 661 251; 661 254; 661 257; 671 250; 671 253; 671 256; 671 259; 681 252; 681 255; 681 258; 691 251; 691 254; 691 257 (33 Möglichkeiten)

b) (1) 5 877

(2) 65 475

(3) 81 054; 81 954

(4) 76 635

(5) 307 485; 317 385; 327 285; 337 185; 347 085; 357 885; 367 785; 377 685; 387 585; 397 485

(6) 640 917; 641 907; 642 987; 643 977; 644 967; 645 957; 646 947; 647 937; 648 927; 649 917

123 **4.** **a)** 80 ist teilbar durch 2, 5, 10
108 ist teilbar durch 2, 3, 9
135 ist teilbar durch 3, 5, 9
300 ist teilbar durch 2, 3, 5, 10, 100
720 ist teilbar durch 2, 3, 5, 9, 10
3 384 ist teilbar durch 2, 3, 9
7 500 ist teilbar durch 2, 3, 5, 10, 100

b) 6 375 ist teilbar durch 3, 5
9 000 ist teilbar durch 2, 3, 5, 9, 10, 100
4 572 ist teilbar durch 2, 3, 9
37 764 ist teilbar durch 2, 3, 9
82 125 ist teilbar durch 3, 5, 9

c) 884 700 ist teilbar durch 2, 3, 5, 9, 10, 100
197 025 ist teilbar durch 3, 5
208 205 ist teilbar durch 5
133 456 789 ist teilbar durch keine der Zahlen

5. **a)** **(1)** Z. B.: 10; 20; 30
(2) Z. B.: 30; 60; 90
(3) Z. B.: 18; 36; 54
(4) Z. B.: 30; 60; 90

b) **(1)** 10; [90]
(2) 30; [90]
(3) 18; [90]
(4) 30; [90]

6. Nach der Quersummenregel ist eine Zahl durch 9 teilbar, wenn die Quersumme durch 9 teilbar ist, sonst nicht. Diese Regel kann man nun auf die Quersumme anwenden.
Die Quersumme einer Zahl ist durch 9 teilbar, wenn die Quersumme der Quersumme durch 9 teilbar ist, sonst nicht, usw.
[Entsprechendes gilt für die Teilbarkeit durch 3.]

7. **a)** Quersumme von 294 593:
$2 + 9 + 4 + 5 + 9 + 3 = 9 + 9 + 2 + 4 + 5 + 3 = 2 \cdot 9 + 2 + 4 + 5 + 3$
$2 \cdot 9$ ist durch 9 teilbar, also entscheidet die restliche Summe, $2 + 4 + 5 + 3$, ob die Zahl durch 9 teilbar ist.

b) Um zu prüfen, ob eine Zahl durch 3 teilbar ist, können die Ziffern 3, 6 und 9 in der Quersummenbildung weggelassen werden.

2.11 Primzahlen – Primfaktorzerlegung

124 **Einstieg:**
Nicht alle großen Zahlen haben viele Teiler.
Z. B.: 47 hat nur die Teiler 1 und 47. 67 hat nur die Teiler 1 und 67.

125 **2.** **a)** 13; 7; 2; 5; 19
b) 13; 43; 59; 17; 61
c) 89; 79; 101; 97; 83
d) 151; 131; 137; 139; 149

125 **3.** **a)** 2; 3; 5; 7; 11; 13; 17; 19
b) 23; 29; 31; 37; 41; 43; 47
c) 61; 67; 71; 73; 79
d) 83; 89; 97
e) 101; 103; 107; 109; 113; 127
f) 131; 137; 139; 149; 151; 157
g) 163; 167; 173; 179; 181; 191; 193; 197; 199
h) 211; 223; 227; 229

4.
1. Behauptung ist falsch, denn 2 ist eine Primzahl.
2. Behauptung ist richtig, denn: $3 - 2 = 1$. Alle anderen Primzahlen sind ungerade, die Differenz ist also größer als 1.
3. Behauptung ist falsch, denn $5 - 2 = 3$.
4. Behauptung ist falsch. Die Zahl wäre dann keine Primzahl, da sie einen Teiler hätte, der weder 1 noch die Zahl selbst ist.

5. **a)** $30 = 2 \cdot 3 \cdot 5$
$40 = 2 \cdot 2 \cdot 2 \cdot 5$
b) $42 = 3 \cdot 3 \cdot 7$
$44 = 2 \cdot 2 \cdot 11$
c) $350 = 2 \cdot 5 \cdot 5 \cdot 7$
$264 = 2 \cdot 2 \cdot 2 \cdot 3 \cdot 11$
d) $182 = 2 \cdot 7 \cdot 13$
$195 = 3 \cdot 5 \cdot 13$

6. **a)** $20 = 2 \cdot 2 \cdot 5$
$39 = 3 \cdot 13$
$70 = 2 \cdot 5 \cdot 7$
b) $60 = 2 \cdot 2 \cdot 3 \cdot 5$
$22 = 2 \cdot 11$
$54 = 2 \cdot 3 \cdot 3 \cdot 3$
c) $64 = 2 \cdot 2 \cdot 2 \cdot 2 \cdot 2 \cdot 2$
$90 = 3 \cdot 3 \cdot 2 \cdot 5 = 2 \cdot 3 \cdot 3 \cdot 5$
$88 = 2 \cdot 2 \cdot 2 \cdot 11$
d) $110 = 2 \cdot 5 \cdot 11$
$200 = 2 \cdot 2 \cdot 2 \cdot 5 \cdot 5$
$180 = 2 \cdot 2 \cdot 3 \cdot 3 \cdot 5$
e) $630 = 2 \cdot 3 \cdot 3 \cdot 5 \cdot 7$
$868 = 2 \cdot 2 \cdot 7 \cdot 31$
$875 = 5 \cdot 5 \cdot 5 \cdot 7$
f) $816 = 2 \cdot 2 \cdot 2 \cdot 2 \cdot 3 \cdot 17$
$888 = 2 \cdot 2 \cdot 2 \cdot 3 \cdot 37$
$608 = 2 \cdot 2 \cdot 2 \cdot 2 \cdot 2 \cdot 19$
g) $836 = 2 \cdot 2 \cdot 11 \cdot 19$
$203 = 7 \cdot 29$
$768 = 2 \cdot 2 \cdot 2 \cdot 2 \cdot 2 \cdot 2 \cdot 2 \cdot 2 \cdot 3$
h) $984 = 2 \cdot 2 \cdot 2 \cdot 3 \cdot 41$
$644 = 2 \cdot 2 \cdot 7 \cdot 23$
$975 = 3 \cdot 5 \cdot 5 \cdot 13$

7. Tinas Behauptung ist falsch. Die Quersumme von 10 005 ist 6 und die Quersumme von 10 101 ist 3. Beide Zahlen sind also durch 3 teilbar.

8. **a)** $50 = 2^1 \cdot 5^2$
b) $48 = 2^4 \cdot 3^1$
c) $135 = 3^3 \cdot 5^1$
d) $300 = 2^2 \cdot 3^1 \cdot 5^2$
e) $4410 = 2^1 \cdot 3^2 \cdot 5^1 \cdot 7^2$
f) $22\,295 = 5^1 \cdot 7^3 \cdot 13$

9. $105 = 3 \cdot 5 \cdot 7$
$252 = 2 \cdot 2 \cdot 3 \cdot 3 \cdot 7$
$225 = 3 \cdot 3 \cdot 5 \cdot 5$
$132 = 2 \cdot 2 \cdot 3 \cdot 11$
$63 = 3 \cdot 3 \cdot 7$
$198 = 2 \cdot 3 \cdot 3 \cdot 11$
$66 = 2 \cdot 3 \cdot 11$
Buchstaben ATUO; Lösungswort AUTO

125 **10. a)** 2; 3; 5; 6; 7; 10; 14; 15; 21; 30; 35; 42; 70; 105; 210
b) 2; 3; 4; 5; 6; 8; 10; 12; 15; 20; 24; 30; 40; 60; 120

11. –

Im Blickpunkt: Wie findet man Primzahlen?

126 **1. a)** ~~1~~ $\boxed{2}$ $\boxed{3}$ ~~4~~ $\boxed{5}$ ~~6~~ $\boxed{7}$ ~~8~~ ~~9~~ ~~10~~ $\boxed{11}$ ~~12~~ $\boxed{13}$ ~~14~~ ~~15~~ ~~16~~ $\boxed{17}$ ~~18~~ $\boxed{19}$ ~~20~~ ~~21~~ ~~22~~ $\boxed{23}$ ~~24~~ ~~25~~ ~~26~~ ~~27~~ ~~28~~ $\boxed{29}$ ~~30~~
Die Primzahlen bleiben übrig.
b) Die Vielfachen von 4 sind auch Vielfache von 2.
c) Die Vielfachen von 6 sind auch Vielfache von 2.
Wegen $30 = 5 \cdot 6$ hat man alle möglichen Vielfachen gestrichen.

2. Man erhält folgende Primzahlen:
31, 37, 41, 43, 47, 53, 59, 61, 67, 71, 73, 79, 83, 89, 97
[101, 103, 107, 109, 113, 127, 131, 137, 139, 149, 151, 157, 163, 167, 173, 179, 181, 191, 193, 197, 199]

3. a)

$n = 1$	$m = 2^1 - 1 = 1$
$n = 4$	$m = 2^4 - 1 = 15 = 3 \cdot 5$
$n = 6$	$m = 2^6 - 1 = 63 = 3 \cdot 21$
$n = 8$	$m = 2^8 - 1 = 255 = 5 \cdot 51$
$n = 9$	$m = 2^9 - 1 = 511 = 7 \cdot 73$
$n = 10$	$m = 2^{10} - 1 = 1\,023 = 31 \cdot 33$
$n = 12$	$m = 2^{12} - 1 = 4\,095 = 13 \cdot 315$
$n = 14$	$m = 2^{14} - 1 = 16\,383 = 3 \cdot 5461$
$n = 15$	$m = 2^{15} - 1 = 32\,767 = 7 \cdot 4681$
$n = 16$	$m = 2^{16} - 1 = 65\,535 = 3 \cdot 21\,845$
$n = 18$	$m = 2^{18} - 1 = 262\,143 = 3 \cdot 87\,381$
$n = 20$	$m = 2^{20} - 1 = 1\,048\,575 = 3 \cdot 349\,525$

b)

$n = 2$	$m = 3$
$n = 3$	$m = 7$
$n = 5$	$m = 31$
$n = 7$	$m = 127$
$n = 11$	$m = 2\,047 = 23 \cdot 89$

4. Die 47. Mersenn'sche hat 12 978 189 Stellen. Auf eine Seite passen $50 \cdot 75$, also 3 750 Stellen.
$12\,978\,189 : 3\,750 = 3\,460 \text{ R } 3\,189$
Man benötigt also 3 461 Seiten.

5. –

Im Blickpunkt: Zählen und Rechnen – einst und jetzt

127 1. 

$10 + 10 + 3 = 23$

$60 + 4 \cdot 10 + 5 = 105$

$600 + 6 \cdot 60 + 3 \cdot 10 + 9 = 999$

$600 + 600 + 600 + 60 + 60 + 60 + 10 + 10 + 4 = 2\,004$

2. a) 2435 b) –

3. –

128 4. (1) 11 116 (3) 201 107 (5) 300 505
(2) 102 223 (4) 2 040 028 (6) 5 555 568

5. (1)  (2) 

6. 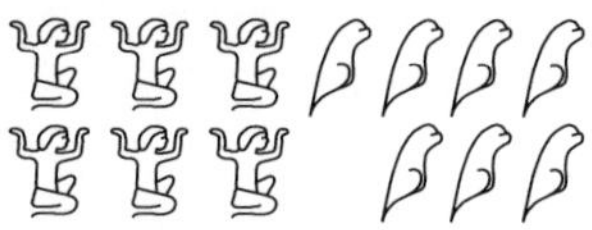

7. a) 3 068 b) 21 157 c) –9 893 d) 891 377

2.12 Aufgaben zur Vertiefung

129 1. a) MDCCLXIII
b) CXVII = 117
c) LXIX = 69. Die Regel (3) aus der Information gilt beim Rechnen mit dem Abakus nicht.
d) IMXL = 940

2. Die zwei Pfennige aus dem ersten Spacio werden zu einem Pfennig auf der zweiten Linie. Danach werden die 5 Pfennige aus der ersten Linie zu einem Pfennig im ersten Spacio.

129 **3.** (1) 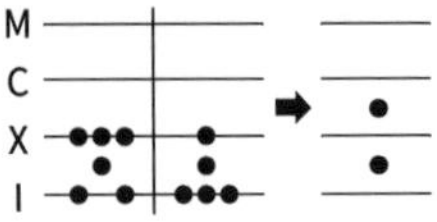

XXXVII + XVIII = LV

(2) 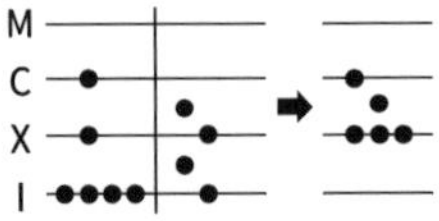

CXIV + LXVI = CLXXX

(3) 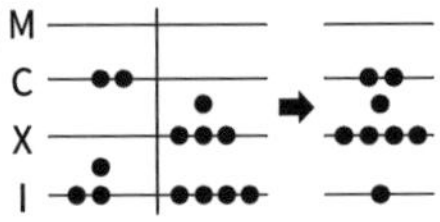

207 + 84 = 291

(4) 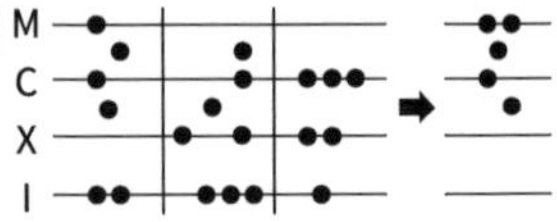

1 652 + 673 + 325 = 1 650

(5) 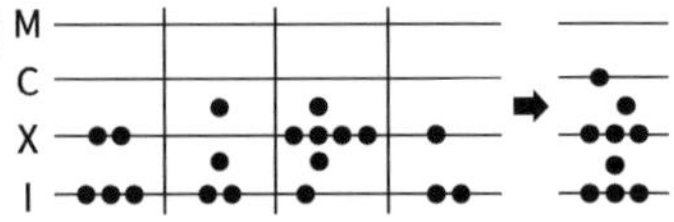

23 + 57 + 96 + 12 = 188

(6) 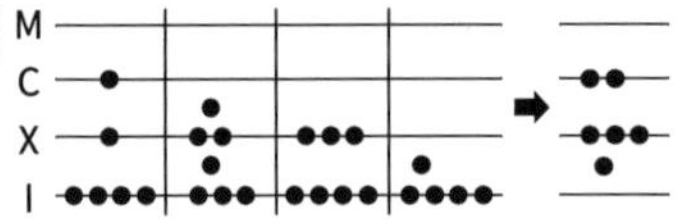

114 + 78 + 34 + 9 = 235

4. a) Liegen im ersten und zweiten Bankir dieselbe Anzahl an Pfennigen auf einer Linie oder in einem Spacio, so entferne alle Pfennige dieser Reihe. Liegen links mehr als rechts, so entferne nun die Anzahl an Pfennigen, die rechts liegt, und zwar in beiden Bankiren.
Die Regel beim Zehner-/Hunderterübergang lässt sich anhand des Beispiels nicht ableiten.

b) (1) 167 − 51 = 116

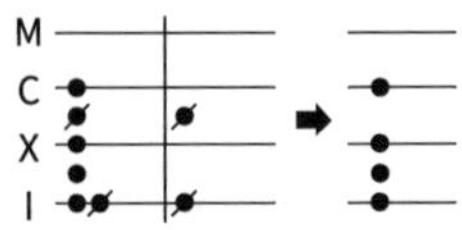

(2) 389 − 274 = 115

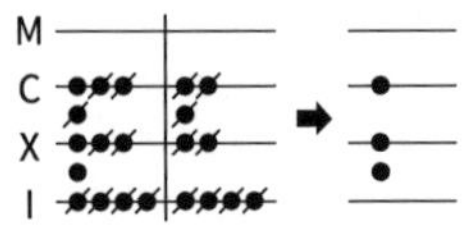

(3) 62 − 43 = 19

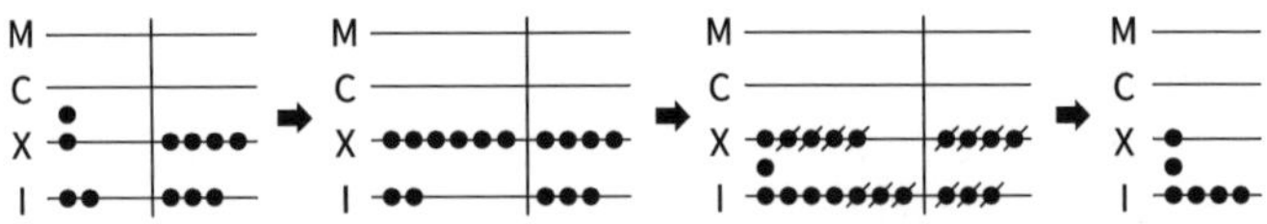

Da man hier im ersten Bankir nicht ausreichend Einer hat, löst man einen Zehner zu einem Fünfer und 5 Einern auf.

3. Geometrie

Lernfeld: Körper herstellen und damit experimentieren

134 **1. Auftrag: Geometrie zum Essen**
Keine Lösungen

2. Auftrag: Verpackungen
Keine Lösungen

135 **3. Auftrag: Schattenbilder**
Keine Lösungen

3.1 Körper und Vielecke

3.1.1 Körper – Ecken, Kanten, Flächen

136 **Einstieg:**
Keine Lösungen

137 **2.** **a)** 8 Ecken; 12 Kanten; 6 Flächen (Rechtecke)
b) keine Ecken; 2 Kanten; 3 Flächen (2 Kreisflächen und 1 gewölbte Fläche, die abgerollt ein Rechteck ergibt)
c) 5 Ecken; 8 Kanten; 5 Flächen (4 Dreiecke und 1 Quadrat)
d) 7 Ecken; 12 Kanten; 7 Flächen (6 Dreiecke und 1 Sechseck)
e) 1 Ecke; 1 Kante; 2 Flächen (1 Kreisfläche und 1 gewölbte Fläche, die abgerollt den Teil eines Kreises ergibt)
f) keine Ecke; keine Kante; 1 Fläche (gewölbt)
g) 6 Ecken; 9 Kanten; 5 Flächen (2 Dreiecke und 3 Vierecke)
h) 12 Ecken; 18 Kanten; 8 Flächen (2 Sechsecke und 6 Vierecke)

3. **a)** Pyramide mit viereckiger Grundfläche
b) Pyramide mit dreieckiger Grundfläche
c) Pyramide mit fünfeckiger Grundfläche
d) Kugel
e) Kugel
f) Zylinder, Kugel

138 **4.** **a)** –
b) Ein Körper, der nur eine Fläche besitzt (wie z. B. die Kugel), kann keine Ecke besitzen. Tims Aussage kann nicht wahr sein.

138 **5.** –

6. Zum Beispiel eine Kugel, da sie keine Kanten besitzt.

7. **a)** Z. B.: Quader, Prismen, Zylinder, quadratische Pyramiden, Kegel, halbes Prisma mit sechseckiger Grundfläche, halbe Pyramide mit sechseckiger Grundfläche.
b) –

Das kann ich noch!
Maßstab 1 : 5 500 000 bedeutet: 1 mm auf der Karte sind in Wirklichkeit
5 500 000 mm = 550 000 cm = 5 500 m = 5,5 km

Orte	Entfernung	
	auf der Karte	in der Wirklichkeit
(1) Mainz – Köln	21 mm	115,5 km
(2) Koblenz – Würzburg	33 mm	181,5 km
(3) Bingen – Saarbrücken	19 mm	104,5 km
(4) Ludwigshafen – Luxemburg	29 mm	159,5 km
(5) Kaiserslautern – Gotha	49 mm	269,5 km
(6) Speyer – Siegen	30 mm	165 km
(7) Landau – Ansbach	33 mm	181,5 km
(8) Pirmasens – Aachen	37 mm	203,5 km

Es handelt sich hier um die genau berechneten Entfernungen in Wirklichkeit. Da die Entfernung auf der Karte schon gerundet abgelesen wird, würde man die Entfernungen in der Wirklichkeit auf volle 5 km runden.

3.1.2 Vielecke – Umfang und Diagonale

139 **Einstieg:**

a) Körper 1: Brücke
Körper 2: Zylinder
Körper 3: „Stehender“ Quader (grün)
Körper 4: halber Zylinder
Körper 5: „Liegender“ Quader (rot)
Körper 6: Prisma mit dreieckiger Grundfläche
Körper 7: Würfel
Stempelabdruck „Halbkreis“ kann man mit Körper 4 erhalten.
Stempelabdruck „Brücke“ kann man mit Körper 1 erhalten.
Stempelabdruck „stehendes Rechteck“ kann man mit Körper 1, Körper 2 und Körper 3 erhalten.
Stempelabdruck „Kreis“ kann man mit Körper 2 erhalten.
Stempelabdruck „liegendes Rechteck“ kann man mit Körper 1, Körper 3, Körper 5 und Körper 6 erhalten.
Stempelabdruck „Dreieck“ kann man mit Körper 6 erhalten.

b) –

140

2. Das Viereck ABCD hat eine einspringende Ecke.
Die Diagonale $\overline{AC}$ verläuft außerhalb des Vierecks.

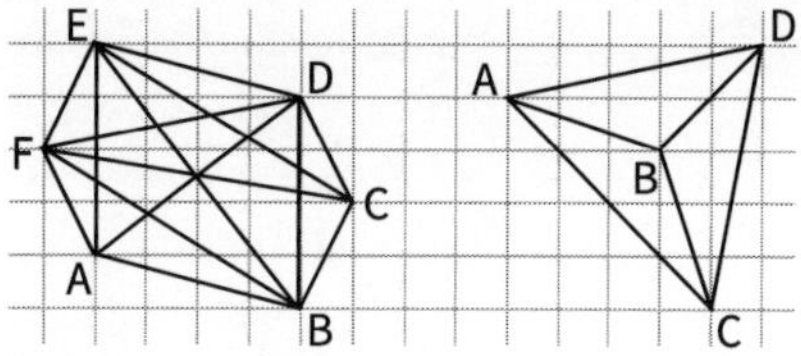

141

3. 20 mm entsprechen 400 m, 1 mm entspricht 20 m.
u ≈ 16 mm + 17 mm + 11 mm + 15 mm = 59 mm
Der Zaun ist ungefähr 1 180 m lang. Die Kosten betragen ungefähr 23 600 €.

4. –

5. **a)** Körper B: 6 Quadrate
Körper C: 1 Quadrat, 4 Dreiecke
Körper H: 2 verschieden große Quadrate, 4 Vierecke
Körper J: 6 Rechtecke, 2 Sechsecke
Körper K: 2 Dreiecke, 3 Rechtecke
Körper Q: 8 Dreiecke

b) Kanten: A; B; C; E; F; G; H; I; J; K; L; M; N; O; P; Q; R; S
Keine Kanten: D

6. **(1)** Dreieck
(2) Sechseck (mit einspringender Ecke)
(3) kein Vieleck
(4) Achteck (mit einspringenden Ecken)
(5) Sechseck (mit einspringenden Ecken)

7. $\overline{AB}$; $\overline{BE}$; $\overline{HE}$; $\overline{AH}$; $\overline{CD}$; $\overline{CF}$; $\overline{GF}$; $\overline{DG}$ sind gleich lang und
$\overline{BC}$; $\overline{EF}$; $\overline{AD}$; $\overline{HG}$ sind gleich lang.

8. Für eine Karolänge von 5 mm ergibt sich:
a) u ≈ 14 mm + 25 mm + 21 mm +16 mm= 76 mm = 7,6 cm
b) u ≈ 22 mm + 14 mm + 22 mm = 58 mm = 5,8 cm
c) u ≈ 11 mm + 11 mm + 27 mm + 16 mm + 16 mm + 27 mm = 108 mm = 10,8 cm
d) u ≈ 10 mm + 14 mm + 10 mm + 14 mm + 10 mm + 14 mm + 10 mm + 14 mm
= 4 · 10 mm + 4 · 14 mm = 40 mm + 56 mm = 96 mm = 9,6 cm

9. Ein Vierundzwanzigeck hat auch 24 Seiten.

10. Eine Bahnstrecke muss nicht geradlinig sein.

141 11. a)

Anzahl der Ecken	4	5	6	7	8
Anzahl der Diagonalen	2	5	9	14	20

b) Durch Ergänzen eines neuen Eckpunktes wird die bisherige Verbindung der beiden benachbarten Eckpunkte Diagonale des neuen Vielecks, d. h. die Anzahl der bisherigen Diagonalen erhöht sich um 1. Durch Verbinden des neuen Eckpunktes mit den anderen Eckpunkten erhält man neue Diagonalen. Die Anzahl dieser neuen Diagonalen ist um 3 geringer als die Anzahl aller Eckpunkte des neuen Vielecks, da man den neuen Eckpunkt nicht mit sich selbst verbinden kann, und die Verbindung zu den beiden benachbarten Eckpunkten keine Diagonalen, sondern Seiten des Vielecks sind.
Insgesamt erhöht sich die Anzahl der bisherigen Diagonalen also um die um 2 verminderte Anzahl der Eckpunkte des neuen Vielecks.

Im Blickpunkt: Geometrie auf dem Geobrett

142 1. a) Das blaue Seil ist das ulalo.
b) Zum Beispiel:

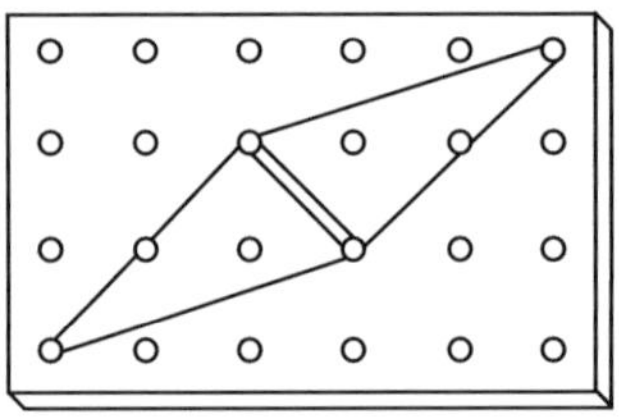

2. a) –
b) Ein Viereck mit einspringender Ecke.

Im Blickpunkt: Zeichnen mit einem Dynamischen Geometrie-System (DGS)

143 1. –

2. Die Punkte müssen fest mit der Linie verbunden sein.

3. –

4. a) Das Fünfeck hat keine einspringende Ecke und es liegen keine drei benachbarten Eckpunkte auf einer Geraden.
b) Das Fünfeck hat eine einspringende Ecke.
c) Das Fünfeck hat zwei einspringende Ecken.

143 **4. d)** *Beispiel:*
Die Diagonale $\overline{BE}$ liegt teilweise innerhalb und teilweise außerhalb des Fünfecks.

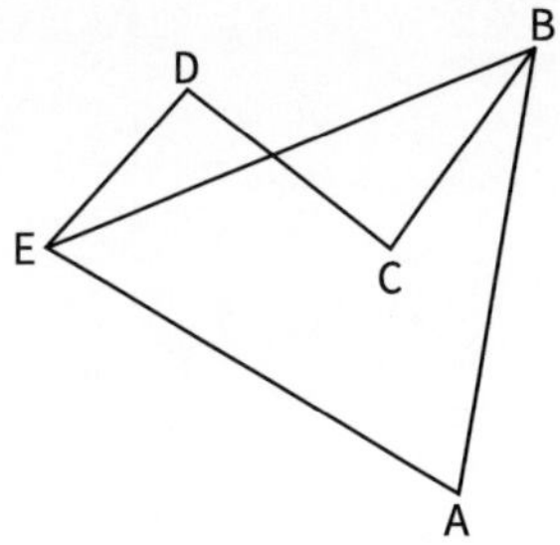

3.2 Koordinatensystem

145 **1. a)** A(3|2); B(5|0); C(6|6); D(2|7); E(0|7); F(5|3); G(7|2); H(3|5); I(4|9); K(0|3); L(1|1); M(9|4); N(15|6); P(12|8); Q(10|1); R(13|2)

b)

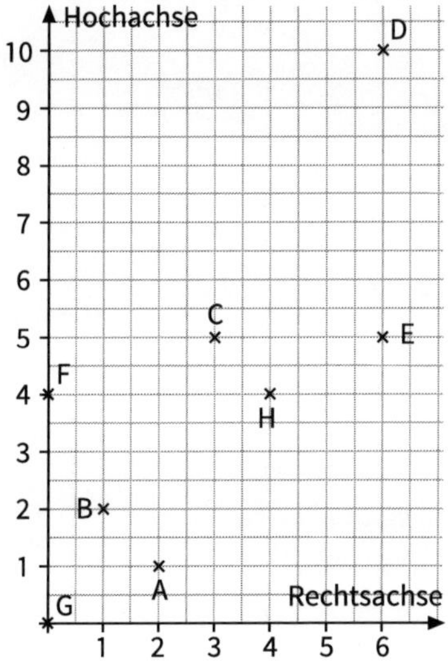

145 **2.**

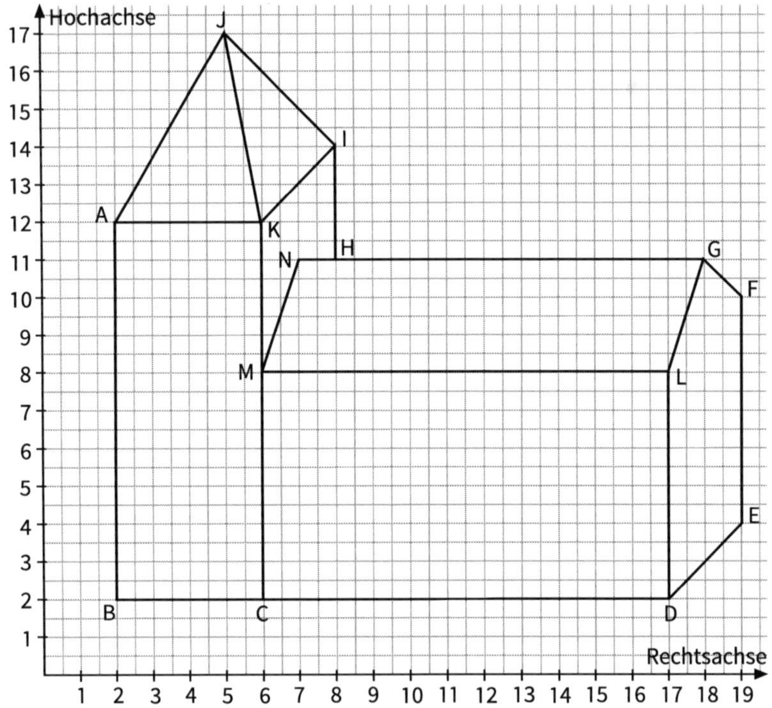

3. –

4. a)

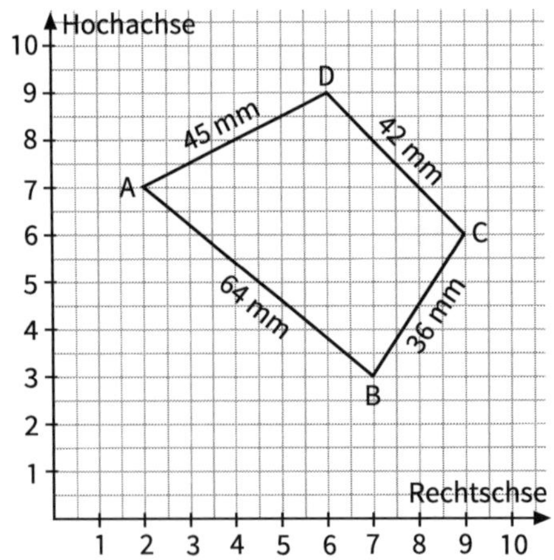

u ≈ 187 mm = 18,7 cm

145 **4. b)**

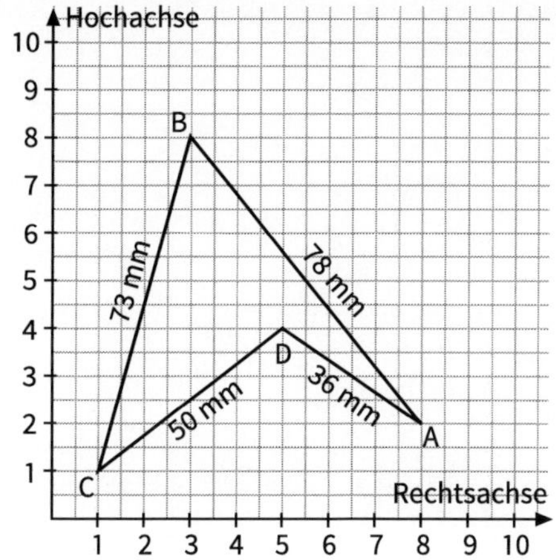

u ≈ 237 mm = 23,7 cm

c)

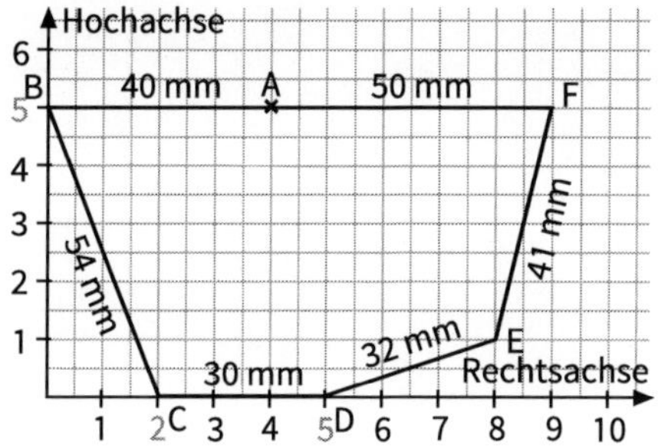

u ≈ 247 mm = 24,7 cm

d)

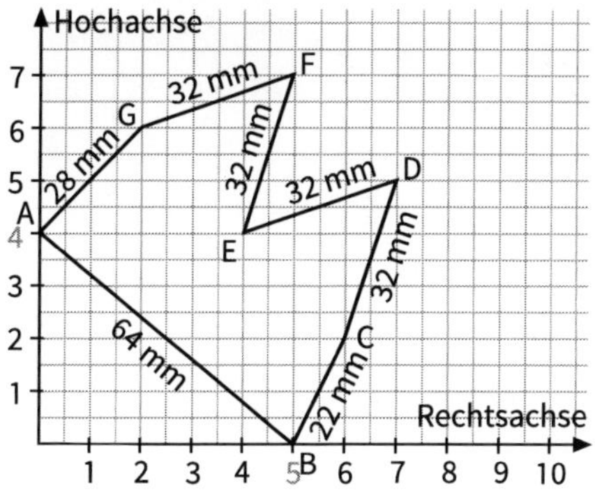

u ≈ 242 mm = 24,2 cm

145 **4. e)**

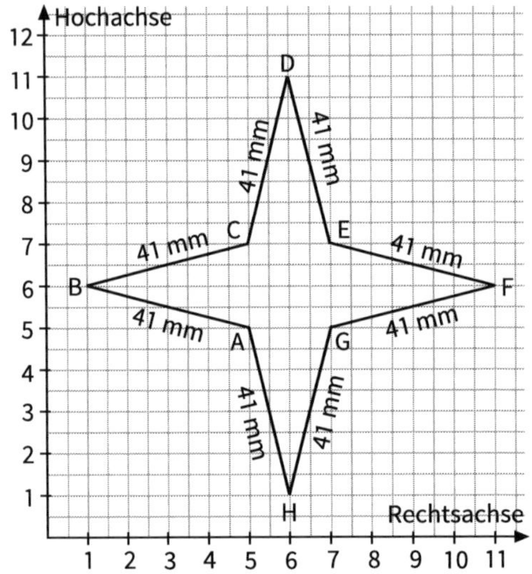

u ≈ 328 mm = 32,8 cm

5. a) A(5 | 1); B(8 | 5); C(1 | 5)

b) u ≈ 222 mm = 22,2 cm
Der Kurs ist ungefähr 22,2 km lang.

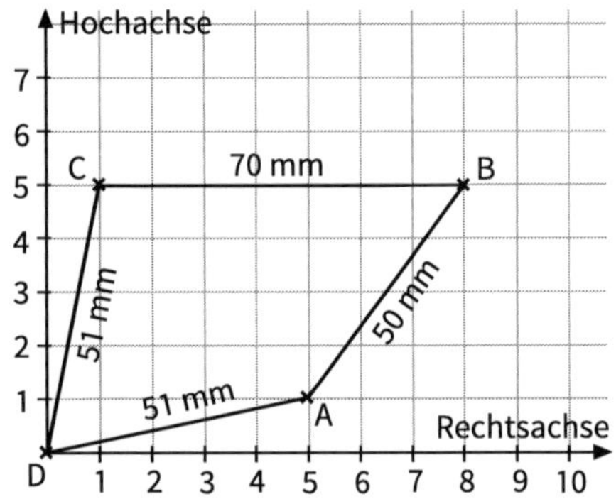

c) In der Zeichnung ist der Weg ungefähr 272 mm = 27,2 cm lang, in Wirklichkeit also ungefähr 27,2 km. Der Läufer ist etwa 5 km weiter gelaufen.

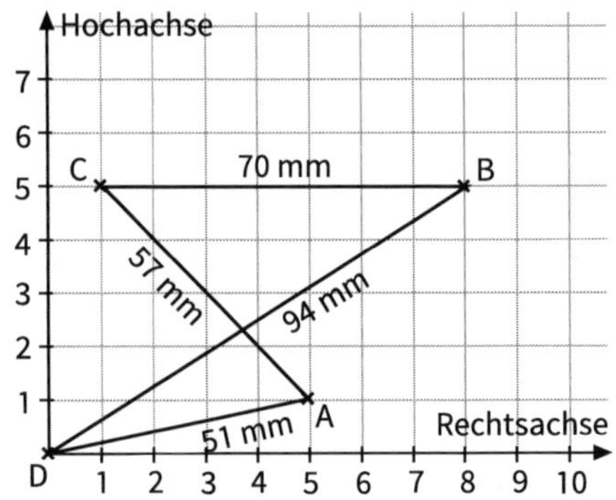

146 6.

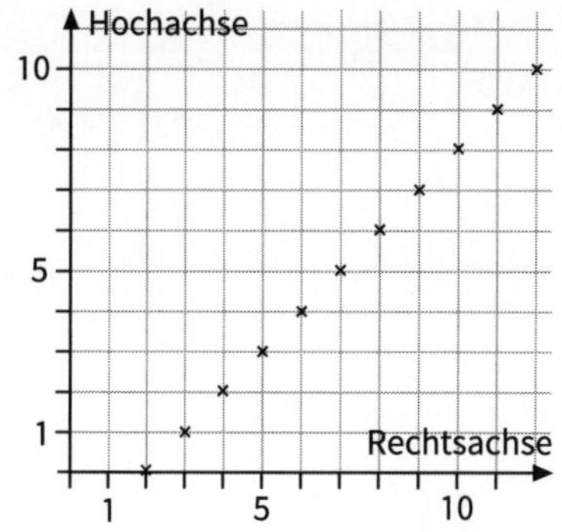

7. Das Empire State Building befindet sich an der 34th Street zwischen der 6th Avenue und der Fifth Avenue. Man kann wegen der genauen Durchnummerierung Gebäude und Straßen sehr schnell finden.

8. a) Wasserhydrant: 0,8 m rechts vom Schild
Gashydrant: 9,4 m vor dem Schild und 0,3 m rechts vom Schild

b)

Hydrant A	Hydrant B	Hydrant C
7,0	2,0	6,0
4,8	7,0	0,0

3.3 Geraden – Beziehungen zwischen Geraden

3.3.1 Geraden

147 **Einstieg:**

Die Gerade c schneidet die Geraden a, b und d.
Auf einem größeren Blatt Papier schneidet die Gerade b die Geraden a und d.
Die Geraden a und d schneiden sie nie.

148 1. a) Zur geraden Ausrichtung der Setzlinge; Schnur muss gespannt sein.
b) Mithilfe einer Schnur; die Bäume liegen optisch auf einer Linie.

2. a) BDC liegen auf einer Geraden. b) PQS liegen auf einer Geraden.

3. (1) Punkt B (3) Punkt C (5) Alle Punkte von $\overline{AB}$.
(2) Punkt B (4) kein Punkt (6) Alle Punkte von AB, denn die Geraden AB und BC sind identisch.

148

4. Die Gerade DB schneidet die Rechtsachse im Punkt P(17|0).

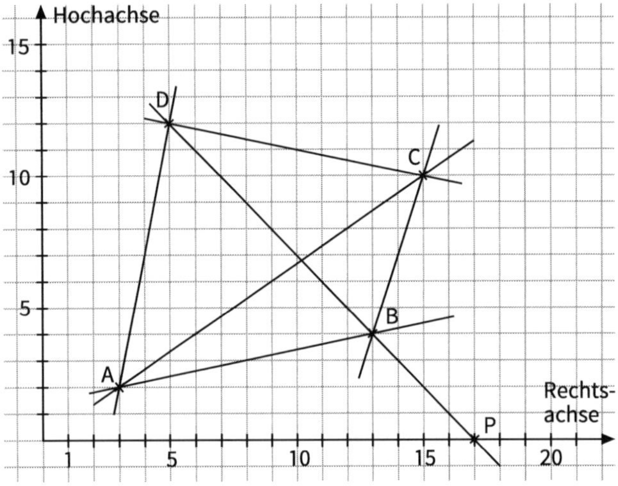

5. a)

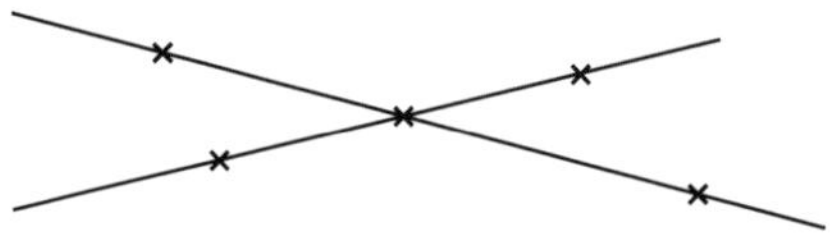

b)

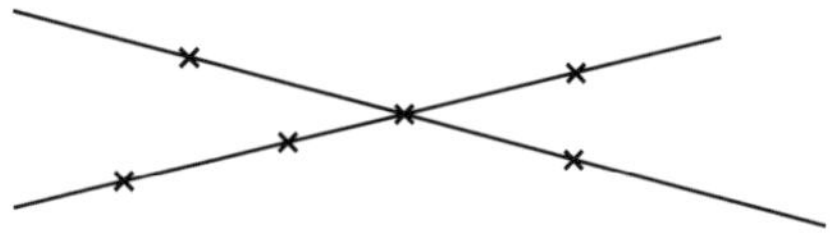

Es gibt sechs Geraden, auf denen genau zwei der Punkte liegen.

6. a) 6 Schnittpunkte

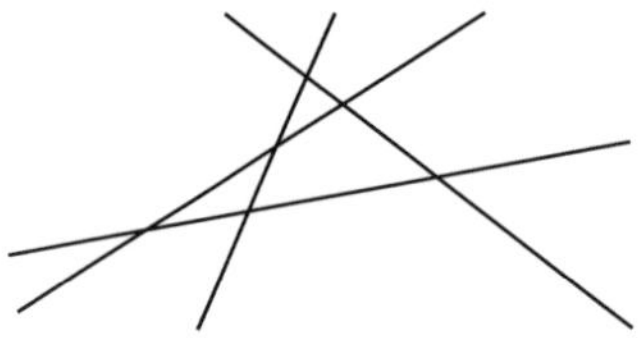

b)

Anzahl der Geraden	2	3	4	5	6
Anzahl der Schnittpunkte	1	3	6	10	15

c) Die Anzahl der nächsten Schnittpunkte ergibt sich als Summe der Anzahl der bisherigen Schnittpunkte und der Anzahl der bisherigen Geraden.
Begründung: Jede weitere Gerade schneidet alle bisherigen Geraden.

3.3.2 Zueinander orthogonale Geraden

149 **Einstieg:**
Wenn die Straßen sich orthogonal schneiden, hat man einen guten Einblick. Wenn die Straßen sich sehr schräg schneiden, hat man einen schlechteren Einblick.

150 **2.** Mia hat den Pflock richtig senkrecht (lotrecht) eingeschlagen.
Peter hat den Pflock orthogonal zum Boden eingeschlagen.

151 **3.** Der kürzeste Weg liegt auf der zum Steg orthogonalen Geraden. Alle anderen Wege sind länger.

4. **a)** – **b)** – **c)** Um zueinander orthogonale Linien zu ziehen.

151 **5.** **a)**

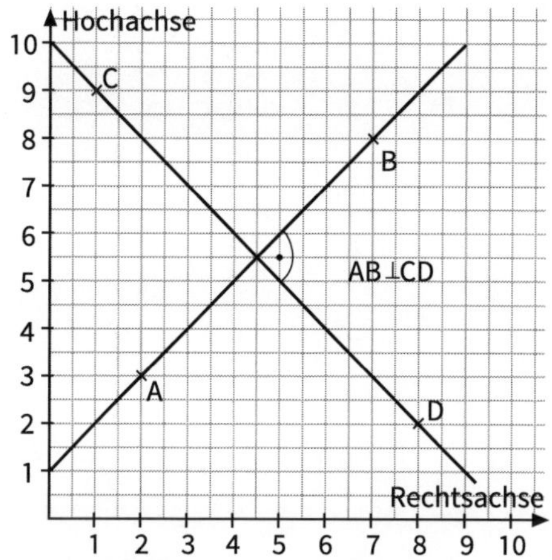

b)

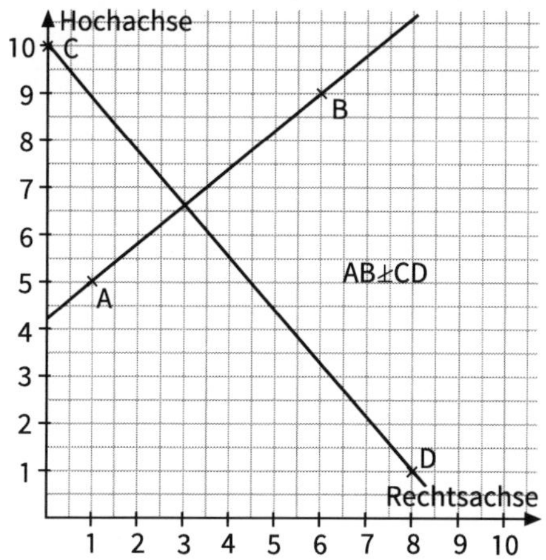

151 **5. c)**

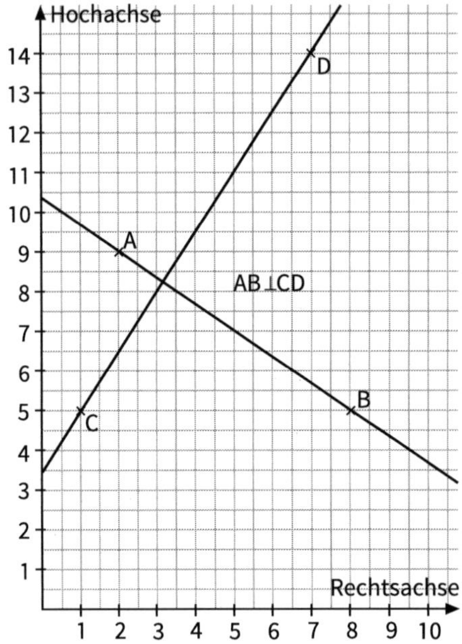

d)

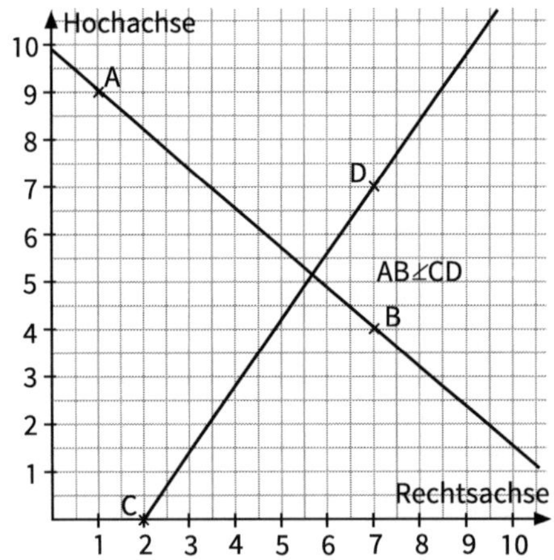

152 **6.** –

7. a) Man erhält eine Spirale (Schnecke).

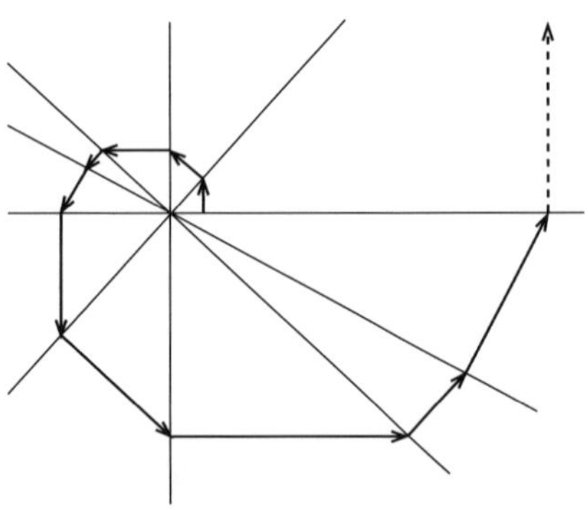

152

7. b) Bei 4 Geraden wird die Spirale schneller größer.
Bei 3 Geraden geht es nur, wenn die Orthogonale die nächste Gerade schneidet.
Bei 2 Geraden geht es nie.
Entweder schneidet die erste Orthogonale die erste Gerade nicht oder die zweite Orthogonale schneidet die erste Gerade nicht.

8. a) –

b) *Beispiel:*

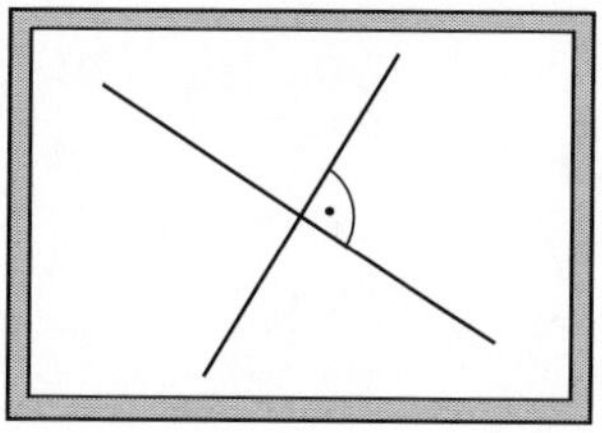

9. Das Papier so falten, dass die Gerade g auf sich fällt und die Faltlinie durch P läuft.

10. Zum Beispiel: P (7 | 8); Q (5 | 2)

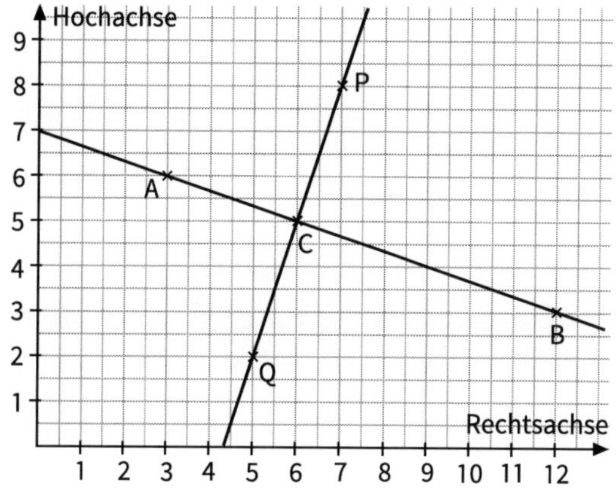

11. a)

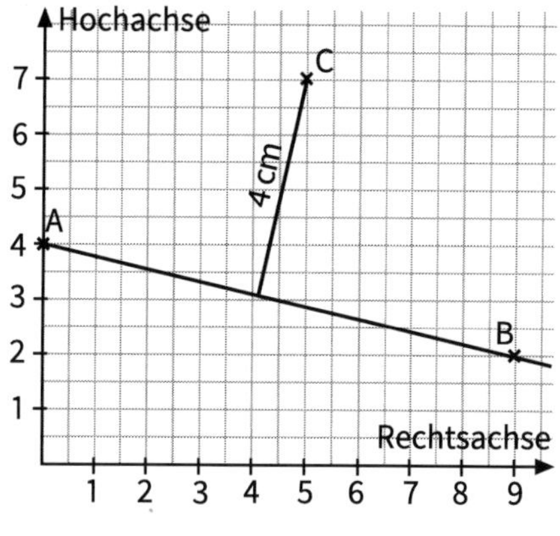

152 **11. b)**

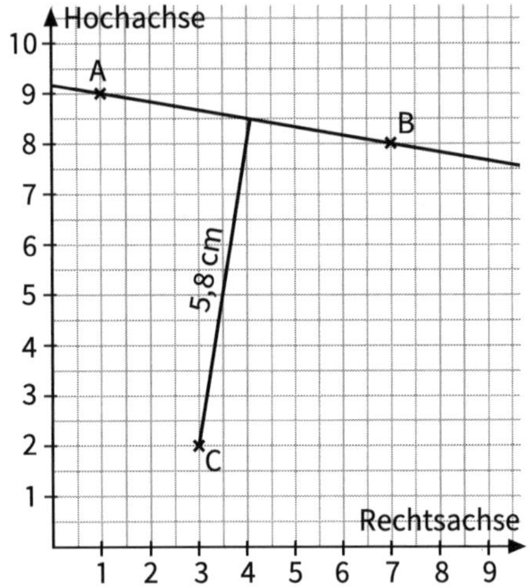

c) C liegt auf der Geraden AB, also Abstand 0 cm.

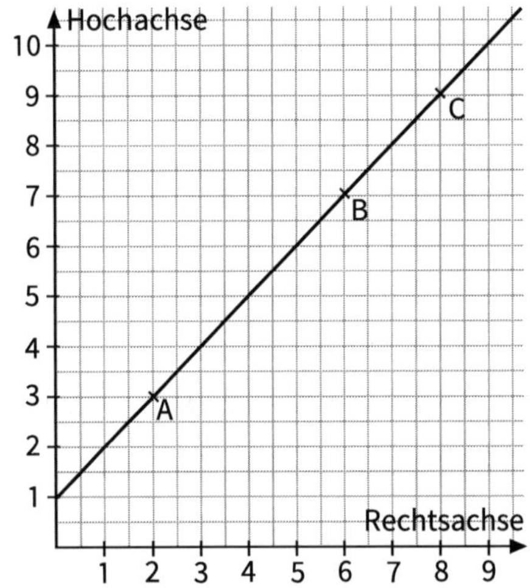

d)

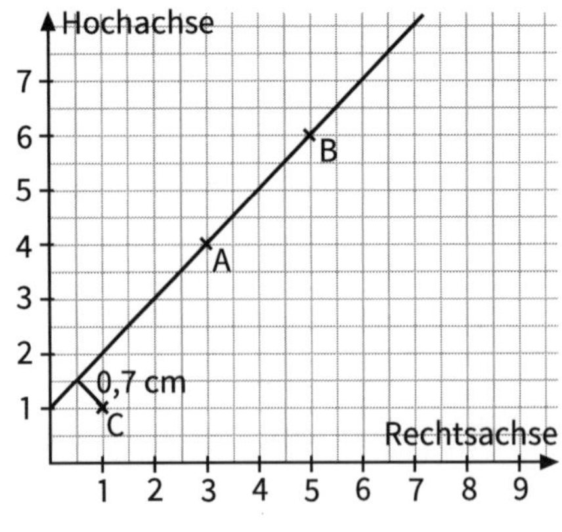

152

11. e)

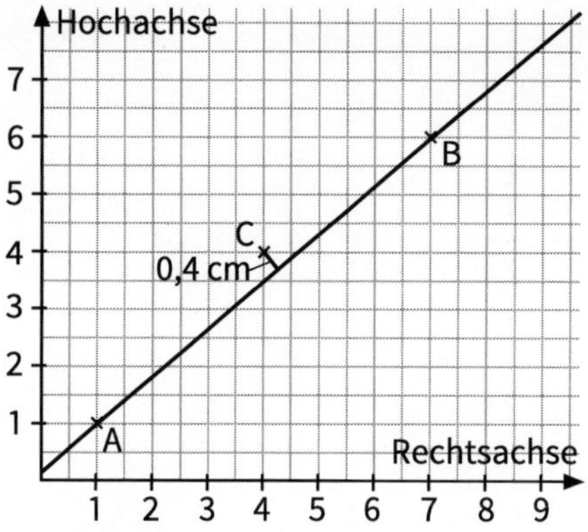

f)

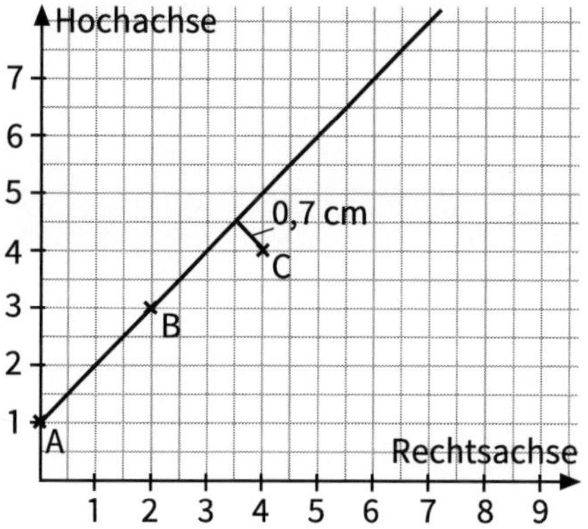

12. a) Das Mädchen geht orthogonal zu den Fußwegen über die Straße.

b) Der Weg ist am kürzesten. Außerdem kann man beide Seiten der Straße gut einsehen.

13. Der Abstand zur Geraden BC ist am kleinsten; 1,3 cm.

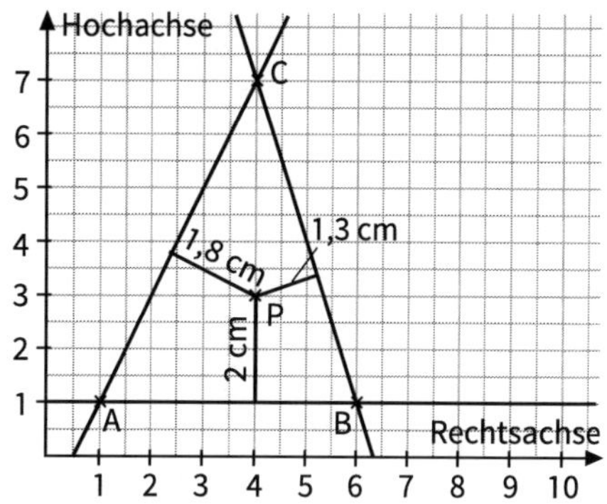

152 **14.** Man hat den Eindruck, dass ein Kreis entsteht, aber es ist ein Vieleck.

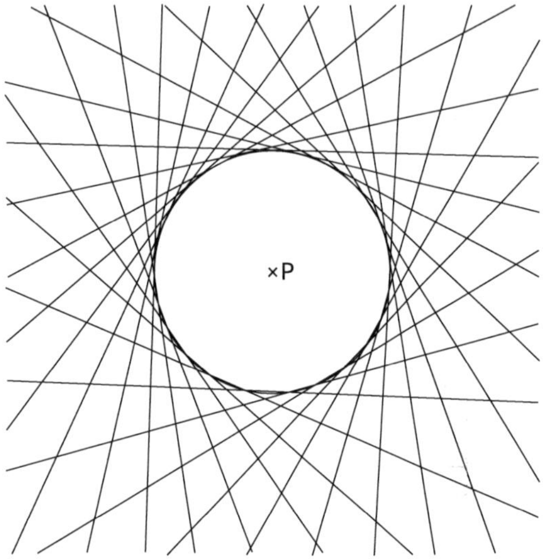

3.3.3 Zueinander parallele Geraden – Besondere Vierecke

153 **Einstieg:**
Die Geraden g und h schneiden sich nicht. Sie sind zueinander parallel.

154 **1.** *1. Möglichkeit:* Mithilfe der zueinander parallelen Linien auf dem Geodreieck.
2. Möglichkeit: Orthogonale zu AB durch P und dann die Orthogonale zu dieser Orthogonalen durch P.

a)

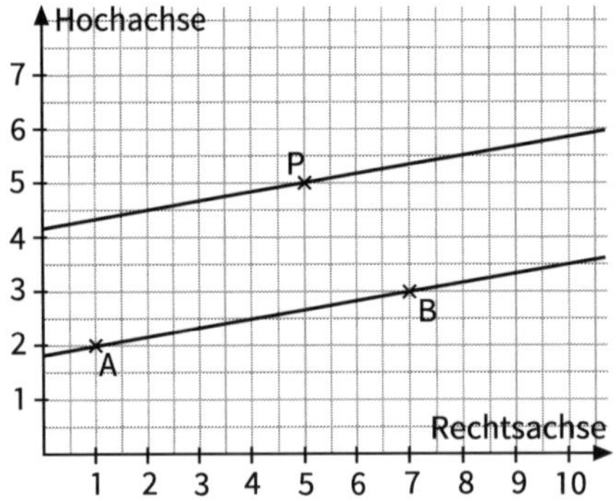

154 **1.** **b)**

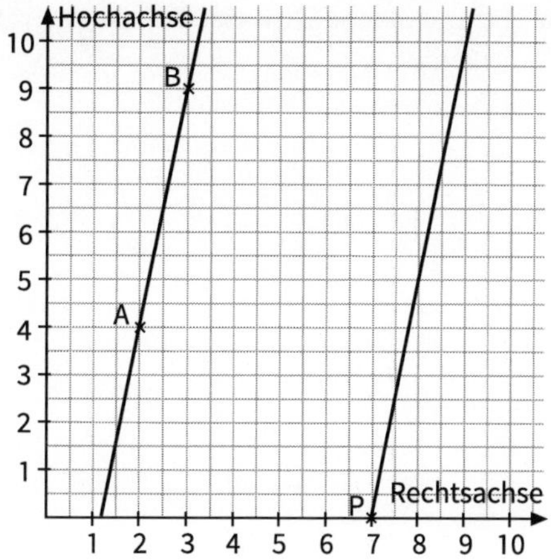

2. Wenn man die Schnitte beide orthogonal zu den Streifenrändern ausführt, erhält man ein Rechteck. Ist der Abstand der Schnitte dann auch noch genauso groß wie der Abstand der Seitenränder des Streifens, so erhält man ein Quadrat.
Wenn man die Schnitte beide zueinander parallel durchführt, erhält man ein Parallelogramm. Sind alle vier Seiten des Parallelogramms auch noch gleich lang, so ist es eine Raute.
Führt man die Schnitte beliebig durch, wobei ein Teil der Seitenränder des Streifens bleiben muss, so erhält man ein Trapez mit (mindestens) zwei zueinander parallelen Seiten (Seitenränder des Streifens).

156 **3.** Die Geraden liegen parallel zueinander.

4. –

5. Fast alle Straßen sind orthogonal zueinander. Es gibt also auch viele zueinander parallele Straßen.

6. Abstand 5 mm, 10 mm, 15 mm, …

7. –

8. Bei der quader- und der würfelförmigen Kerze sind von den 12 Kanten jeweils 4 parallel zueinander.
Bei dem sechseckigen Prisma sind oben und unten jeweils 4 Kanten parallel zueinander.
Die 6 senkrechten Kanten sind parallel zueinander.
Bei dem Prisma sind von den 4 Kanten an der Grundfläche je 2 Kanten parallel zueinander.

156 **9.** Auf zwei Parallelen zu dieser Geraden mit dem Abstand 3 cm (Parallelen auf beiden Seiten der Geraden).

10. –

11. a)

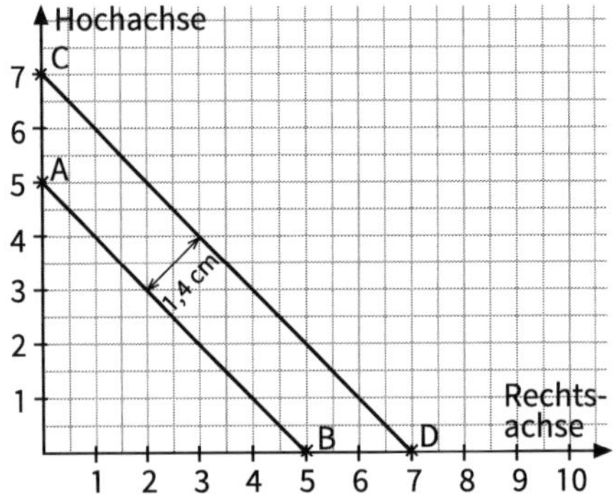

b)

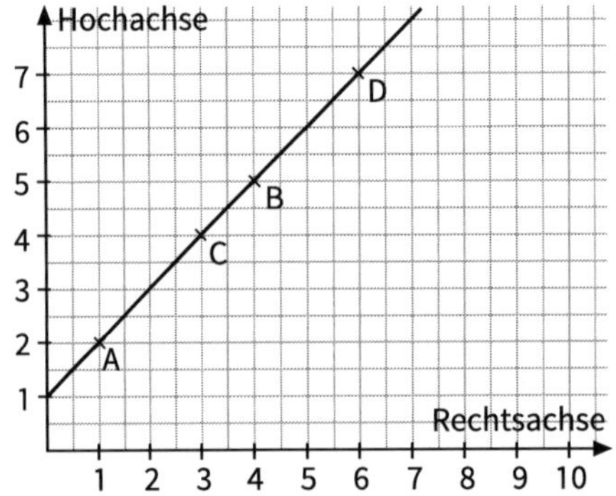

Die Geraden sind identisch, also Abstand 0 cm.

c)

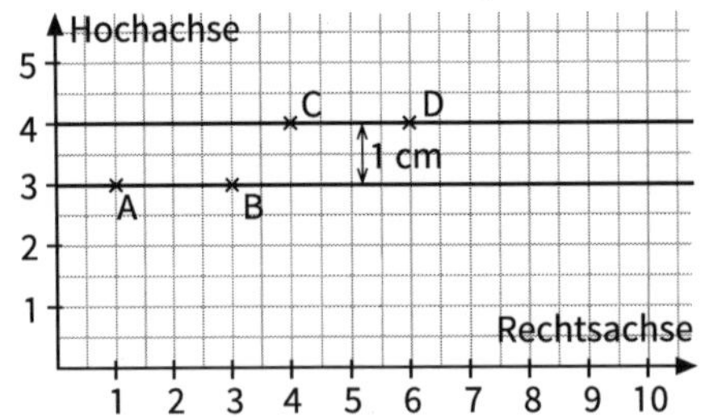

156 **11. d)**

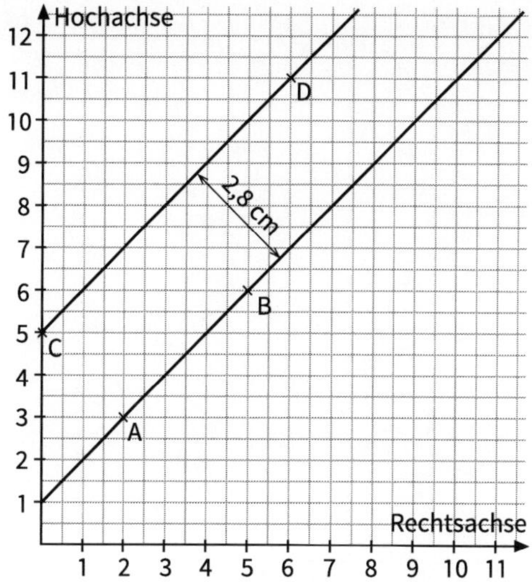

12. Die Geraden h und i sind parallel zueinander.

157 **13.** Der Abstand sollte auf beiden Enden 1,20 m betragen.

14. *Daniel:*

0 Schnittpunkte falsch: h schneidet die Gerade g oben außerhalb des Blattes und die Gerade i unten außerhalb des Blattes.
1 Schnittpunkt richtig.
2 Schnittpunkte richtig, denn $g \parallel h$.
3 Schnittpunkte richtig.

Julia:

0 Schnittpunkte richtig, denn $g \parallel h \parallel i$.
1 Schnittpunkt richtig.
2 Schnittpunkte falsch, denn g und h schneiden sich rechts außerhalb des Blattes.
3 Schnittpunkte richtig.

15.

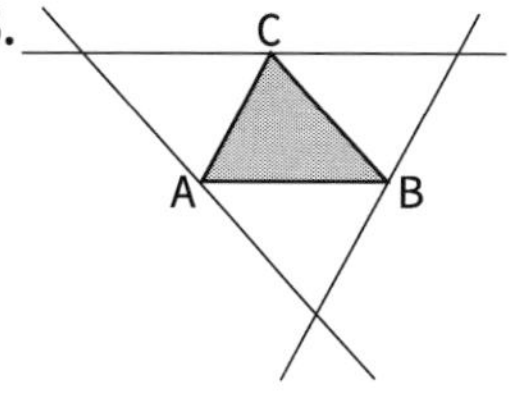

157 **16. a)** $AB \parallel CD$; Abstand 5,7 cm

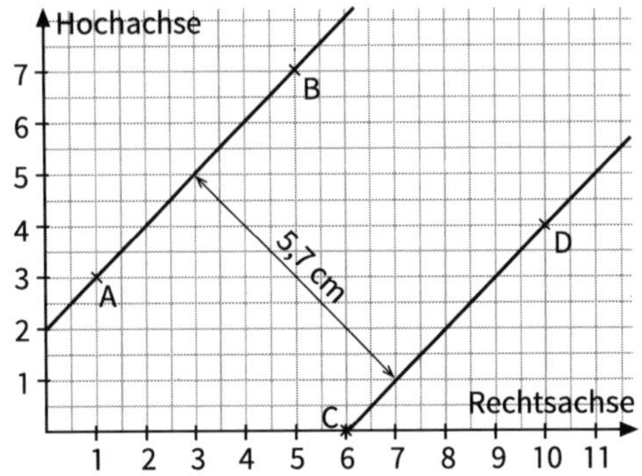

b) $AB \nparallel CD$; $AB \not\perp CD$

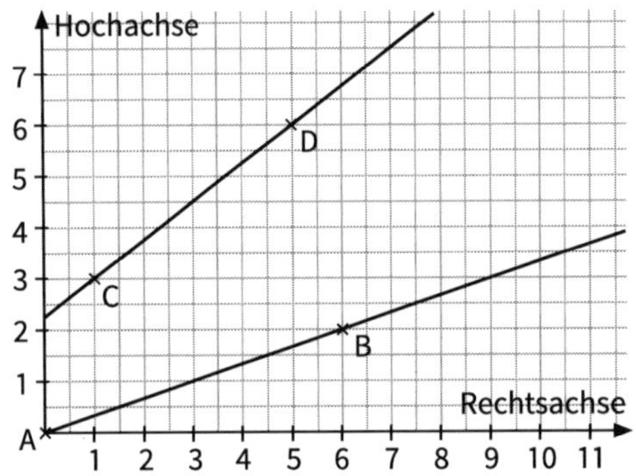

c) $AB \perp CD$

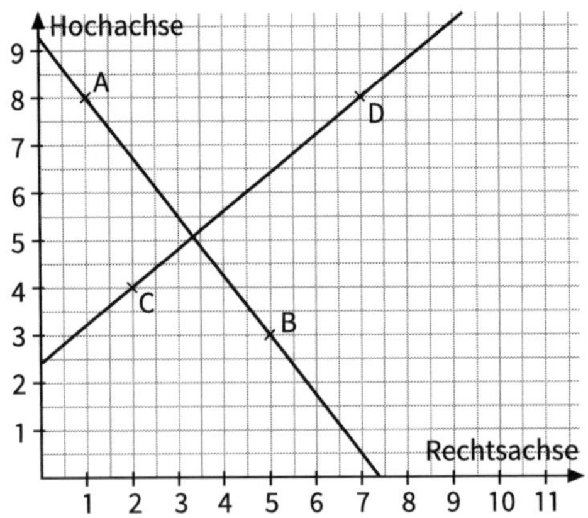

157 **16. d)** AB $\nparallel$ CD; AB $\perp$ CD

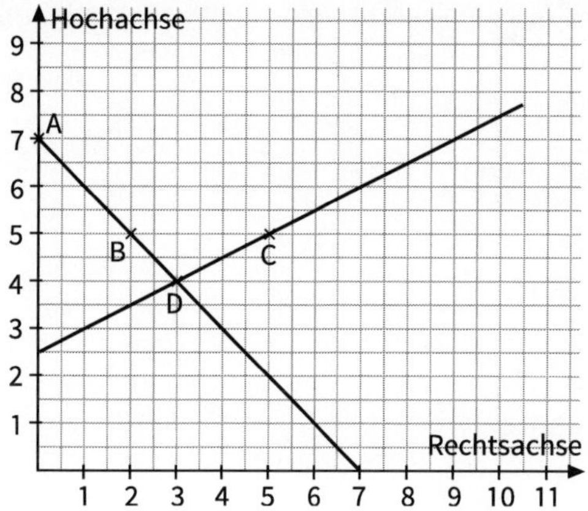

17. Die Strecken sind parallel bzw. orthogonal zueinander.
Man erhält eine eckige Spirale (Schnecke).

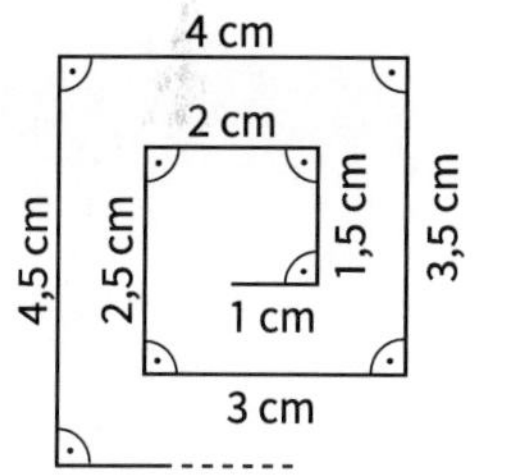

Das kann ich noch!

A) Man benutzt das Kommutativ- und das Assoziativgesetz,

1) $69 + 86 + 31 + 114 = (69 + 31) + (86 + 114) = 100 + 200 = 300$

2) $164 + 27 + 200 + 73 + 536 = (164 + 536) + (27 + 73) + 200$
$= 700 + 100 + 200 = 1000$

3) $234 + 567 + 433 + 766 = (234 + 766) + (567 + 433) = 1\,000 + 1\,000 = 2\,000$

4) $45\,000 + 177\,000 + 55\,000 + 223\,000$
$= (45\,000 + 55\,000) + (177\,000 + 223\,000)$
$= 100\,000 + 400\,000 = 500\,000$

5) $8\,999 + 2\,333 + 7\,667 + 1\,001 = (8\,999 + 1\,001) + (2\,333 + 7\,667)$
$= 10\,000 + 10\,000 = 20\,000$

6) $123\,456\,789 + 987\,654\,321 + 876\,543\,211$
$= (123\,456\,789 + 876\,543\,211) + 987\,654\,321$
$= 1\,000\,000\,000 + 987\,654\,321 = 1\,987\,654\,321$

B) **1)** 1 221 **2)** 2 332 **3)** 3 443 **4)** 210 012
Die Ergebnisse sind vorwärts wie rückwärts gelesen gleich.

158

18. Der Rundweg im Dreieck ist genauso groß wie der Umfang des Dreiecks. Geht man allerdings vom Mittelpunkt einer Seite los, dann ist der Rundweg nur halb so groß.

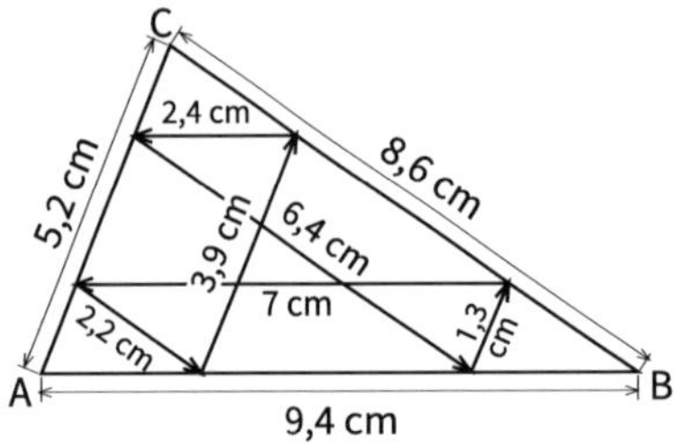

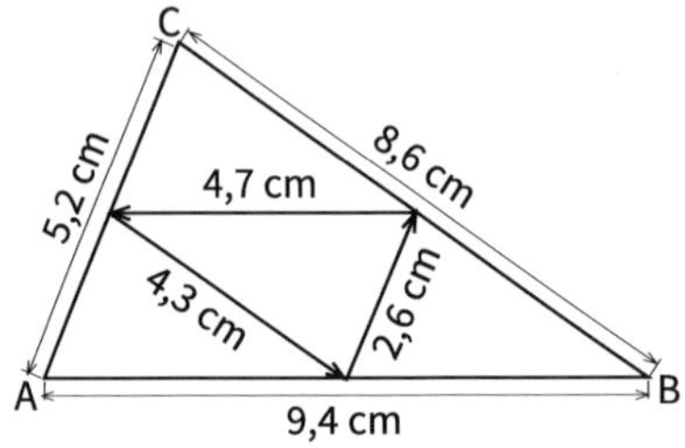

19. a) richtig **b)** falsch; g ⊥ i **c)** richtig

20. a) In der Ebene ist Max' Behauptung richtig, bei Körpern ist die Behauptung aber falsch, denn am Quader im Schülerband erkennt man:
c ⊥ a und a ⊥ b, aber c ∦ b

b) Das gilt nicht im Raum. Die Geraden b und c schneiden sich nicht, sind aber nicht parallel zueinander.

21. *3 Geraden a, b, c:*

3 Schnittpunkte

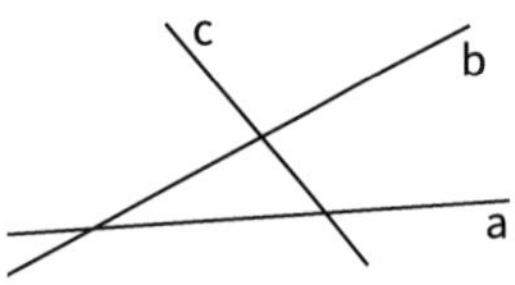

2 Schnittpunkte

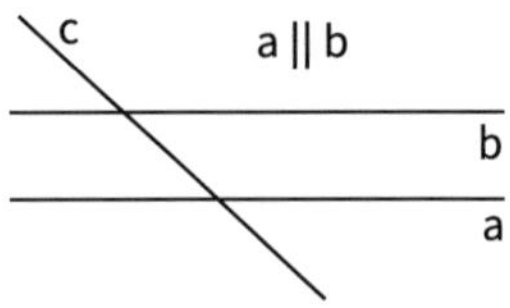

kein Schnittpunkt

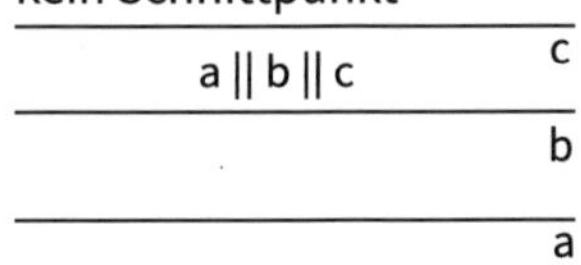

4 Geraden a, b, c, d:

6 Schnittpunkte

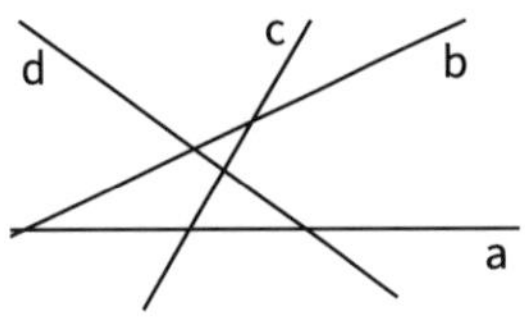

5 Schnittpunkte

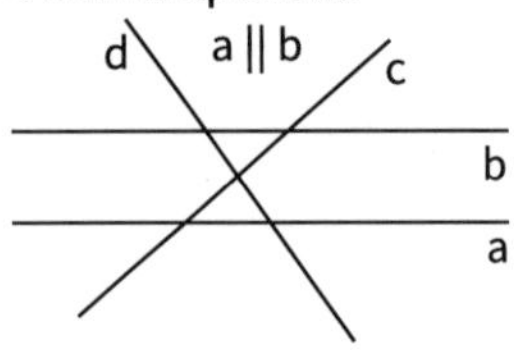

4 Schnittpunkte

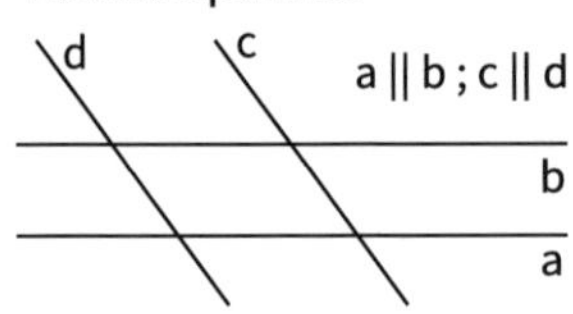

3 Schnittpunkte

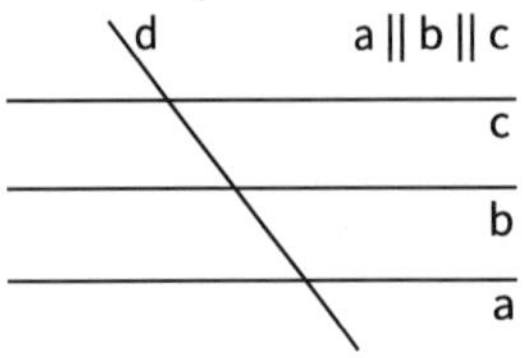

kein Schnittpunkt

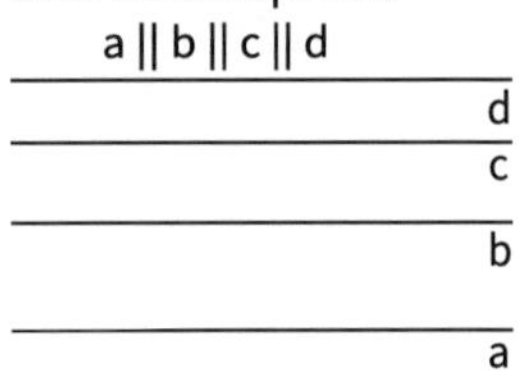

158 **21.** Fortsetzung

5 Geraden a, b, c, d, e:

10 Schnittpunkte

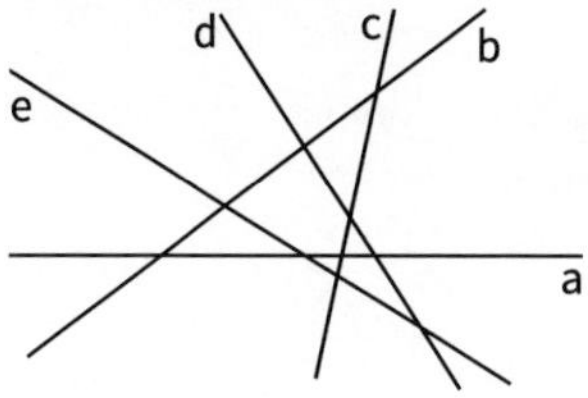

9 Schnittpunkte

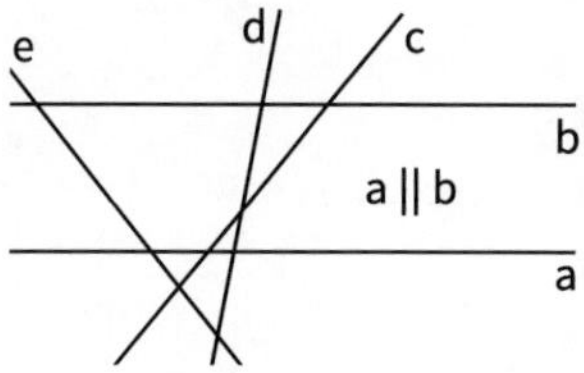

8 Schnittpunkte

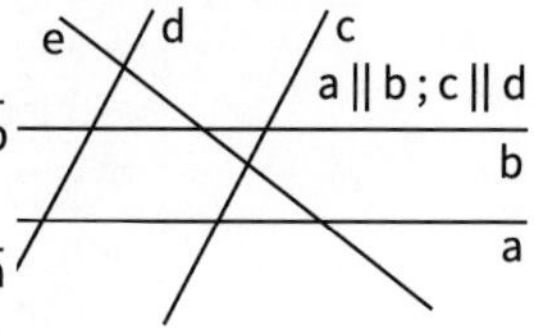

7 Schnittpunkte

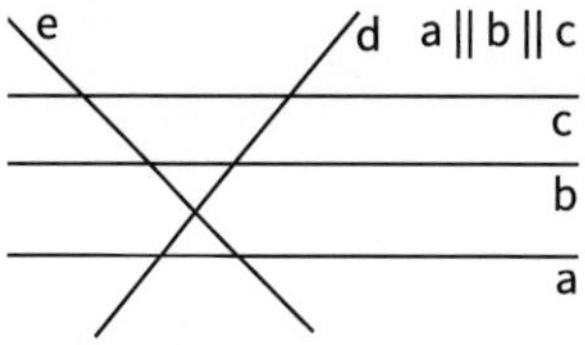

6 Schnittpunkte

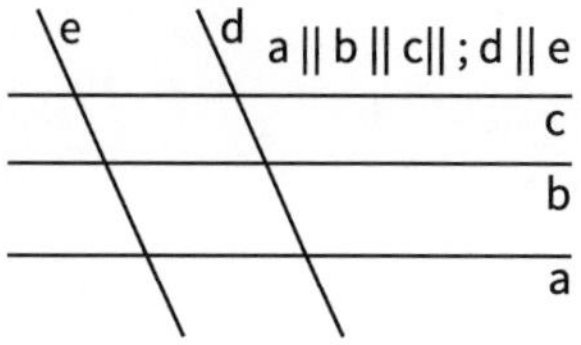

5 Schnittpunkte

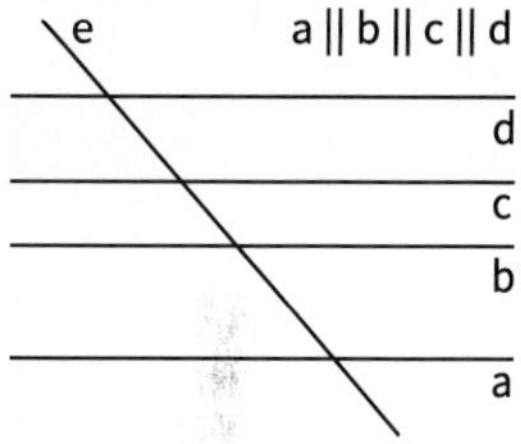

kein Schnittpunkt

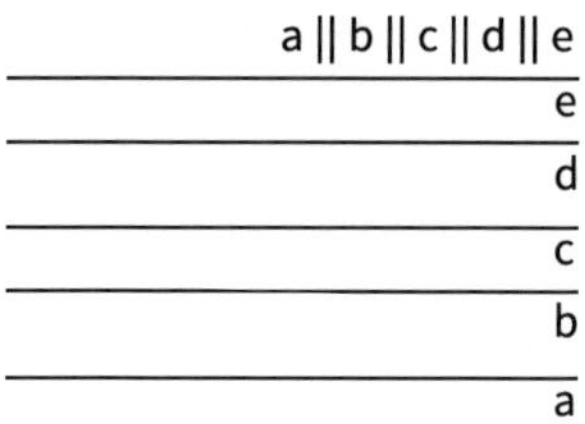

22. a) Die Punkte sind die Punkte A, B, C und D.

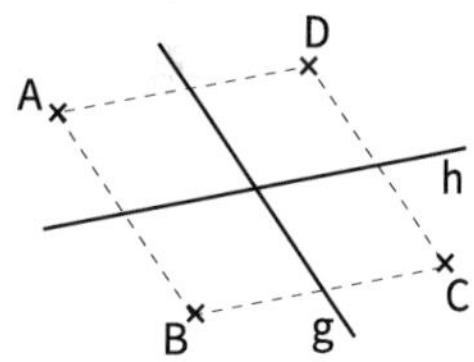

b) Die Punkte liegen in den grau markierten Gebieten und deren Ränder.

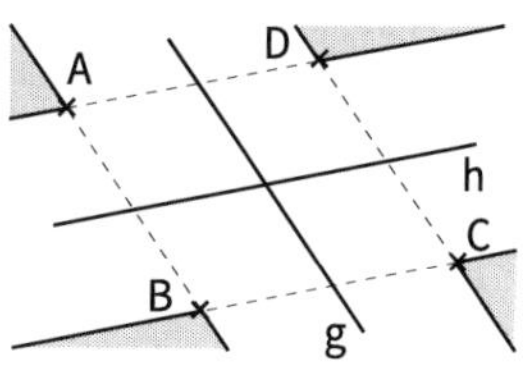

c) Die Punkte liegen innerhalb der Raute ABCD und auf deren Seiten.

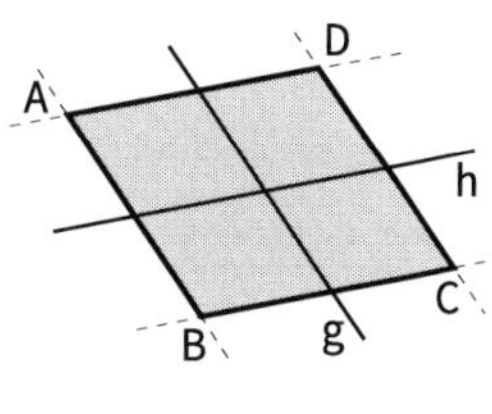

23. –

159 **24.** –

25.

Viereck	(1)	(2)	(3)	(4)	(5)	(6)	(7)	(8)
Parallelogramm	ja	ja	ja	ja	ja	nein	ja	nein
Rechteck	ja	ja	nein	nein	ja	nein	nein	nein
Quadrat	nein	nein	nein	nein	ja	nein	nein	nein
Raute	nein	nein	nein	ja	ja	nein	nein	nein
Trapez	ja	ja	ja	ja	ja	ja	ja	ja

26. Man muss darauf achten, dass die Seiten orthogonal zueinander sind.

27. a)

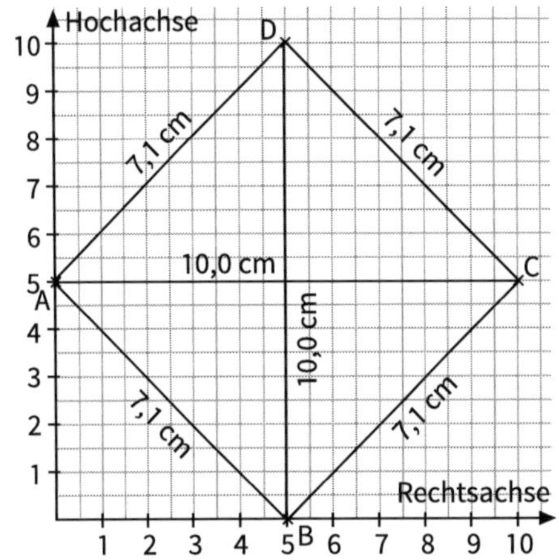

Quadrat

$u \approx 4 \cdot 7{,}1\,\text{cm} = 28{,}4\,\text{cm}$

b)

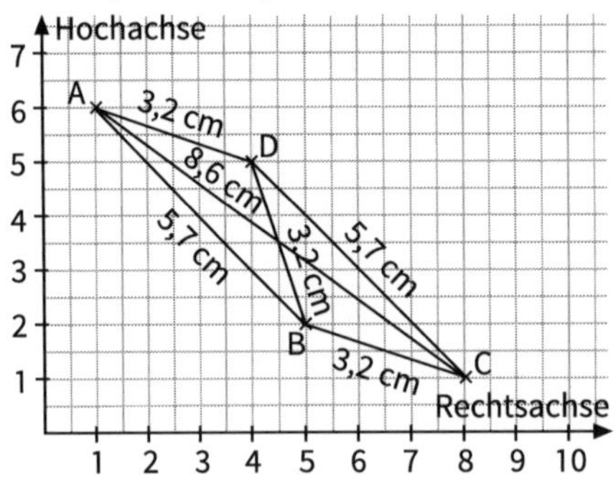

Parallelogramm

$u \approx 2 \cdot 5{,}7\,\text{cm} + 2 \cdot 3{,}2\,\text{cm} = 17{,}8\,\text{cm}$

159 27. c)

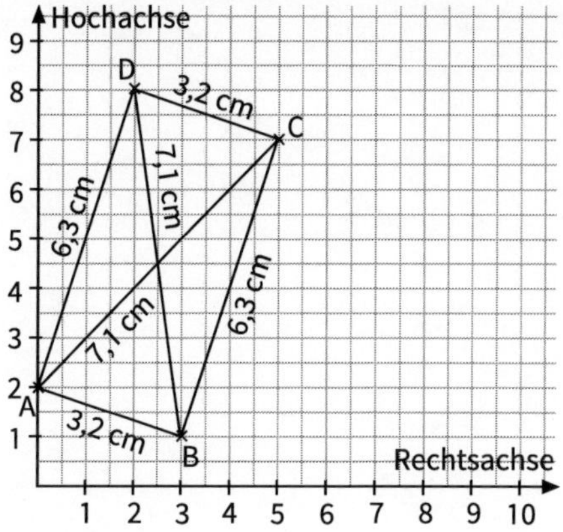

Rechteck
u = 2 · 6,3 cm + 2 · 3,2 cm = 19 cm

d)

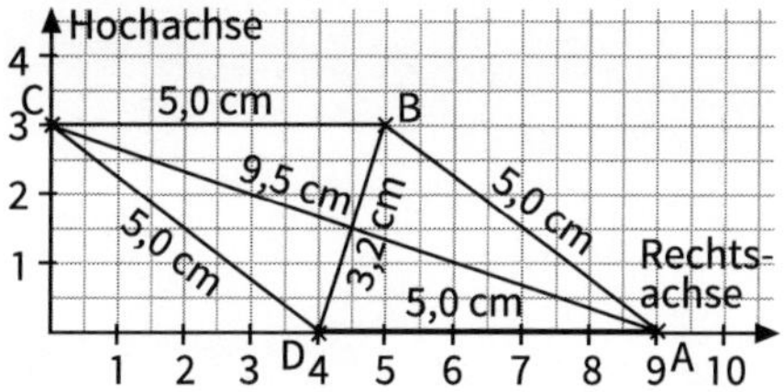

Raute
u = 4 · 5 cm = 20 cm

e)

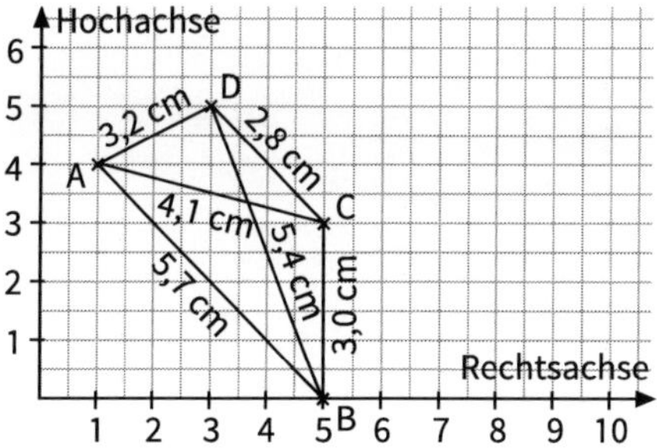

Trapez
u ≈ 5,7 cm + 3,0 cm + 2,8 cm + 2,2 cm = 13,7 cm

159 **27. f)**

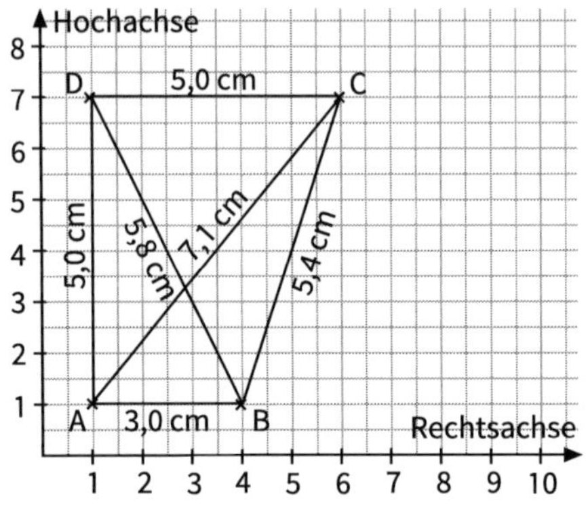

Trapez
u = 3,0 cm + 5,4 cm + 5,0 cm + 5,0 cm = 18,4 cm

28. a) Quadrat; AC ⊥ BD

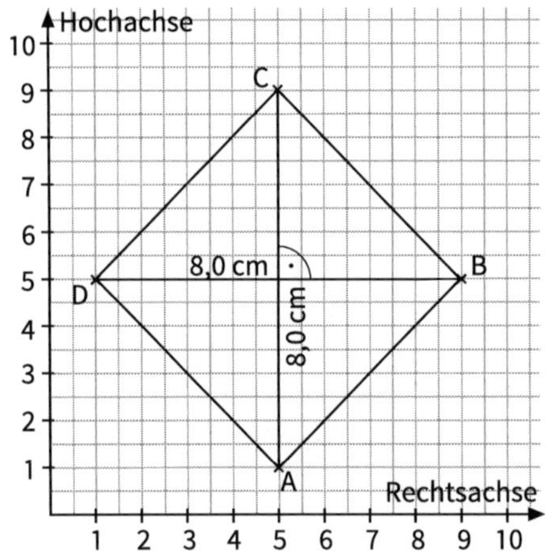

b) Viereck; AC ⊥̸ BD

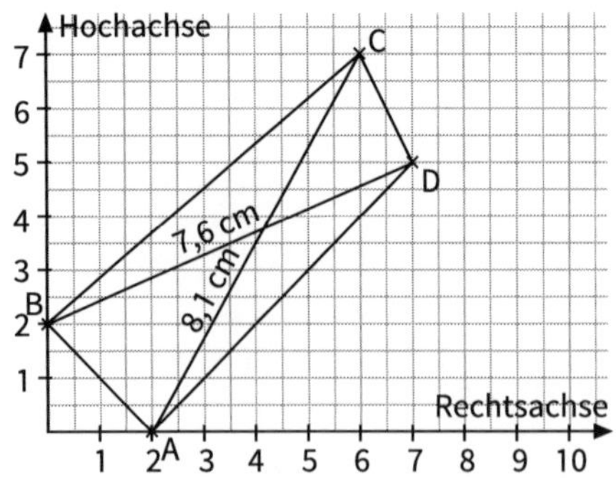

159 **28. c)** Parallelogramm; AC ± BC

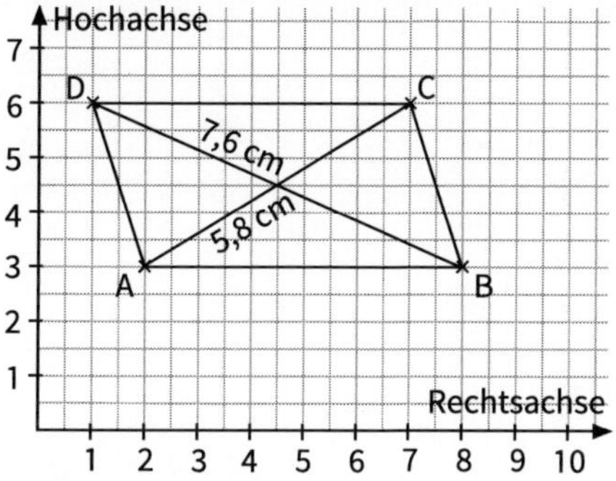

d) Raute; AC ⊥ BD

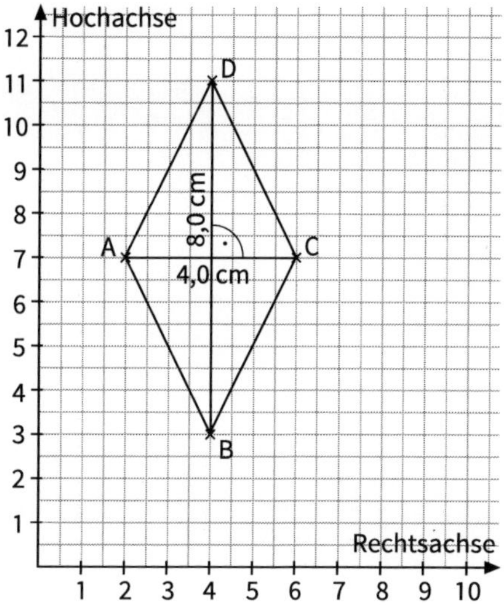

29. *Beispiele:*

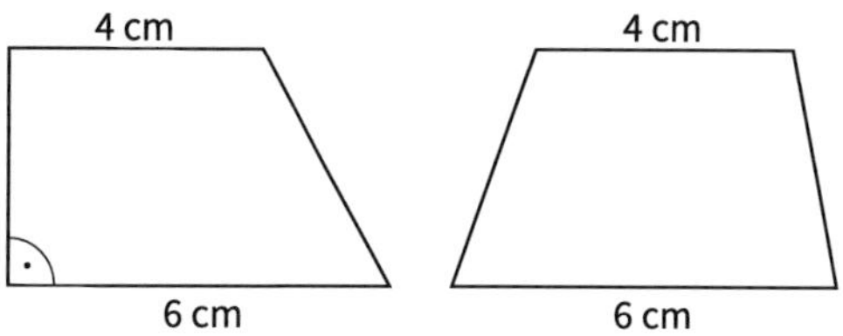

30. a) Der Umfang ändert sich nicht. Der Abstand der zueinander parallelen Seiten ist am größten, wenn das Parallelogramm ein Rechteck wird, nämlich 3 cm bzw. 5 cm.

b) $u = 4 \cdot 4{,}5\,cm = 18\,cm$. Der Abstand zueinander paralleler Seiten beträgt auch 4,5 cm.

c) Der Umfang ist viermal so lang wie eine Seite. Der Abstand zueinander paralleler Seiten ist am größten, wenn die Raute ein Quadrat wird. Der Abstand ist dann so groß wie eine Seite lang ist.

159

31. a) D(6|11); Quadrat; $u \approx 4 \cdot 7{,}1\,\text{cm} = 28{,}4\,\text{cm}$

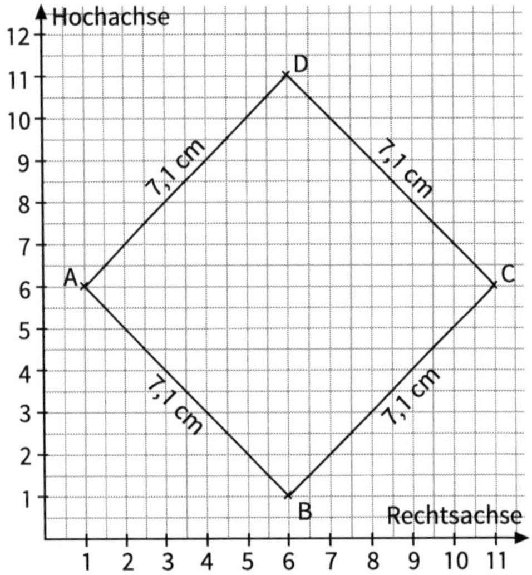

b) D(5|6); Parallelogramm; $u \approx 2 \cdot 5{,}7\,\text{cm} + 2 \cdot 3{,}2\,\text{cm} = 17{,}8\,\text{cm}$

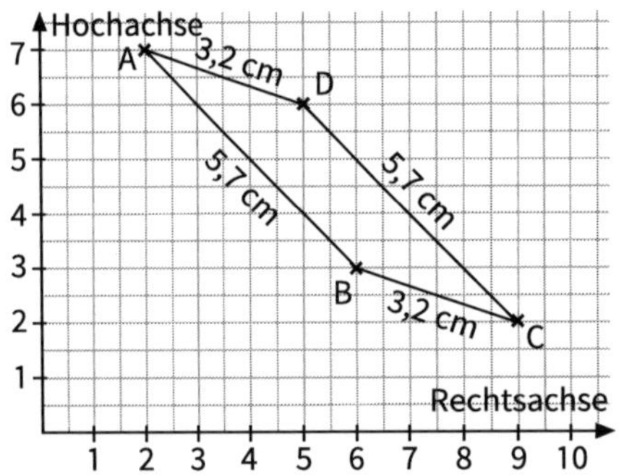

c) D(3|9); Rechteck; $u = 2 \cdot 6{,}3\,\text{cm} + 2 \cdot 3{,}2\,\text{cm} = 19{,}0\,\text{cm}$

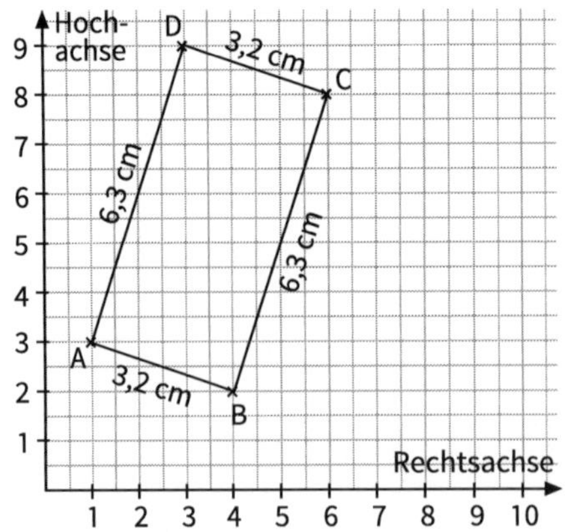

159 **31. d)** D(5|1); Raute; u = 4 · 5 cm = 20 cm

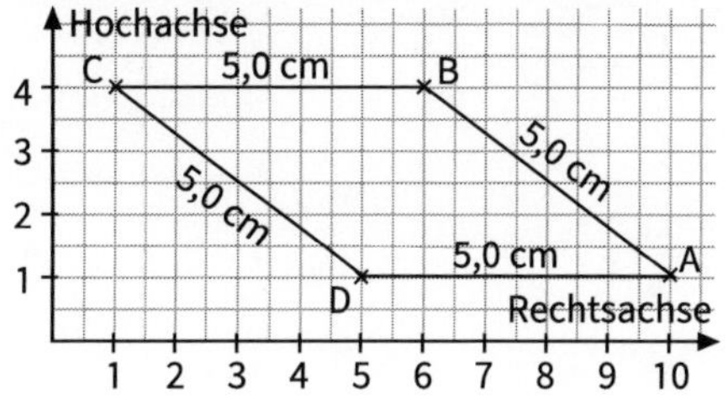

160 **32.** Maße für eine Karolänge von 5 mm.

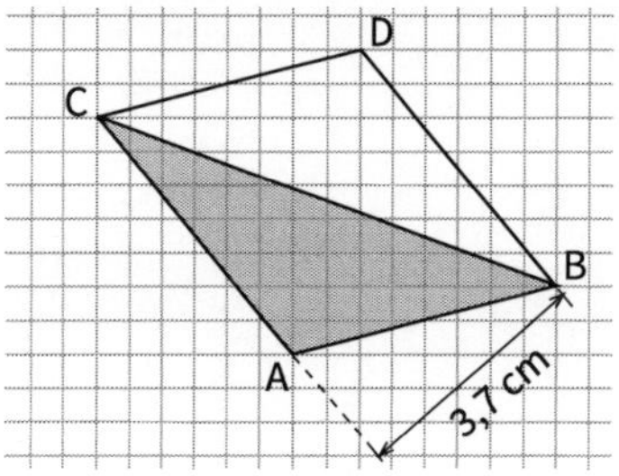

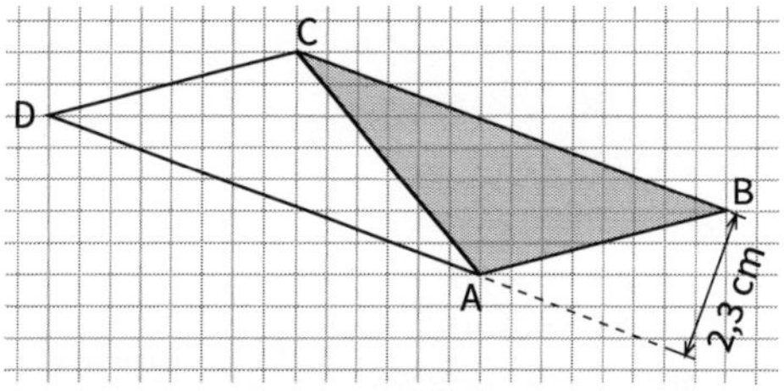

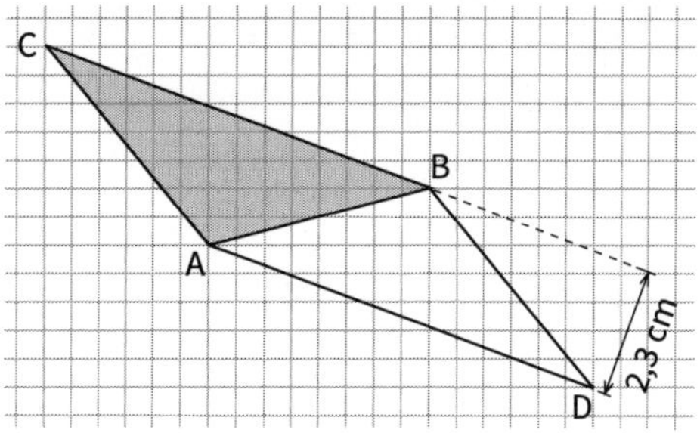

33. a) C(6|6); D(3|6) **b)** C(2|4); D(2|1)

34. a) 24 cm : 2 = 12 cm; 12 cm – 4 cm = 8 cm; Die andere Seite ist 8 cm lang.

b) 18 cm : 4 = 180 mm : 4 = 45 mm = 4,5 cm; Die Seitenlänge des Quadrats beträgt 4,5 cm.

c) 12 cm : 2 = 6 cm; 6 cm – 4 cm = 2 cm; Die andere Seite ist 2 cm lang.

160 **34. d)** 14 cm : 4 = 140 mm : 4 = 35 mm = 3,5 cm; Die Seitenlänge der Raute beträgt 3,5 cm.

Beispiele:

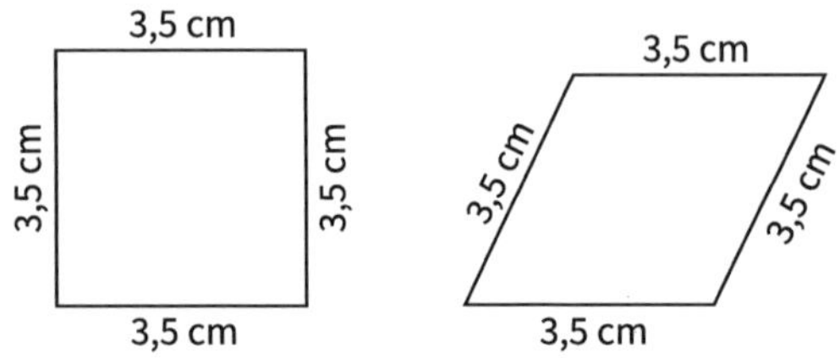

35. Boden: Rechteck mit den Seitenlängen 4,5 cm und 3,5 cm.
Vorderwand: Rechteck mit den Seitenlängen 4,5 cm und 2,0 cm.
Seitenwand: Rechteck mit den Seitenlängen 3,5 cm und 2,0 cm.

36. a) Ein Parallelogramm, das keinen rechten Winkel besitzt und dessen Seiten nicht alle gleich lang sind.

b) Ein Quadrat ist ein Parallelogramm, das sowohl ein Rechteck als auch eine Raute ist.

37. a) **b)** **c)** **d)**

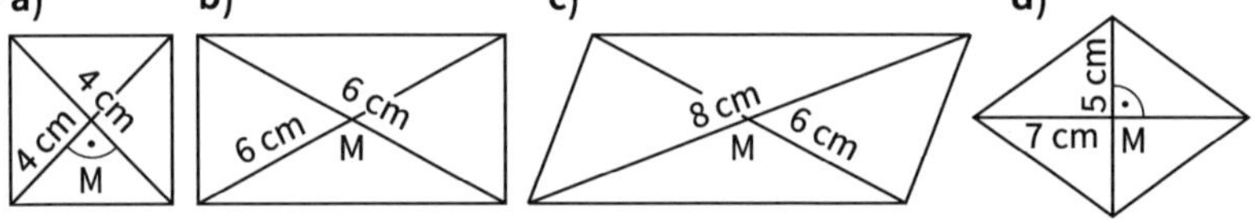

e)

Quadrat:	orthogonal zueinander; halbieren sich; gleich lang
Raute:	orthogonal zueinander; halbieren sich
Rechteck:	gleichlang; halbieren sich
Parallelogramm:	halbieren sich

38. –

39. 15 Parallelogramme: ABFE, ABIH, ACGE, BCFE, BCGF, BDGE, CDGF, CDIH, EFIH, FGIH, BFHE, BIJE, CGIF, CGJH, FIJH

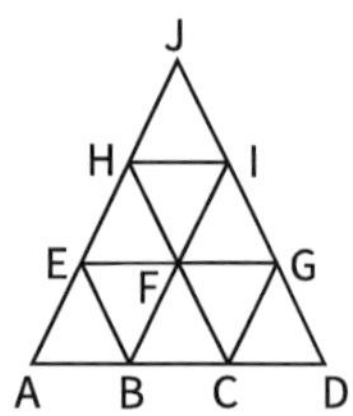

Im Blickpunkt: Eigenschaften besonderer Vierecke mit einem Dynamischen Geometrie-System (DGS) erforschen

161 1. –

2. –

3. a) Beim Rechteck, also auch beim Quadrat, sind die Diagonalen gleich lang.
   b) Die Diagonalen beim Parallelogramm, also auch beim Rechteck, bei der Raute, beim Quadrat, halbieren sich.

4. Auch bei der Raute sind die Diagonalen orthogonal zueinander.

3.4 Netz- und Schrägbild von Quader und Würfel

3.4.1 Herstellen von Quader und Würfel aus einem Netz

162 **Einstieg:**
Keine Lösungen

163 2. Jeweils 4 Strohhalme müssen gleich lang sein. Alle Strohhalme, die an einer Ecke zusammentreffen, müssen orthogonal zueinander sein.

164 3. a) Ziegelstein, CD-Hülle, Blatt Papier, Würfel
   b) Suppenwürfel usw.
   c) Nein, in der Regel ein Quader, aber selten ein Würfel.

4. Quader hat insgesamt 12 Kanten. Die Kanten wurden doppelt gezählt.

5. –

6. a) *Beispiele:*

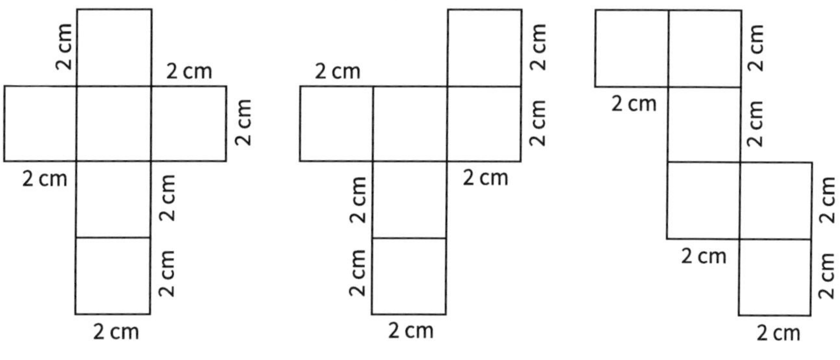

164 **6.** **b)** *Beispiele:*

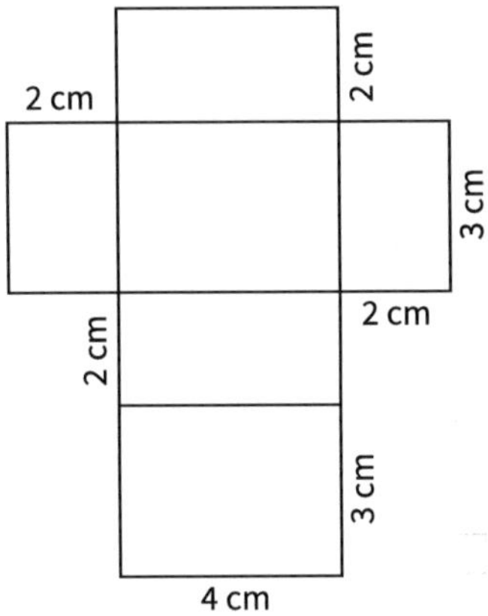

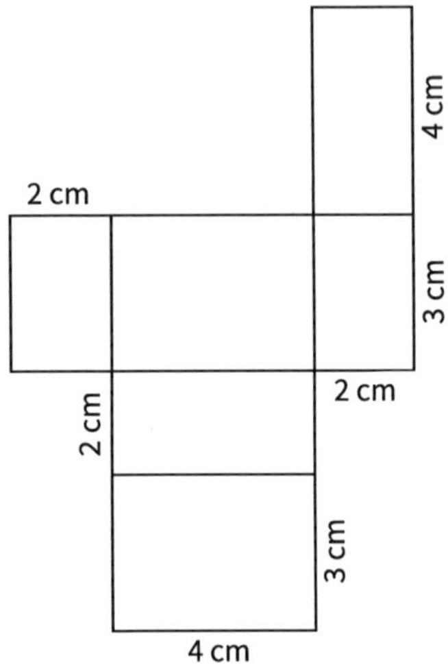

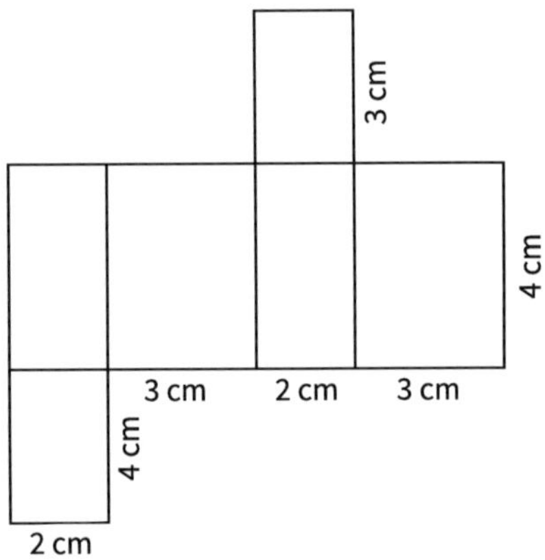

7. **a)** Die Netze (1), (3) und (4) sind Würfelnetze. Bei Netz (2) fallen zwei Seitenflächen übereinander.

b) **(1)**

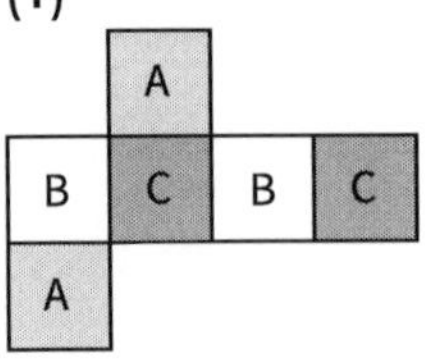

(3)

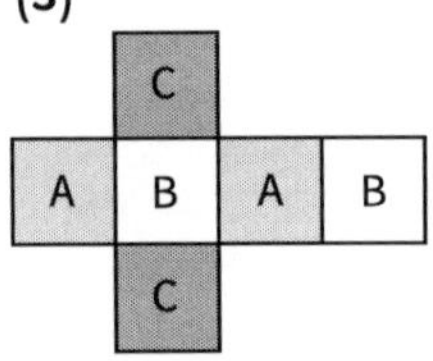

(4)

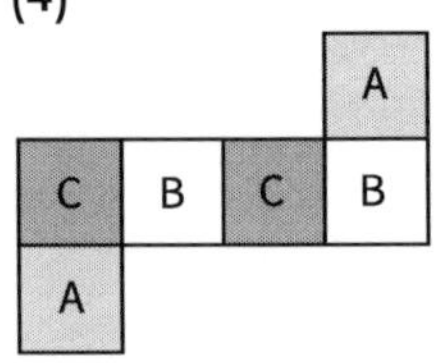

c) **(1)**

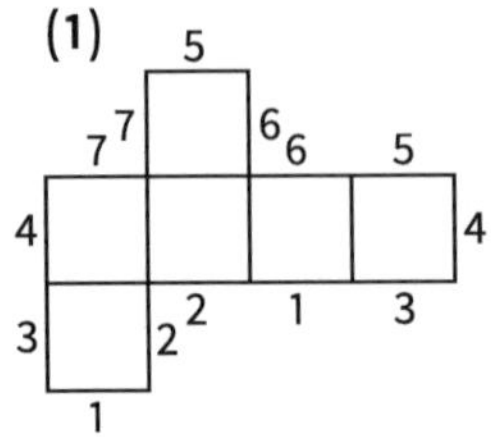

(3)

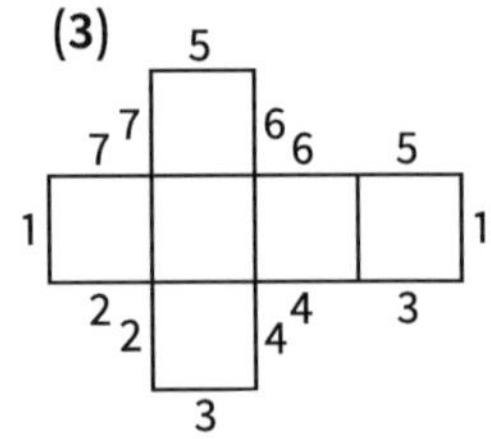

(4)

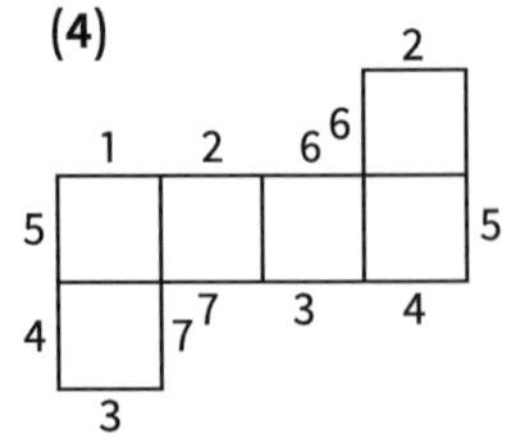

164 **8.** Insgesamt gibt es 20 verschiedene Würfelnetze, wenn man das Umklappen der Netze nicht zulässt. Bei 18 Würfelnetzen kann man je zwei Netze durch Umklappen auseinander erhalten. Wenn man das Umklappen erlaubt, was bei ausgeschnittenen Netzen selbstverständlich ist, gibt es nur $2 + 9 = 11$ verschiedene Würfelnetze.
Würfelnetze, die man durch Umklappen auseinander erhält, sind in den Bildern mit einem Doppelpfeil gekennzeichnet.

165 **9.** *Beispiele:*

(1)

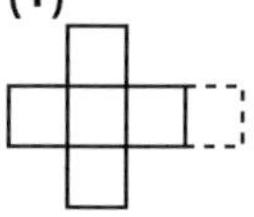

(2)

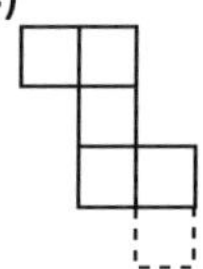

(3)

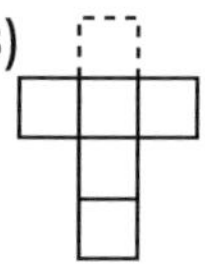

(4)

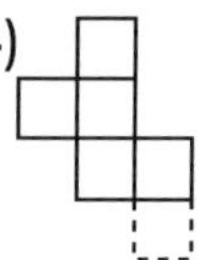

10. a) (1), (3) und (4)

b) (1)

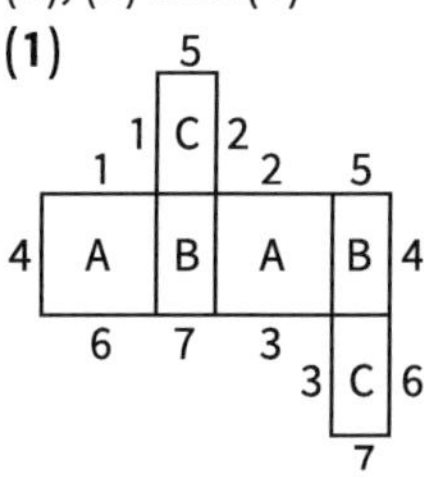

(3)

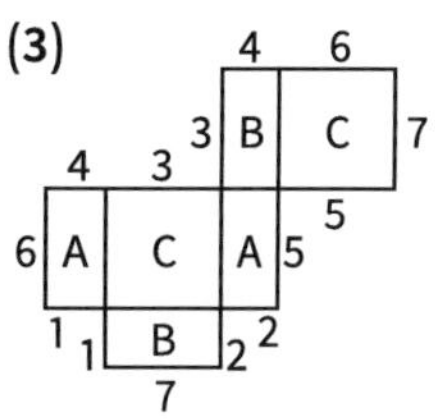

(4)

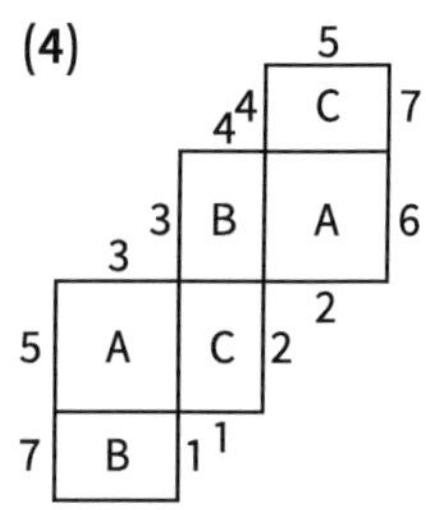

165 **11.** a) und b)

(1)

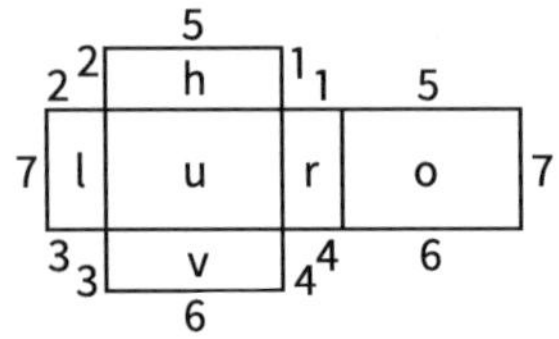

(2)

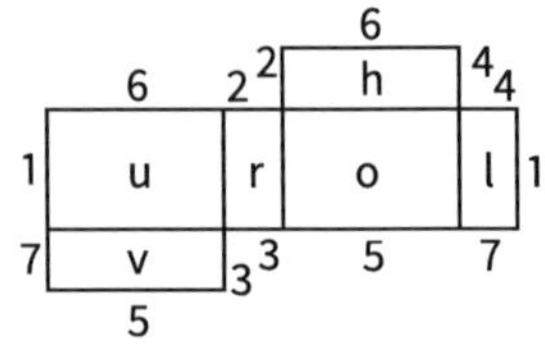

(3)

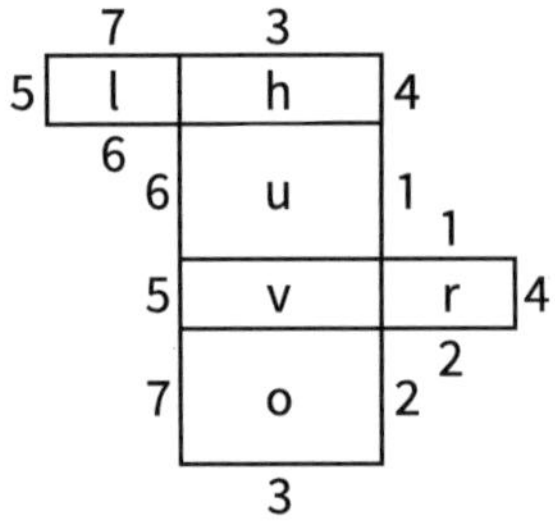

(4)

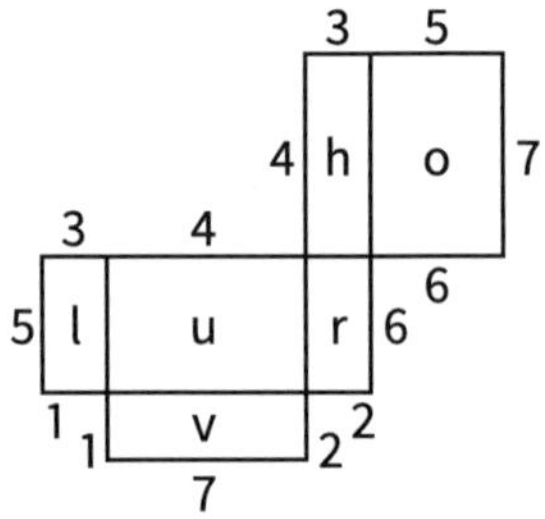

12.

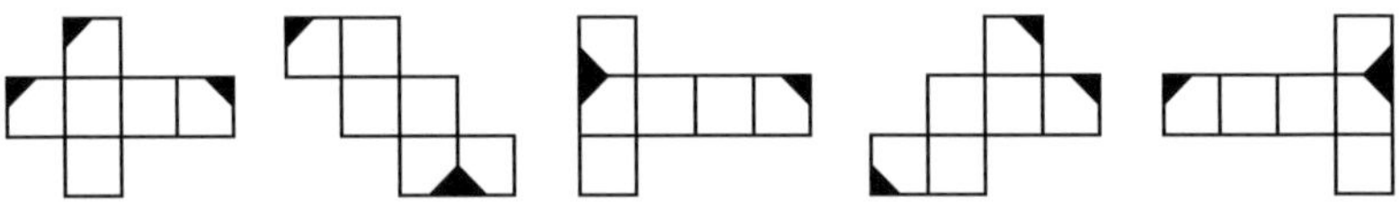

Das kann ich noch!

A) **1)** 5,65 m + 25 cm = 565 cm + 25 cm = 590 cm = 5,90 m

2) 12 kg : 500 g = 12 000 g : 500 g = 24

3) 45 min · 6 = 270 min = 4 h 30 min

4) 86,4 km : 4 = 86 400 m : 4 = 21 600 m = 21,6 km

5) 12 t – 3 500 kg = 12 000 kg – 3 500 kg = 8 500 kg = 8,5 t

6) 210 mm · 200 = 42 000 mm = 4 200 cm = 42 m

166 **13. a)** 12 · 7 cm = 84 cm [12 · 4,5 cm = 12 · 45 mm = 540 mm = 54 cm]

b) 72 cm : 12 = 6 cm [960 mm : 12 = 80 mm]

14. a) Es müssen 12 Drahtstücke hergestellt werden. In den Ecken stoßen keine gleich langen Kanten aneinander.

b) 6 cm: 4 Stücke; 4 cm: 4 Stücke; 2 cm: 4 Stücke

c) Der benötigte Draht muss insgesamt 48 cm lang sein.

15. a) [60 cm – 4 · (7 cm + 3 cm)] : 4 = 5 cm; Der Quader ist 5 cm hoch.

b) [60 cm – 4 · (8 cm + 5 cm)] : 4 = 2 cm; Der Quader ist 2 cm breit.

c) [60 cm – 4 · (4 cm + 2 cm)] : 4 = 9 cm; Der Quader ist 9 cm lang.

16. 32 cm Draht:

4 cm lang	5 cm lang	1 cm lang	2 cm lang	2 cm lang
3 cm breit	2 cm breit	1 cm breit	3 cm breit	2 cm breit
1 cm hoch	1 cm hoch	6 cm hoch	3 cm hoch	4 cm hoch

166 **16.** Fortsetzung

52 cm Draht:

5 cm lang	4 cm lang	11 cm lang	10 cm lang	8 cm lang
6 cm breit	5 cm breit	1 cm breit	2 cm breit	3 cm breit
2 cm hoch	4 cm hoch	1 cm hoch	1 cm hoch	2 cm hoch

17. Insgesamt sind die drei Kanten 96 cm : 4 = 24 cm lang.

Mittlere Kante: 8 cm Kurze Kante: 4 cm Lange Kante: 12 cm

3.4.2 Schrägbild von Quader und Würfel

Einstieg:

Keine Lösung

167 **1.** Die nach hinten verlaufenden Kanten schräg nach links zeichnen.

168 **2. a)** Marias Zeichnung

b)

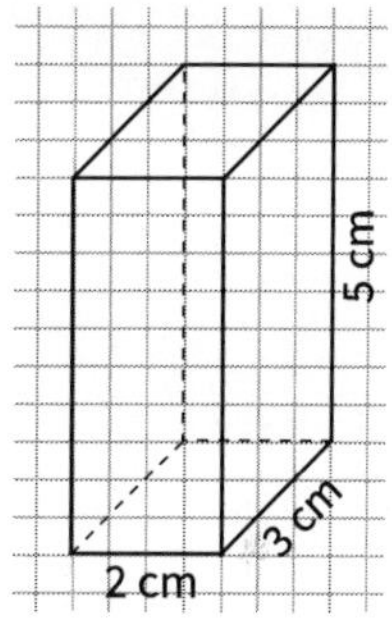

3. a)

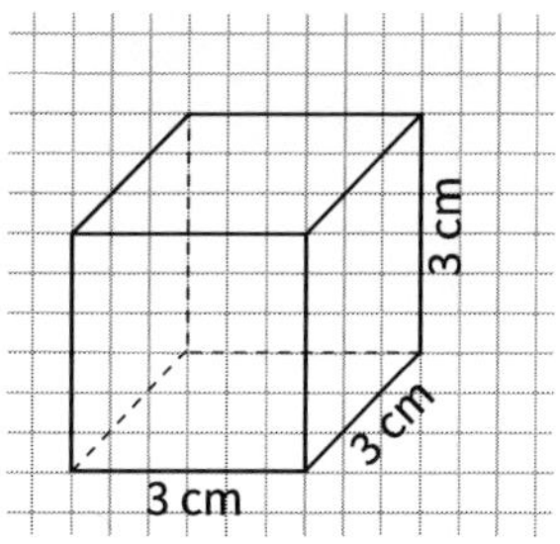

b)

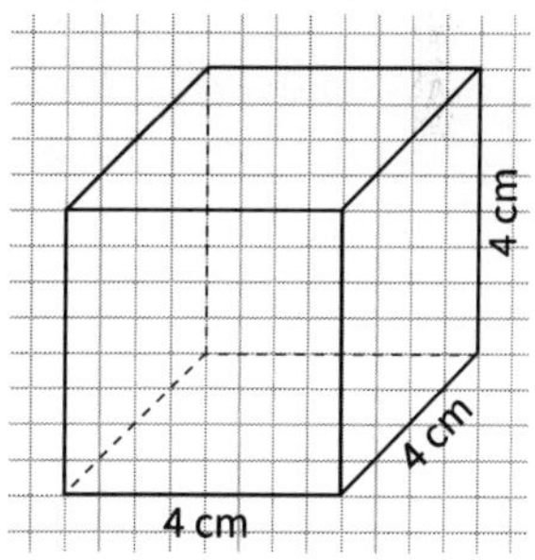

c)

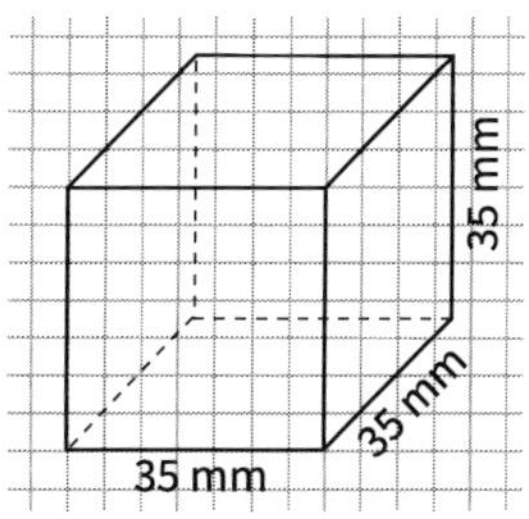

d)

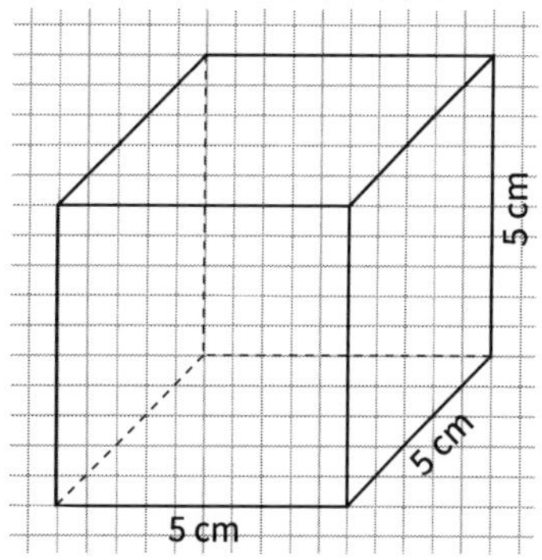

168

4. a)

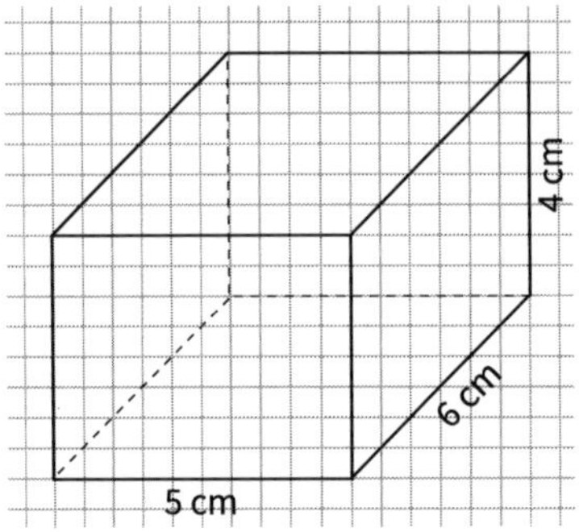

b)

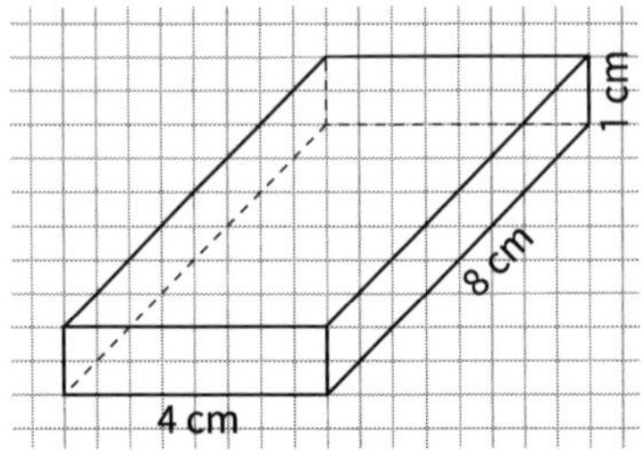

c)

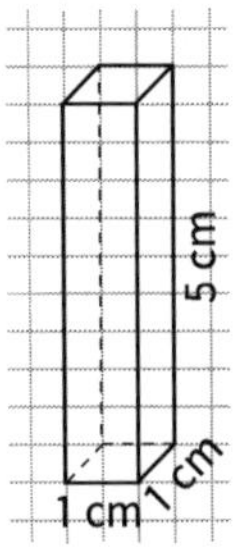

d)

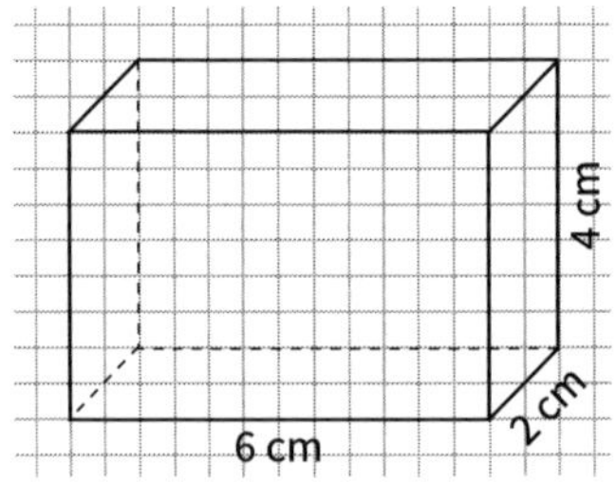

5.

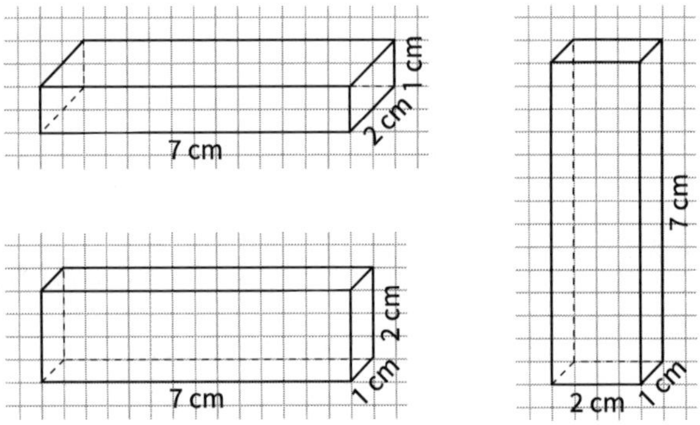

6. a)

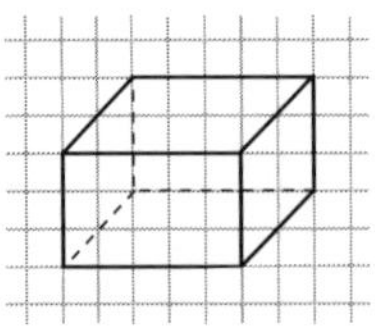

b)

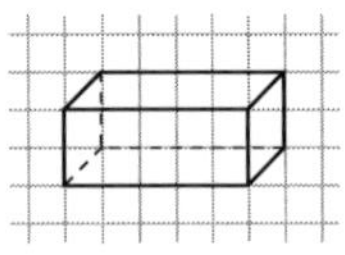

c)

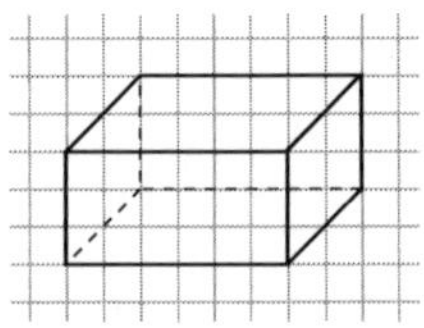

d)

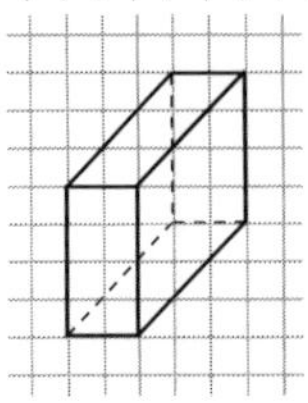

e)

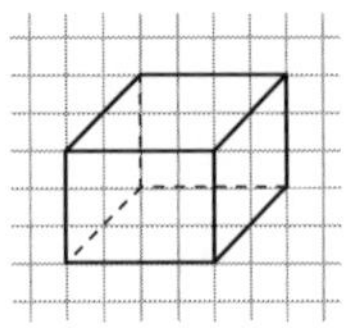

168 **7.** **a)** Man sieht ihn von rechts oben:

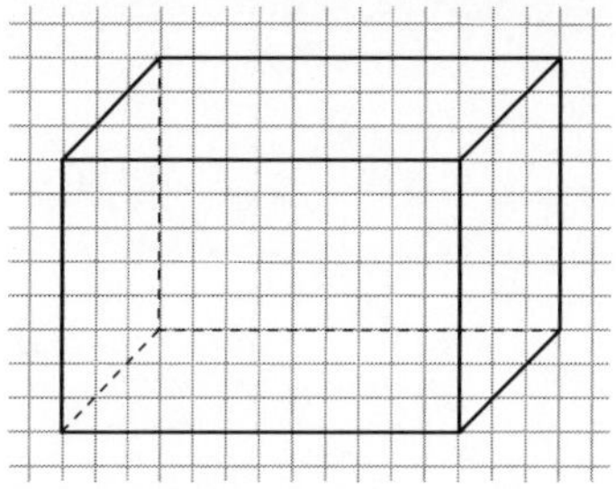

b) Man sieht ihn von rechts unten.

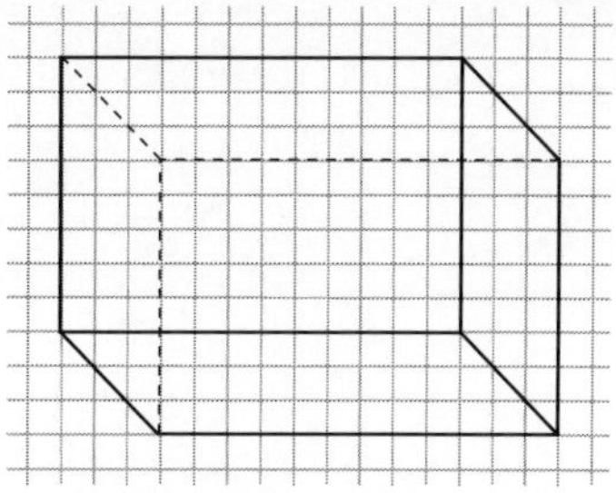

c) Man sieht ihn von links unten.

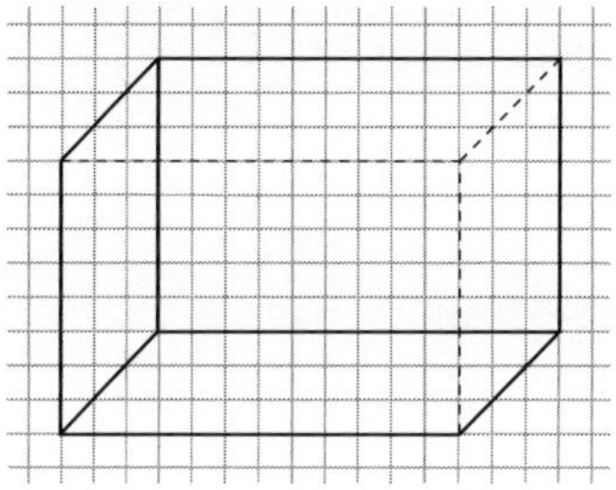

d) Man sieht ihn von links oben.

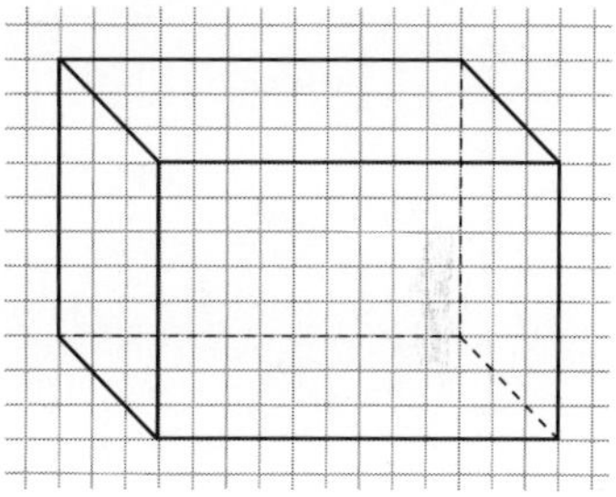

8. **a)** Nicht alle zueinander orthogonale Kanten sind im Schrägbild orthogonal zueinander, z. B. sind die schräg nach links hinten verlaufenden Kanten nicht orthogonal zu den Kanten der Vorderfläche.

b) Zueinander parallele Kanten eines Quaders sind auch im Schrägbild parallel zueinander.

9. Im Schrägbild sind die vordere und die hintere Fläche des Quaders wieder Rechtecke. Die anderen Flächen werden als Parallelogramme gezeichnet.

169 **10.** –

11. *Beispiele:*

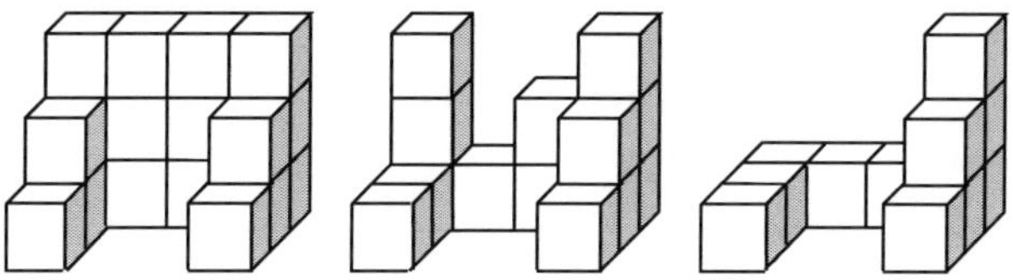

3.4.3 Vermischte Übungen

169 **1.** **a)** (1) $12 \cdot 4\,\text{cm} = 48\,\text{cm}$ (2) $12 \cdot 6\,\text{cm} = 72\,\text{cm}$

b) (1)

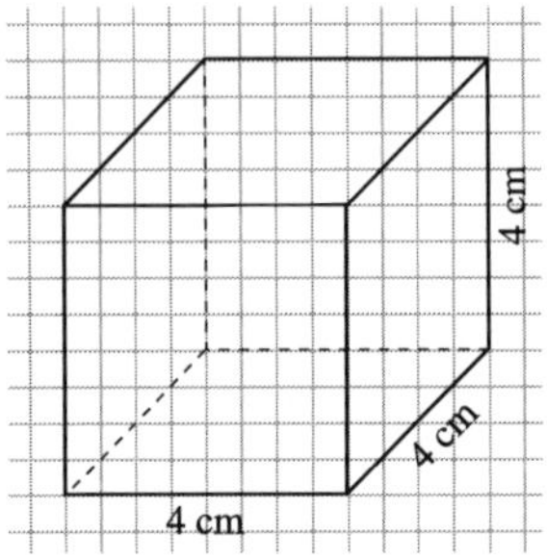

(2)

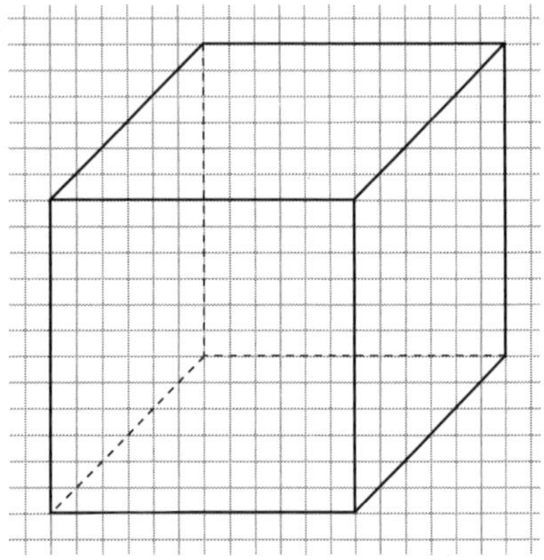

c) und **d)** Siehe Bilder (verkleinert)

(1)

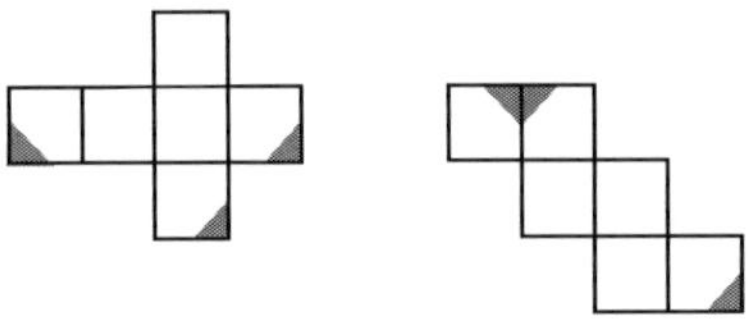

(2)

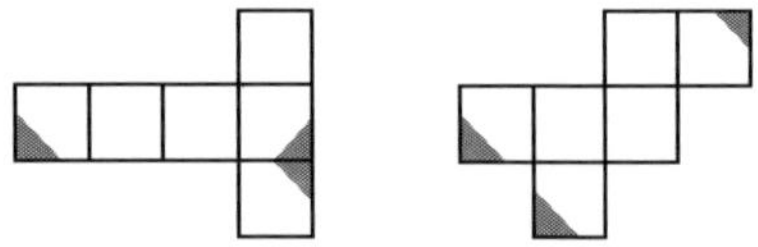

2. *Beispiele:*

a)

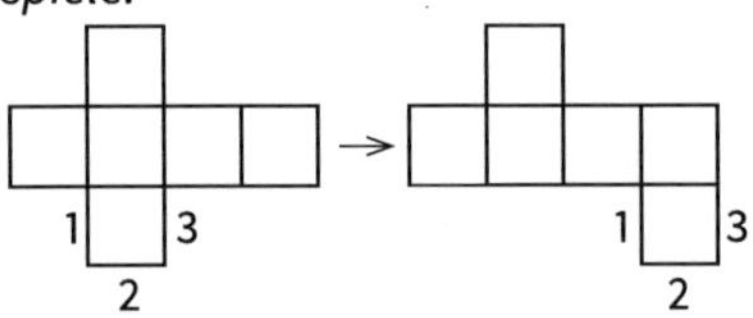

b)

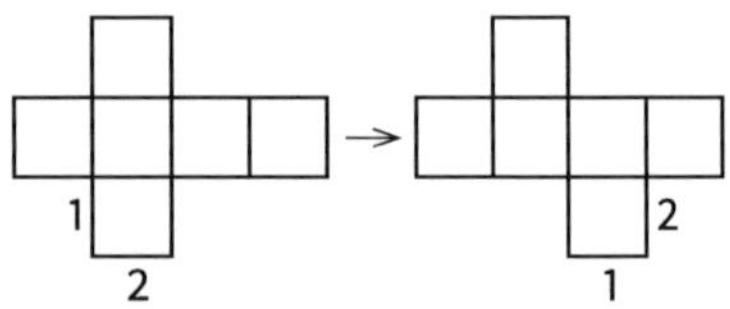

3.

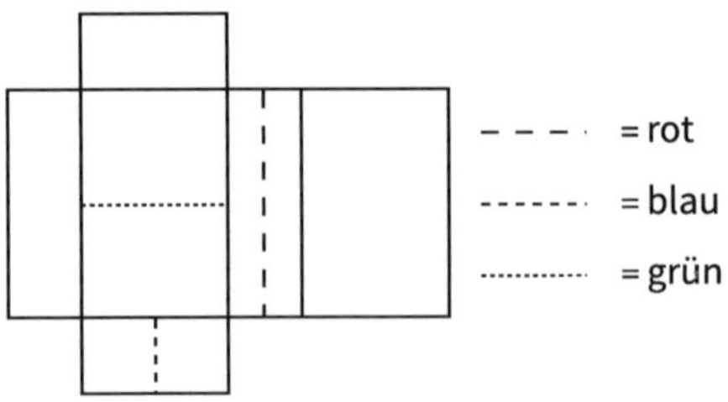

169 **4.**

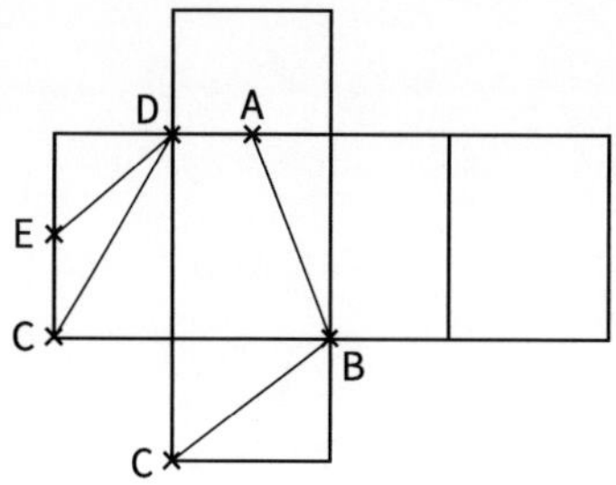

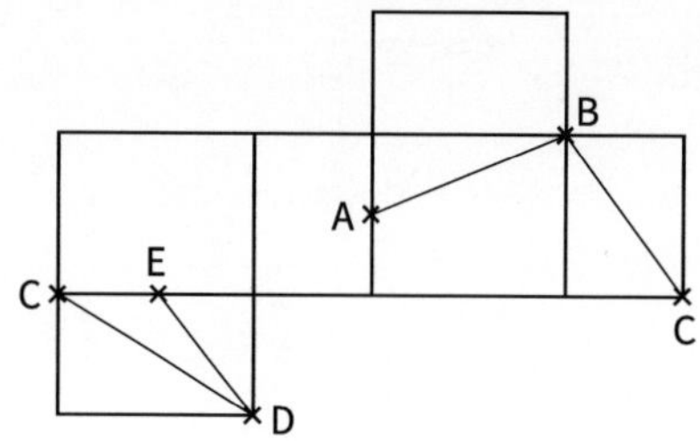

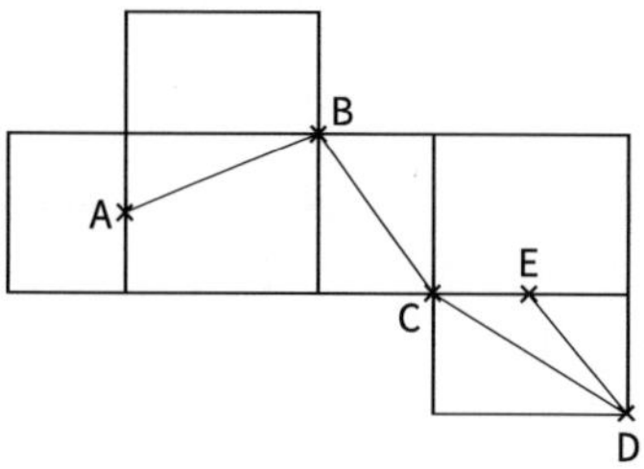

170 **5. a)**

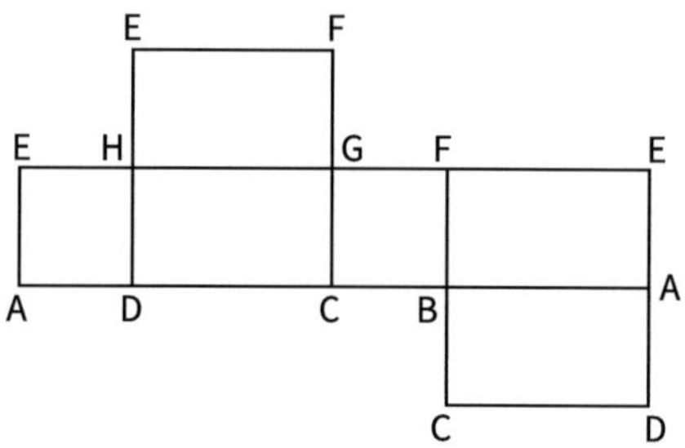

b)

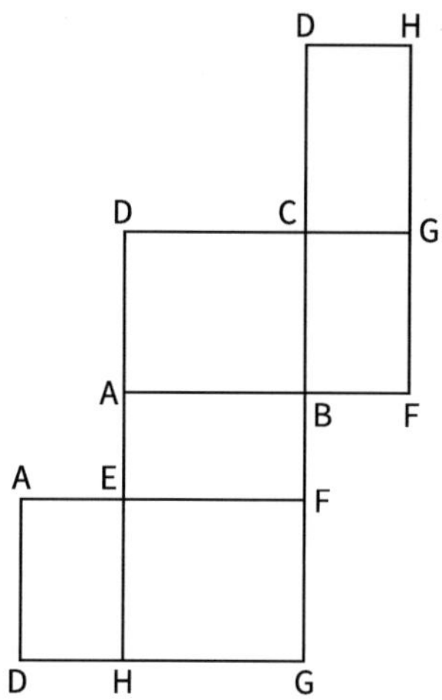

170 **5. c)**

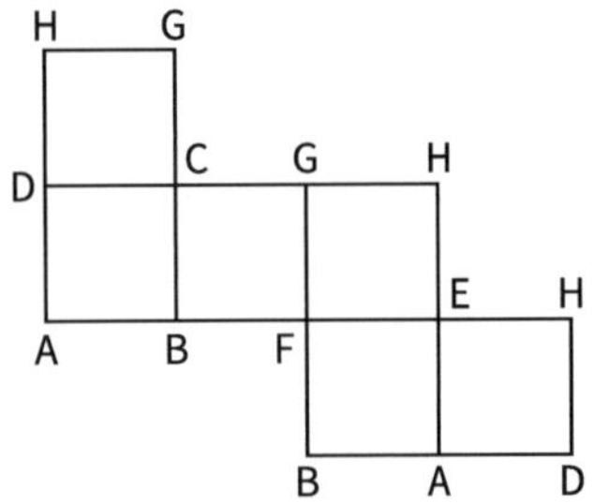

d)

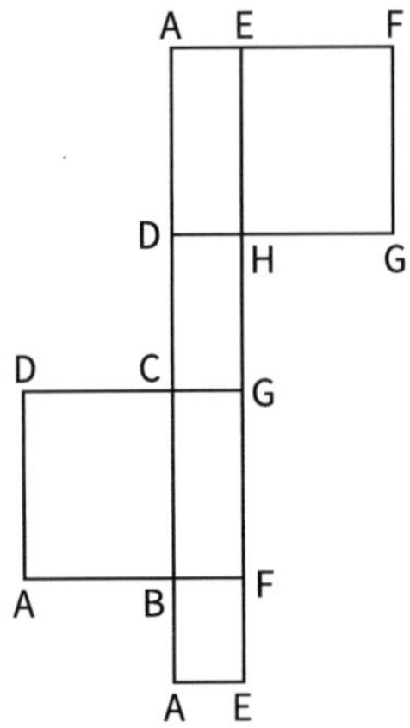

6. **(1)** Nur die Vorder- und Rückseite sind auch im Schrägbild Quadrate.
Die anderen quadratischen Seitenflächen werden im Schrägbild als Rauten dargestellt.

(2) Parallel zur Zeichenebene verlaufende Kanten erscheinen im Schrägbild in wahrer Länge. Die nach hinten verlaufenden Kanten werden verkürzt.

(3) Zueinander parallele Kanten am Würfel sind auch im Schrägbild zueinander parallel.
Aber nicht alle Kanten, die am Würfel orthogonal zueinander sind, sind auch im Schrägbild orthogonal zueinander.

7. a)

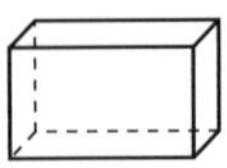

b)

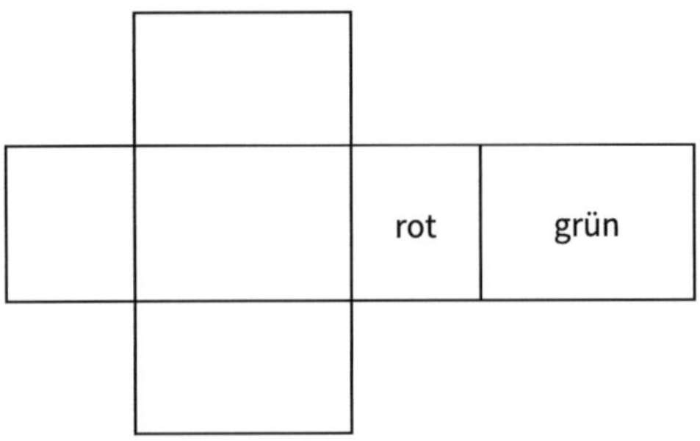

170 **7.** c) 

d) 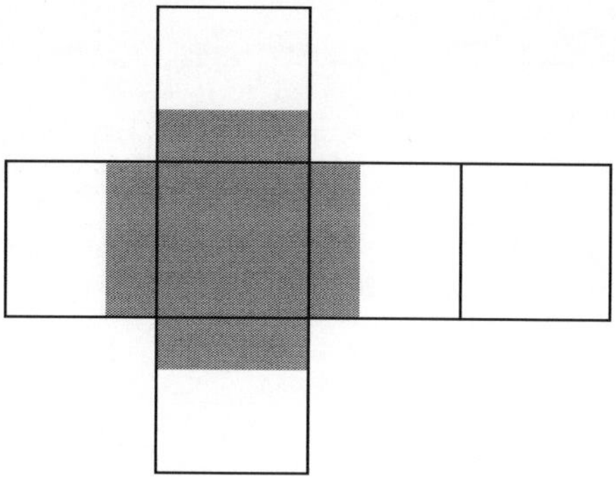

e) 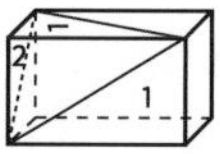

1 = grün
2 = gelb

f) 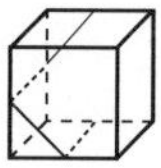

g) 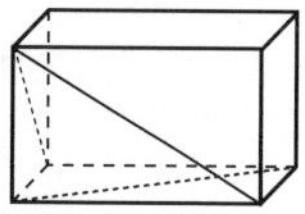

8. a) 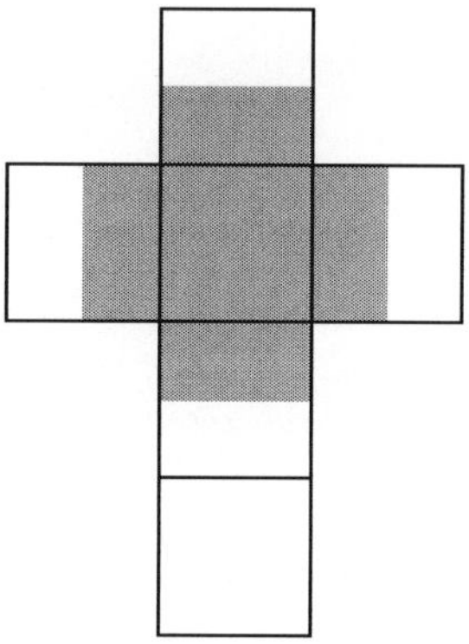

b) 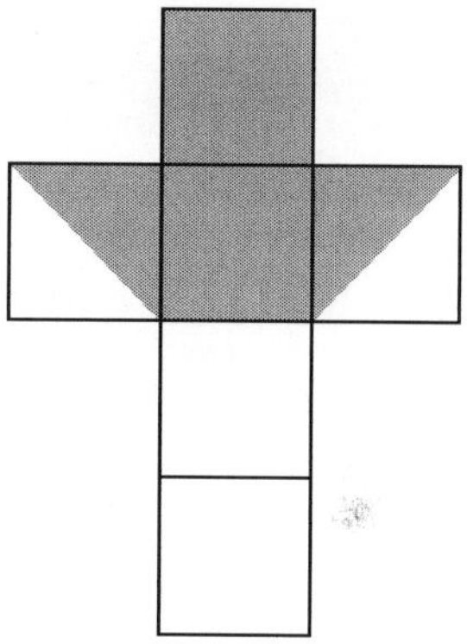

c) 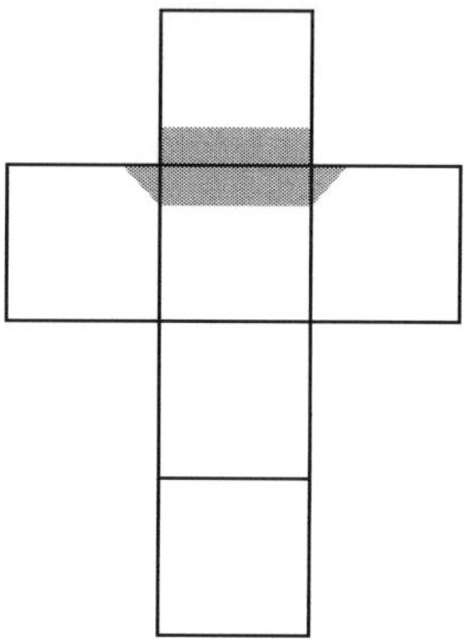

9. Ein Tetraeder ist eine Pyramide mit dreiseitiger Grundfläche, deren 6 Kanten alle gleich lang sind.
Länge des Silberdrahts: $6 \cdot 1{,}5\,\text{cm} + 3\,\text{cm} = 6 \cdot 15\,\text{mm} + 30\,\text{mm} = 120\,\text{mm} = 12\,\text{cm}$
1 cm Silberdraht kostet 5 ct.
$12 \cdot 5\,\text{ct} = 60\,\text{ct} = 0{,}60\,€$
Ein Ohranhänger kostet 0,60 €. 1 Paar kostet 1,20 €.

170 10.

Im Blickpunkt: Anzahl von Ecken, Flächen und Kanten erforschen

171 1. a) Es gibt insgesamt 20 Möglichkeiten, das Netz dieses Würfels zu zeichnen (siehe Lösung zu Aufgabe 8 auf Seite 164 des Schülerbandes). Die Klebefalze kann man dann noch unterschiedlich anbringen.

b) Der Würfel hat 12 Kanten und 6 Flächen. Im Netz sind zwei Flächen immer durch eine Kante verbunden, also insgesamt 5 Kanten für die 6 Flächen. $12 - 5 = 7$ Kanten wurden also aufgeschnitten. Man benötigt zum Zusammenfügen also 7 Klebefalze.

2. Man benötigt 4 Falze. Die Pyramide hat 5 Flächen und 8 Kanten. Im Netz werden die 5 Flächen durch 4 Kanten verbunden. 4 Kanten werden aufgeschnitten. Beim Zusammenfügen benötigt man hierfür 4 Klebefalze.
Beispiele:

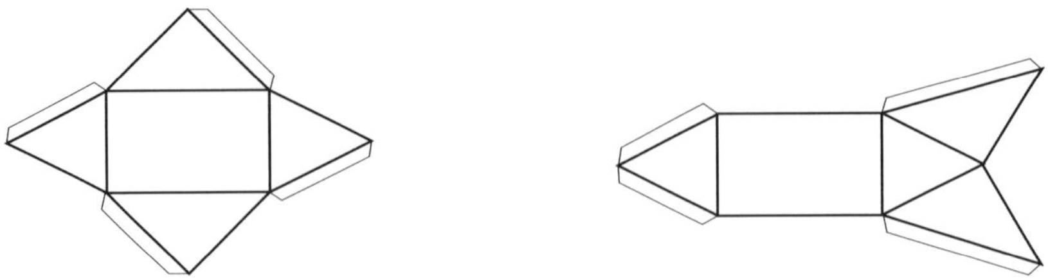

171 **3.**

Körper	Zahl der Ecken e	Zahl der Flächen f	Zahl der Kanten k	Zahl der Falze z
Würfel, Quader	8	6	12	7
Vierseitige Pyramide	5	5	8	4
Dreiseitige Pyramide	4	4	6	3
Prisma mit sechseckiger Grundfläche	12	8	18	11

4. Beim dritten Schnitt erreicht man 4 Ecken mit 3 Kanten, usw. Man erreicht also immer eine Ecke mehr als die Anzahl der Schnitte, die durchgeführt wurden. Die Anzahl der Schnitte ist also immer um 1 kleiner als die Anzahl der Ecken:
$z = e - 1$
Um den Körper wieder zusammenzusetzen benötigt man für jede aufgeschnittene Kante einen Klebefalz. Die Anzahl der Schnitte ist also gleich der Anzahl der Klebefalze.

5. Der Quader wurde an 7 Kanten aufgeschnitten und hängt an 5 Kanten zusammen.

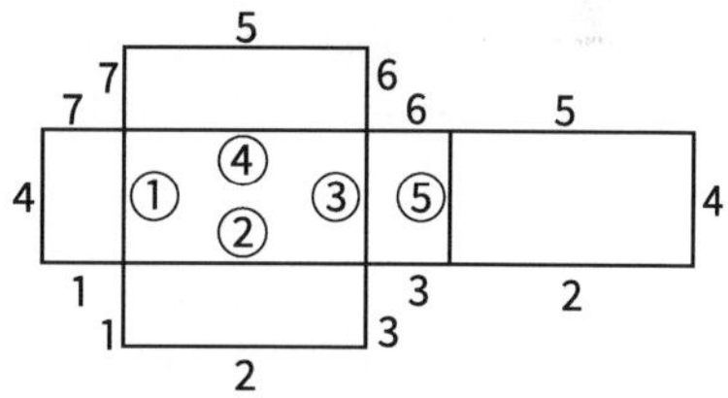

172 **6.** Baut man das Netz schrittweise aus den Flächen auf, so hängen die ersten beiden Flächen an einer Kante zusammen. Die dritte Fläche darf dann nur eine Kante einer bisherigen Fläche berühren, da sich sonst das Netz nicht zu einem Körper zusammenfalten lässt.
Die Anzahl dieser Kanten ist also um 1 kleiner als die Anzahl der Flächen der Körper.
Aus Aufgabe 4 wissen wir, dass auch die Anzahl der Kanten, an denen der Körper aufgeschnitten wurde, um 1 kleiner ist als die Anzahl der Ecken.
Die Anzahl aller Kanten ist also um 2 kleiner als die Summe aus der Anzahl der Ecken und der Anzahl der Flächen.

7.

Körper	Ecken	Flächen	Kanten
Quader, Würfel	8	6	12
Haus mit pyramidenförmigen Dach	9	9	16
Vierseitige Pyramide	5	5	8
„Ball“	60	32	90
Doppelpyramide	6	8	12

172 8. a) Nein; das ginge nur, wenn man Grund- und Deckfläche von den äußeren zu den inneren Eckpunkten zerschneiden könnte, aber das sind keine Kanten des Körpers. Man kann Grund- und Deckfläche also so nicht zerschneiden.

b) Anzahl der Ecken: 16
Anzahl der Flächen: 10
Anzahl der Kanten: 24

c) Zum Beispiel: Höhe 1 cm statt 2 cm

d)

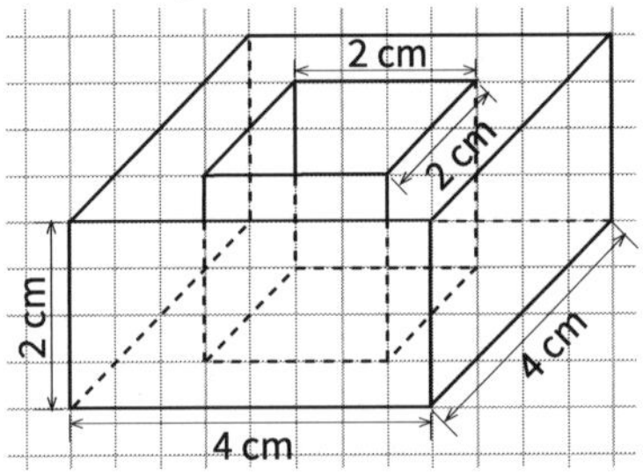

3.5 Aufgaben zur Vertiefung

173 1. a) Siehe Bild.
b) Es entsteht wieder ein Quadrat (siehe Bild).
c) Siehe Bild.
d) Siehe Bild.
e) Es entsteht ein räumlicher Eindruck (z. B. Rohr mit quadratischem Querschnitt).

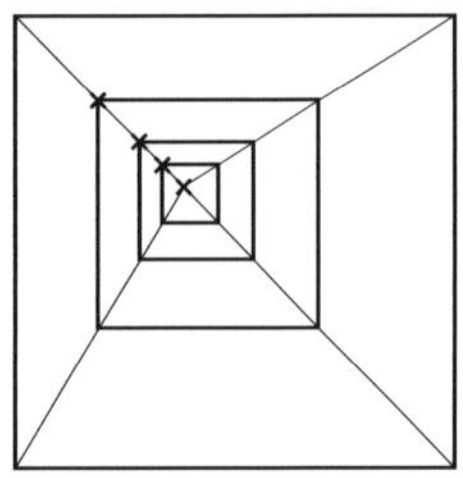

2. a) Siehe Bild.
b) Es entsteht ein Rechteck (siehe Bild).
c) Siehe Bild.
d) Die Umfänge der beiden Rechtecke sind gleich groß. Die Verkürzung der längeren Seite des ersten Rechtecks ist genauso groß wie die Verlängerung der kürzeren Seite des Rechtecks (siehe Bild).

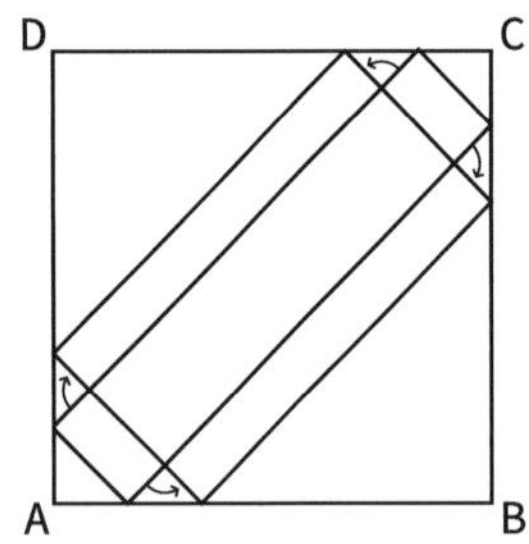

3. a) Siehe Bild.
b) Es entsteht ein Quadrat mit der Seitenlänge 4 cm.
c) Es entsteht ein räumlicher Eindruck.
Man sieht spiralförmig in das Quadrat hinein.

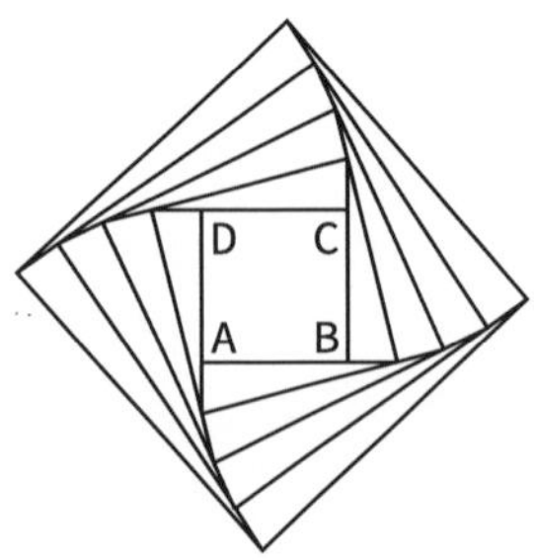

173 **4. a)** Zeichne die drei Punkte A, B und C.
Konstruiere die Parallele zu AB durch C.
Konstruiere die Parallele zu BC durch A.
Der Schnittpunkt der beiden Parallelen ist der vierte Eckpunkt D.

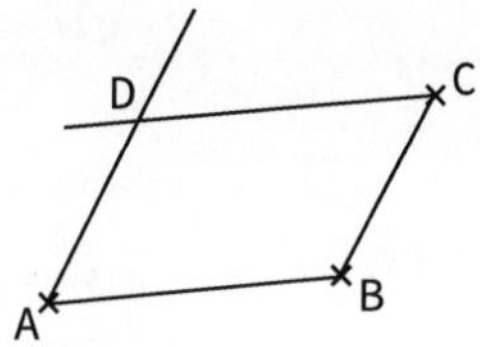

b) Konstruktion wie in Teilaufgabe a).
Beim Rechteck und beim Quadrat kann man auch die Orthogonalen statt der Parallelen zeichnen.
Beim Rechteck muss man C so zeichnen, dass BC orthogonal zu AB ist.
Beim Quadrat muss man C so zeichnen, dass
BC orthogonal zu AB ist und AB und BC gleich lang sind.

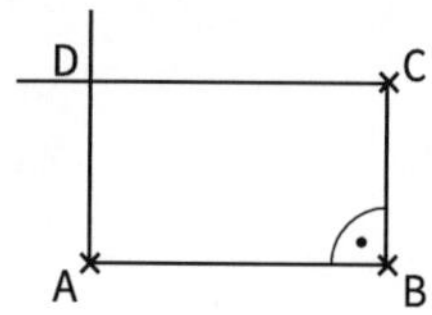

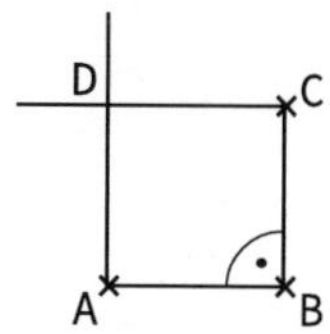

Bei der Raute muss man C so zeichnen, das AB und BC gleich lang sind.

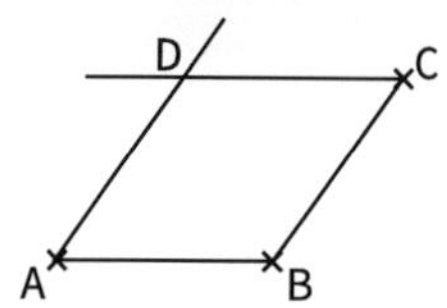

5. Die Punkte Q_1 bis Q_5 haben jeweils den gleichen Abstand.

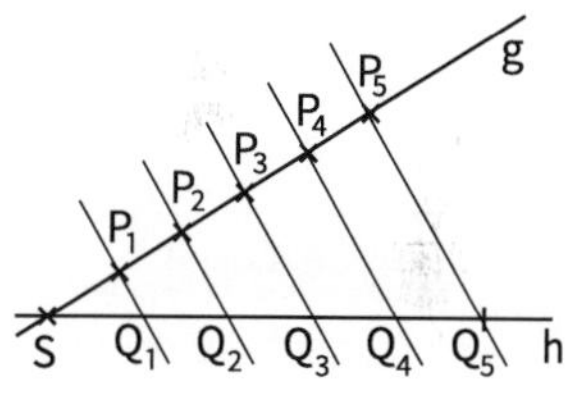

6. a) Falsch; jede Raute hat 4 gleich lange Seiten.
b) Falsch; z.B. hat jede Raute zueinander orthogonale Diagonalen.
c) Richtig; in allen Rechtecken sind die Diagonalen gleich lang.
d) Falsch; nur Rauten, die Quadrate sind, haben gleich lange Diagonalen.
e) Richtig; alle Quadrate sind Rechtecke mit gleich langen Seiten.
f) Richtig; s. Bild.

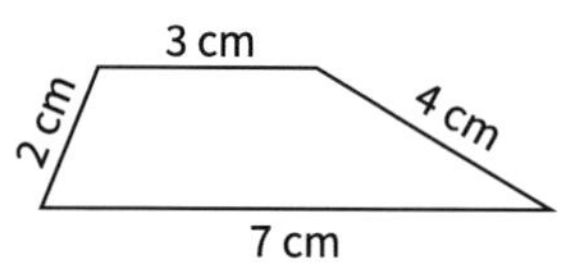

Im Blickpunkt: Präsentieren von Plakaten

174 Keine Lösungen zu den Seiten 174 und 175

4. Flächen- und Rauminhalte

179 **Einstiegsseite:**

→ *Rechteckige Fliesen*
Man wird die Fliesen so verlegen, dass man keine Fliesen zerschneiden muss, also die 40 cm entlang der Länge und die 60 cm entlang der Breite der Terrasse. In die Länge passen dann 10 Fliesen, davon füllen 5 Reihen die gesamte Terrasse. Insgesamt sind es also $5 \cdot 10 = 50$ rechteckige Fliesen.
Die Fliesen kosten 477,50 €.

→ *Quadratische Fliesen*
An der langen Seite der Terrasse passen in eine Reihe 8 Fliesen, davon füllen 6 Reihen die gesamte Terrasse aus. Insgesamt sind es also $6 \cdot 8 = 48$ quadratische Fliesen. Die Fliesen kosten 477,60 €.

→ *Beispiel:*

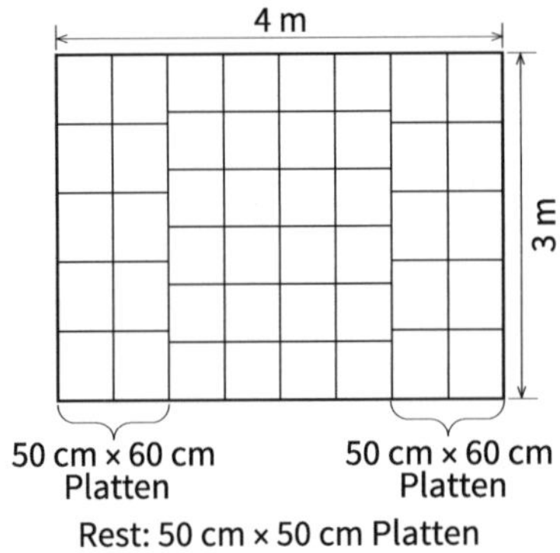

Lernfeld: Wie groß ist …?

180 **1. Auftrag: Wie umläuft man eine möglichst große Fläche?**

→ Man kann die Größe vergleichen, indem man die Anzahl der Karokästchen zählt. Das größte Feld ist ein Quadrat mit der Seitenlänge 6 km.

→ Keine Lösungen

181 **2. Auftrag: Größenvergleich mit dem Geobrett**

→ Ein Quadrat mit der Seitenlänge 4 Nagelreihen ist 9 Kästchen groß. Das linke Dreieck ist halb so groß, also 4 Kästchen und noch ein halbes Kästchen dazu. Die Größe der rechten Figur beträgt 5 Kästchen und noch ein halbes dazu. Sie ist also größer.

→ Keine Lösungen

→ Keine Lösungen

181 **3. Auftrag: Somawürfel**

→ Es sind 27 Würfel.
→ Er hat $8 \cdot 4 + 1 \cdot 3$, also 27 Würfel verarbeitet.
→ Konstantins Aussage ist richtig.
→ Zum Beispiel nach der Anzahl der Würfel, der Höhe, dem „Grundriss", …
→ Keine Lösungen

4.1 Flächenvergleich – Messen von Flächeninhalten

4.1.1 Größenvergleich von Flächen – Begriff des Flächeninhalts

182 **Einstieg:**
Die Form verändert sich, aber alle Figuren haben denselben Flächeninhalt.

2. $u_{\text{Teppichfläche}} = 40\,\text{cm} + 60\,\text{cm} + 40\,\text{cm} + 60\,\text{cm} = 2 \cdot (40\,\text{cm} + 60\,\text{cm}) = 200\,\text{cm}$
$u_{\text{Reststück}} = 30\,\text{cm} + 80\,\text{cm} + 30\,\text{cm} + 80\,\text{cm} = 2 \cdot (30\,\text{cm} + 80\,\text{cm}) = 220\,\text{cm}$
Der Umfang des Reststücks ist größer, obwohl beide Rechtecke denselben Flächeninhalt haben.

183 **3.** a) Nein, (1) ist größer.
b) Ja, beide sind gleich groß.
c) Nein, (2) ist größer.

4. a) Weil die kleinen gelben Dreiecke denselben Flächeninhalt wie die kleinen grünen Dreiecke haben. Es sind jeweils 4 Dreiecke.
b) Man kann die Figur M so zerlegen, dass man es zu einem genauso großen Rechteck wie Figur L zusammenlegen kann (siehe Bild). Man legt Figur 1 auf Figur 1′ und Figur 2 auf 2′.

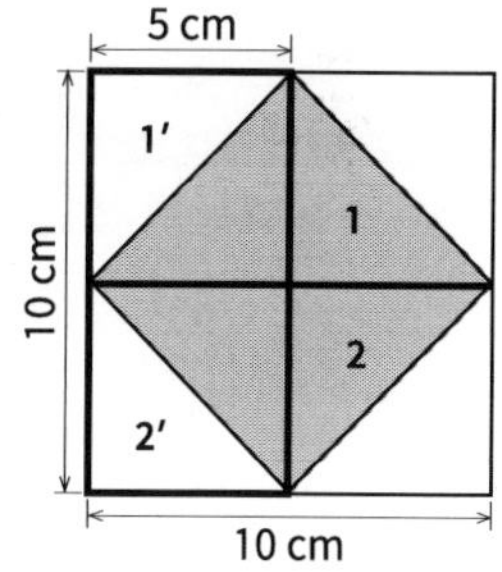

5. Die erste Fliese ist größer. Die zweite Fliese kann man so zerlegen, dass Figur 1 auf Figur 1′ und Figur 2 auf Figur 2′ liegt.

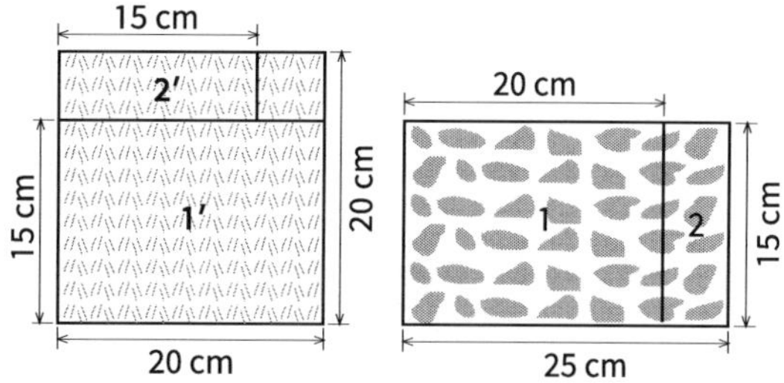

183 6. a) Die Rasenstücke A und B sind gleich groß. Rasenstück C ist kleiner. Für A und B benötigt man also gleich viel Rasensamen, für C etwas weniger.

b) Rasenstück B hat zwar einen größeren Umfang als Rasenstück A, ist aber nicht größer. Die Überlegung von Lukas ist also falsch.
Die dritte Seite von Rasenstück B kann man zeichnerisch ermitteln.
Sie ist ungefähr 57 m lang.
$u_A = 2 \cdot (40\,m + 20\,m) = 2 \cdot 60\,m = 137\,m$
$u_B = 40\,m + 40\,m + 57\,m = 137\,m$

184 7. Wenn man alle Teile benutzt, haben die Figuren immer denselben Flächeninhalt.

4.1.2 Angabe eines Flächeninhalts durch Maßzahl und Einheit – Die Einheit 1 cm²

Einstieg:
Keine Lösungen

186 2. Figur A: 40 Platten Figur C: 50 Platten Figur E: 36 Platten
Figur B: 50 Platten Figur D: 36 Platten
B und C haben denselben Flächeninhalt.
D und E haben denselben Flächeninhalt.

3. a) 6 Dreiecke b) 6 Dreiecke

4. a)

A: 4 KG	D: 4 KG	G: 8 KG	K: 12 KG	N: 4 KG
B: 13 KG	E: 8 KG	H: 8 KG	L: 4 KG	
C: 12 KG	F: 8 KG	I: 9 KG	M: 12 KG	

b)

A: 8 KL	D: 10 KL	G: 18 KL	K: 16 KL	N: 10 KL
B: 16 KL	E: 12 KL	H: 14 KL	L: 10 KL	
C: 14 KL	F: 12 KL	I: 20 KL	M: 16 KL	

c) B und K; B und M; C und H

d) A und D; A und L; A und N; C und K; C und M; E und G; E und H; F und G; F und H; G und H

Das kann ich noch!

A) 1) 456 789 2) 987 654 3) 498 765 4) 897 654

B)

1)	2)	3)	4)
1 000 000	10 000 000	1 000 000	9 000 000
1 235 000	9 877 000	1 000 000	9 091 000
1 234 600	9 876 800	1 000 000	9 090 900
1 234 570	9 876 790	1 000 000	9 090 910

187 **5.** **a)** (1) = $6\,cm^2$ (2) = $3\,cm^2$ (3) = $3\,cm^2$ (4) = $4\,cm^2$

b) Die Fläche hat immer denselben Flächeninhalt, nämlich $6\,cm^2$.
Die Umfänge können verschieden sein.

6. *Beispiele:*

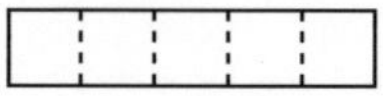

u = 12 cm

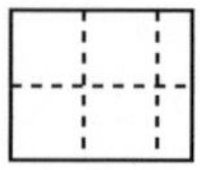

u = 9 cm

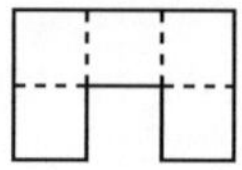

u = 12 cm

7. **a)** Z. B. a = 1 cm; b = 7 cm; u = 16 cm
b) Z. B. a = 10 cm; b = 8 cm; u = 36 cm
c) Z. B. a = 2 cm; b = 5 cm; u = 14 cm
d) Z. B. a = b = 10 cm; u = 40 cm
e) Z. B. a = 5 cm; b = 24 cm; u = 58 cm
f) Z. B. a = 10 cm; b = 16 cm; u = 52 cm

8. **a)** Z. B. a = b = 4 cm
b) Z. B. a = 2 cm; b = 8 cm
c) Z. B. a = b = 3 cm

4.1.3 Weitere Einheiten für Flächeninhalte – Zusammenhänge

Einstieg:

a) Ungefähr $7\,cm^2$.

b) $1\,mm^2$ $1\,cm^2 = 100\,mm^2$ $1\,dm^2 = 100\,cm^2 = 10\,000\,mm^2$

189 **1.** **a)** $1\,a = 100\,m^2$

b) (1) 10 Quadrate mit dem Flächeninhalt 1 a nebeneinander und 10 von diesen Reihen übereinander.
$1\,ha = 10 \cdot 10\,a = 100\,a$

(2) 10 Quadrate mit dem Flächeninhalt 1 ha nebeneinander und 10 von diesen Reihen übereinander.
$1\,km^2 = 10 \cdot 10\,ha = 100\,ha$

2. **a)** $8\,a = 800\,m^2$

b) Zimmerdecke: m^2
Segel: m^2
Querschnittsfläche eines Drahtes: mm^2
Brett: m^2
Äcker: ha
Baugrundstücke: m^2
Gärten: m^2
Bauernhöfe: ha
Staaten (Länder): km^2
große Seen: km^2
Inseln: km^2
Erdteile: km^2

190 **3.** –

4. **a)** $21\,m^2$ **b)** –

190 **5.** **a)** $800\,m^2 = 8\,a$
b) $45\,000\,m^2 = 450\,a$
c) Wiese: 120 m; Acker: 900 m
d) *Beispiel:*

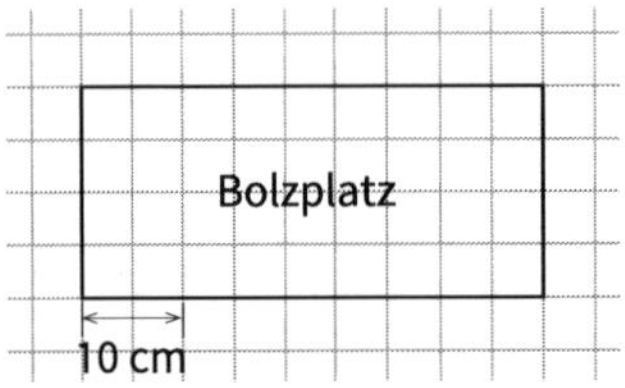

e) *Beispiele:*

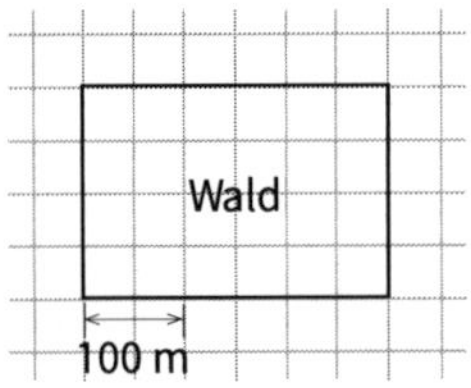

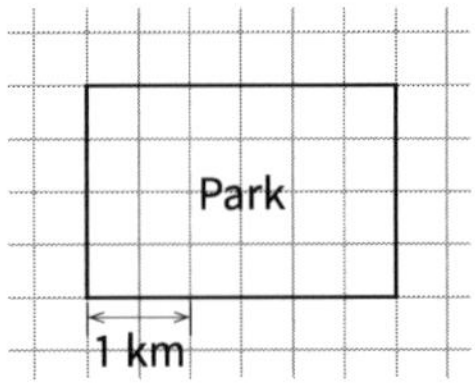

6. Die Diagonale eines Quadrats mit 1 dm Seitenlänge ist etwa 1,4 dm lang. Damit erhält man:
a) $A = 5\,dm^2$; $u = 10\,dm$
b) $A = 5\,dm^2$; $u \approx 8{,}8\,dm$
c) $A = 4\,dm^2$; $u \approx 9{,}6\,dm$
d) $A = 2\,dm^2$; $u \approx 5{,}6\,dm$

7. **(1)** Chiemsee: $80\,km^2$, also etwa 8 000 Fußballfelder
(2) Bodensee: $336\,km^2$, also etwa 33 600 Fußballfelder
(3) Laacher See: $3{,}3\,km^2$, also etwa 330 Fußballfelder
(4) Viktoriasee: $68\,870\,km^2$, also etwa 6 887 000 Fußballfelder

191 **8.** **a)** $800\,cm^2$; $1\,500\,cm^2$
b) $500\,dm^2$; $2\,700\,dm^2$
c) $800\,m^2$; $7\,500\,m^2$
d) $800\,mm^2$; $1\,800\,mm^2$
e) 200 a; 3 100 a
f) 300 ha; $43\,000\,000\,m^2$

9. **a)** $38\,dm^2$; $40\,dm^2$
b) $59\,m^2$; $80\,m^2$
c) 4 a; 14 a
d) 30 ha; 17 ha
e) $80\,km^2$; $4\,km^2$
f) $3\,cm^2$; $160\,cm^2$
g) $47\,m^2$; $52\,m^2$
h) 23 ha; 10 ha

10. $16\,000\,a = 1\,600\,000\,m^2 = 160\,ha$

11. **a)** $40\,000\,cm^2$
b) $20\,000\,dm^2$
c) 1 000 000 a
d) $3\,m^2$
e) $5\,cm^2$
f) $7\,km^2$
g) 10 ha
h) $81\,700\,dm^2$
i) $65\,500\,mm^2$
j) $19\,dm^2$
k) $70\,000\,m^2$
l) $30\,000\,cm^2$

191 12. $2\,cm^2$: Briefmarke
$4\,a$: Spielfeld
$150\,m^2$: Haus
$10\,cm^2$: Daumen
$208\,mm^2$: 1 Cent Stück
$4\,m^2$: Garage
$7\,dm^2$: Computer
$600\,m^2$: Reichstagsgebäude
$10\,ha$: Grundstück
$310\,km^2$: München

4.1.4 Umwandeln in andere Einheiten

192 **Einstieg:**
Ungefähr 19 mm lang und 22 mm breit; $A = 418\,mm^2 \approx 4\,cm^2$

193 **2.**

a)	$837\,m^2$ $407\,m^2$	c)	$415\,ha$ $104\,ha$	e)	$1\,509\,m^2$ $2\,635\,m^2$	g)	$302\,ha$ $4\,311\,ha$
b)	$318\,a$ $2448\,a$	d)	$412\,dm^2$ $975\,dm^2$	f)	$809\,a$ $2\,403\,a$	h)	$1\,825\,mm^2$ $803\,cm^2$

3.

a)	$2\,km^2\;60\,ha$ $48\,km^2\;21\,ha$	c)	$48\,a\;23\,m^2$ $2\,a\;\;4\,m^2$	e)	$8\,km^2\;46\,ha$ $10\,km^2\;24\,ha$	g)	$34\,dm^2\;37\,cm^2$ $8\,dm^2\;\;9\,cm^2$
b)	$32\,ha\;50\,a$ $46\,ha\;35\,a$	d)	$8\,ha\;\;3\,a$ $40\,ha\;24\,a$	f)	$50\,a\;20\,m^2$ $3\,a\;\;5\,m^2$	h)	$3\,m^2\;72\,dm^2$ $50\,m^2\;56\,dm^2$

4.
a) $8\,m^2 = 80\,000\,cm^2$
b) $900\,mm^2 = 9\,cm^2$
c) $300\,m^2 = 0{,}03\,ha$
d) $4\,a\;7\,m^2 = 407\,m^2$
e) $500\,m = 0{,}5\,km$
f) $24\,ha = 2400\,a$
g) $4\,m = 400\,cm$
h) $70\,000\,m^2 = 7\,ha$
i) $2\,km^2 = 2\,000\,000\,m^2$

5.
a) $2{,}49\,km^2 = 2\,km^2\;49\,ha = 249\,ha$
$37{,}53\,km^2 = 37\,km^2\;53\,ha = 3\,753\,ha$
$8{,}06\,km^2 = 8\,km^2\;6\,ha = 806\,ha$
$30{,}03\,km^2 = 30\,km^2\;3\,ha = 3\,003\,ha$
b) $0{,}54\,km^2 = 0\,km^2\;54\,ha = 54\,ha$
$2{,}04\,km^2 = 2\,km^2\;4\,ha = 204\,ha$
$2{,}4\,km^2 = 2\,km^2\;40\,ha = 240\,ha$
$9{,}31\,km^2 = 9\,km^2\;31\,ha = 931\,ha$
c) $2{,}54\,m^2 = 2\,m^2\;54\,dm^2 = 254\,dm^2$
$59{,}09\,m^2 = 59\,m^2\;9\,dm^2 = 5\,909\,dm^2$
$3{,}5\,m^2 = 3\,m^2\;50\,dm^2 = 350\,dm^2$
$0{,}35\,m^2 = 0\,m^2\;35\,dm^2 = 35\,dm^2$
d) $4{,}7\,m^2 = 4\,m^2\;70\,dm^2 = 470\,dm^2$
$0{,}04\,m^2 = 0\,m^2\;4\,dm^2 = 4\,dm^2$
$0{,}4\,m^2 = 0\,m^2\;40\,dm^2 = 40\,dm^2$
$3{,}08\,m^2 = 3\,m^2\;8\,dm^2 = 308\,dm^2$
e) $7{,}65\,a = 7\,a\;65\,m^2 = 765\,m^2$
$98{,}23\,a = 98\,a\;23\,m^2 = 9\,823\,m^2$
$0{,}42\,a = 0\,a\;42\,m^2 = 42\,m^2$
$10{,}04\,a = 10\,a\;4\,m^2 = 1\,004\,m^2$
f) $4{,}37\,ha = 4\,ha\;37\,a = 437\,a$
$8{,}05\,ha = 8\,ha\;5\,a = 805\,a$
$78{,}05\,ha = 78\,ha\;5\,a = 7\,805\,a$
$90{,}37\,ha = 90\,ha\;37\,a = 9\,037\,a$

193

6. a) $2{,}97\,ha = 2\,ha\ 97\,m^2$
$18{,}52\,a = 18\,a\ 52\,m^2$
$37{,}36\,ha = 37\,ha\ 36\,a$
$84{,}28\,m^2 = 84\,m^2\ 28\,dm^2$

b) $5{,}2\,km^2 = 5\,km^2\ 20\,ha$
$7{,}6\,km^2 = 7\,km^2\ 60\,ha$
$4{,}7\,m^2 = 4\,m^2\ 70\,dm^2$
$4{,}9\,a = 4\,a\ 90\,m^2$

c) $3{,}05\,m^2 = 3\,m^2\ 5\,dm^2$
$2{,}4\,ha = 2\,ha\ 40\,a$
$1{,}97\,ha = 1\,ha\ 97\,a$
$0{,}09\,km^2 = 0\,km^2\ 9\,ha$

d) $3{,}04\,km^2 = 3\,km^2\ 4\,ha$
$0{,}75\,a = 0\,a\ 75\,m^2$
$0{,}33\,ha = 0\,ha\ 33\,a$
$23{,}7\,ha = 23\,ha\ 70\,a$

e) $7{,}53\,ha = 7\,ha\ 53\,a$
$6{,}72\,a = 6\,a\ 72\,m^2$

f) $3{,}7\,cm^2 = 3\,cm^2\ 70\,mm^2$
$4{,}02\,dm^2 = 4\,dm^2\ 2\,cm^2$

7. a) $7\,m^2\ 12\,dm^2 = 7{,}12\,m^2$
$5\,dm^2\ 16\,cm^2 = 5{,}16\,dm^2$
$12\,a\ 16\,m^2 = 12{,}16\,a$
$84\,ha\ 13\,a = 84{,}13\,ha$

b) $5\,ha\ 43\,a = 5{,}43\,ha$
$3\,cm^2\ 54\,mm^2 = 3{,}54\,cm^2$
$27\,ha\ 32\,a = 27{,}32\,ha$
$2\,km^2\ 97\,ha = 2{,}97\,km^2$

c) $4\,dm^2\ 6\,cm^2 = 4{,}06\,dm^2$
$8\,km^2\ 7\,ha = 8{,}07\,km^2$
$14\,a\ 9\,m^2 = 14{,}09\,a$
$7\,m^2\ 2\,dm^2 = 7{,}02\,m^2$

d) $53\,m^2\ 72\,dm^2 = 53{,}72\,m^2$
$27\,dm^2\ 32\,cm^2 = 27{,}32\,dm^2$
$2\,a\ 9\,m^2 = 2{,}09\,a$
$5\,cm^2\ 8\,mm^2 = 5{,}08\,cm^2$

194

8. a) Die Angabe qm ist eine Abkürzung von Quadratmeter. Die Größe einer Wohnfläche gibt man in m^2 an, die Größe eines Grundstückes in a, häufig nur noch in m^2. Die Wohnfläche ist etwas größer als das Grundstück: $210\,m^2 > 200\,m^2 = 2\,a$. (Zur Wohnfläche gehört nicht nur das Erdgeschoss.)

b) –

9. a) (1) $38\,m^2$; (2) $17\,m^2$; (3) $1\,m^2$; (4) $73\,m^2$; (5) $1\,m^2$; (6) $46\,m^2$

b) (1) 5 ha; (2) 25 ha; (3) 65 ha; (4) 18 ha; (5) 4 ha; (6) 1 ha

c) (1) $9\,km^2$; (2) $65\,km^2$; (3) $5\,km^2$; (4) $1\,km^2$; (5) $454\,km^2$; (6) $12\,135\,km^2$

10. a) $11{,}5\,m^2$ bis weniger als $12{,}5\,m^2$.

b) 6,5 ha bis weniger als 7,5 ha.

11. a) $32\,a = 3\,200\,m^2$; $3\,200 \cdot 25\,g = 80\,000\,g = 80\,kg$

b) $7\,ha = 700\,a$; $1\,a = 100\,m^2$; $700 \cdot 1\,100\,g = 770\,000\,g = 770\,kg$

12. $6\,a = 600\,m^2$; 86 400 €

194 **13. a)** Die Ochsen arbeiten nicht alle gleich schnell und es hing vor allen Dingen von der Beschaffenheit des Pfluges und des Bodens ab. Die Angaben waren daher sehr unterschiedlich.

b) **(1)** 32 Morgen, 48 Morgen, 20 Morgen
(2) 2 ha, 3 ha, 0,5 ha
(3) 350 Joch, 900 Morgen, 400 ha
(4) 12 Morgen, 350 a, 400 Joch

c) –

4.2 Formeln für Flächeninhalt und Umfang eines Rechtecks

195 **Einstieg:**
Zimmer 1: $16\,m^2$; Zimmer 2: $15\,m^2$

196 **2.** $u = 4\,cm + 3\,cm + 4\,cm + 3\,cm = 14\,cm$
u = Summe der Seitenlängen = a + b + a + b
bzw.
$u = 2 \cdot 4\,cm + 2 \cdot 3\,cm = 8\,cm + 6\,cm = 14\,cm$
$u = 2 \cdot \text{Länge} + 2 \cdot \text{Breite} = 2 \cdot a + 2 \cdot b$
bzw.
$u = 2 \cdot (4\,cm + 3\,cm) = 2 \cdot 7\,cm = 14\,cm$
$u = 2 \cdot (\text{Länge} + \text{Breite}) = 2 \cdot (a + b)$

3. a) **(1)** $A = a \cdot a$ **(2)** $u = a + a + a + a = 4 \cdot a$

b) **(1)** $A = 7\,cm \cdot 7\,cm = 49\,cm^2$
$u = 4 \cdot 7\,cm = 28\,cm$
(2) $A = 25\,m \cdot 25\,m = 625\,m^2$
$u = 4 \cdot 25\,m = 100\,m$

4. $\blacksquare\,cm \cdot 2\,cm = 36\,cm^2$

$\blacksquare\,cm \underset{:2\,cm}{\overset{\cdot 2\,cm}{\rightleftarrows}} 36\,cm^2$

$36\,cm^2 : 2\,cm = 18\,cm$
Die andere Seite ist 18 cm lang.

5. a) $A = 56\,cm^2$
$u = 30\,cm$
b) $A = 24\,m^2$
$u = 20\,m$
c) $A = 5\,696\,mm^2$
$u = 306\,mm$
d) $A = 24\,dm^2$
$u = 20\,dm$
f) $A = 200\,cm^2 = 2\,dm^2$
$u = 66\,cm$
e) $A = 56\,m^2$
$u = 30\,m$
g) $A = 2\,552\,dm^2 = 25{,}52\,m^2$
$u = 204\,dm = 20{,}4\,m$

196

6. Druckfehler in der 1. Auflage in d): $a = 5\,m\ 8\,cm$; $b = 4{,}04\,m$

a) $A = 200\,mm^2 = 2\,cm^2$; $u = 90\,mm = 9\,cm$
b) $A = 134\,520\,cm^2$; $u = 2\,588\,cm$
c) $A = 3\,975\,mm^2$; $u = 256\,mm$
d) $A = 205\,232\,cm^2$; $u = 1\,824\,cm$

7. a) $400 \cdot 23 = 9\,200$, also $9\,200\,cm^2 = 92\,dm^2$
b) $9{,}2\,m^2 = 920\,dm^2$; Man benötigt 10 Paneele.

8. $1\,200\,m^2 = 12\,a$; $160\,m$

197

9. –

10. a) $1\,cm \cdot 24\,cm = 24\,cm^2$
$2\,cm \cdot 12\,cm = 24\,cm^2$
$3\,cm \cdot 8\,cm = 24\,cm^2$
$4\,cm \cdot 6\,cm = 24\,cm^2$

[$1\,cm \cdot 48\,cm = 48\,cm^2$
$2\,cm \cdot 24\,cm = 48\,cm^2$
$3\,cm \cdot 16\,cm = 48\,cm^2$
$4\,cm \cdot 12\,cm = 48\,cm^2$
$6\,cm \cdot 8\,cm = 48\,cm^2$]

b) Zum Beispiel $8\,km \cdot 10\,km = 80\,km^2$.

11.

a	8 cm	9 mm	10 m	11 dm	17 cm	18 cm	8 cm	0,5 km
b	7 cm	9 mm	4 m	8 dm	18 cm	1,2 m	172 cm	2 km
A	$56\,cm^2$	$81\,mm^2$	$40\,m^2$	$88\,dm^2$	$306\,cm^2$	$2\,160\,cm^2$	$1\,376\,cm^2$	$1\,km^2$
u	30 cm	36 mm	28 m	38 dm	70 cm	276 cm	3,6 dm	5 km

12. Die Folie ist $145\,000\,cm^2$, also $14{,}5\,m^2$ groß.

13. –

14. –

15. a) $A = 144\,cm^2$
$u = 48\,cm$
b) $A = 576\,cm^2$
$u = 96\,cm$
c) $A = 2\,304\,cm^2$
$u = 192\,cm$
d) $A = 20\,449\,dm^2 = 204{,}49\,m^2$
$u = 572\,dm = 57{,}2\,m$
e) $A = 43\,681\,cm^2$
$u = 8{,}36\,m$

16.

a	6 cm	9 mm	13 m	3 cm	24 mm
A	$36\,cm^2$	$81\,mm^2$	$169\,m^2$	$9\,cm^2$	$576\,mm^2$
u	24 cm	36 mm	52 m	12 cm	96 mm

a	8 mm	12 m	25 dm = 2,50 m	15 cm = 0,15 m
A	$64\,mm^2$	$144\,m^2$	$625\,dm^2 = 6{,}25\,m^2$	$225\,cm^2 = 0{,}0225\,m^2$
u	32 mm	48 m	10 cm	0,6 m

17. $194\,dm - 12\,dm = 182\,dm = 18{,}20\,m$

197 **18.** 1 034 m^2; 108 570 €

Das kann ich noch!

A) **1)** Die Zugspitze ist der höchste Berg.

2)

Zugspitze	3 000 m	Schneeberg	1 100 m
Hochfrottspitze	2 600 m	Dammersfeldkuppe	900 m
Großer Arber	1 500 m	Hesselberg	700 m
Kleiner Arber	1 400 m		

3) Es wurde jeweils auf 100 m gerundet.

198 **19. a)** Man kann weder von der Länge noch von der Breite eines Fußballfeldes auf die Größe des Fußballfeldes schließen. Die Aussagen sind also bei beiden falsch.

Lars' Fußballfeld: $95\,m \cdot 65\,m = 6\,175\,m^2$

Tims Fußballfeld: $90\,m \cdot 72\,m = 6\,480\,m^2$

b) $66\,528\,dm^2 \approx 665\,m^2$

c) Z. B.: Wie groß ist der Torraum? *Antwort:* $10\,076\,dm^2 \approx 100\,m^2$

20. $76\,800\,m^2 = 768\,a$; $768 \cdot 1\,600\,g = 1\,228\,800\,g = 1\,228{,}8\,kg$

21. $4\,620\,m^2 = 46{,}2\,a$; 304 m

22. Nora muss die Seitenlängen miteinander multiplizieren.

1. Kinderzimmer: $5\,m \cdot 4\,m = 20\,m^2$

2. Kinderzimmer: $6\,m \cdot 3\,m = 18\,m^2$

Die beiden Zimmer sind nicht gleich groß.

23. a) 185 m Zaun **b)** $47\,850\,dm^2 = 478\,m^2\,50\,dm^2 = 478{,}5\,m^2$

24. Das Rechteck ist 8 cm lang und 32 cm^2 groß.

4.3 Rechnen mit Flächeninhalten

199 **Einstieg:**

Beispiele:

$80\,m \cdot 40\,m + 30\,m \cdot 10\,m + 30\,m \cdot 20\,m = 3\,200\,m^2 + 300\,m^2 + 600\,m^2 = 4\,100\,m^2$

$80\,m \cdot 60\,m - 20\,m \cdot 20\,m - 30\,m \cdot 10\,m = 4\,800\,m^2 - 400\,m^2 - 300\,m^2 = 4\,100\,m^2$

201

3. Es gibt verschiedene Möglichkeiten zur Berechnung des Flächeninhalts. Hier einige Beispiele.

Berechnung durch Zerlegen der Fläche in Rechtecke.

$A = 4\,m \cdot 5\,m + 2{,}50\,m \cdot 2{,}50\,m$
$= 20\,m^2 + 25\,dm \cdot 25\,dm$
$= 2\,000\,dm^2 + 625\,dm^2$
$= 2\,625\,dm^2$
$= 26{,}25\,m^2$

bzw.

$A = 7{,}50\,m \cdot 2{,}50\,m + 1{,}50\,m \cdot 5\,m$
$= 75\,dm \cdot 25\,dm + 15\,dm \cdot 50\,dm$
$= 1\,875\,dm^2 + 750\,dm^2$
$= 2\,625\,dm^2$
$= 26{,}25\,m^2$

Berechnung durch Ergänzen der Fläche zu einem großen Rechteck und anschließendes Subtrahieren der Flächeninhalte der ergänzten Rechtecke:

$A = 7{,}50\,m \cdot 4\,m - 2{,}50\,m \cdot 1{,}50\,m$
$= 75\,dm \cdot 40\,dm - 25\,dm \cdot 15\,dm$
$= 3\,000\,dm^2 - 375\,dm^2$
$= 2\,625\,dm^2$
$= 26{,}25\,m^2$

4. 592 ha Ödland

5. Mindestens $306\,m^2$

6. Der Parkplatz ist $14\,m^2$ groß.

7. $84\,m^2$, also 3 Eimer Farbe. Die Farbe kostet 55,50 €.

8. Z. B.: Wie viel Euro kosten alle 4 Bauplätze zusammen?
Antwort: $2\,850\,m^2$ kosten 598 500 €.

9. Z. B.: *Frage:* Wie oft kann Frau Sorp ihren Rasen mit einem Paket düngen?
Rechnung: $120\,m^2 : 24\,m^2 = 5$
Antwort: Frau Sorp kann den Rasen mit einem Paket fünfmal düngen.

10. Grundfläche der Pyramide: $52\,900\,m^2 = 529\,a$
Größe des Fußballfelds: $8\,400\,m^2 = 84\,a$
$529\,a : 84\,a \approx 6$
Es passen also vom Flächeninhalt her 6 Fußballfelder in die Grundfläche der Pyramide. Betrachtet man die Maße des Quadrats und des Fußballfeldes ($230\,cm \times 230\,cm$ bzw. $105\,m \times 80\,m$), so passen nur 4 Fußballfelder in die Grundfläche.

201 **11. a)** Ein DIN-A4-Blatt hat die Seitenlängen 297 mm und 210 mm.
$A = 62\,370\,mm^2$; $u = 1014\,mm$

b) Ein DIN-A3-Blatt hat die Maße 420 mm und 297 mm.
$A = 124\,740\,mm^2$; $u = 1\,434\,mm$
Der Flächeninhalt eines DIN-A3-Blatts ist doppelt so groß wie der Flächeninhalt eines DIN-A4-Blatts. Der Umfang ist aber nicht doppelt so groß.

c) $A = 500 \cdot 62\,370\,mm^2 = 31\,185\,000\,mm^2 \approx 31\,m^2$
Eine Packung reicht also etwa nur für ein 6 m x 5 m großes Zimmer.

202 **12. a)** $1\,130\,cm^2$ **c)** $108\,m^2$ **e)** 60 **g)** $150\,m^2$
b) $192\,cm^2$ **d)** 8 m **f)** $9\,m^2$ **h)** 498 a

13. a) $18\,m^2$ **b)** $26\,m^2$ **c)** $34\,m^2$

14. a) $A = 500\,cm^2$; $500 \cdot 3\,g = 1\,500\,g = 1{,}5\,kg$
b) $A = 200\,cm^2$; $200 \cdot 3\,g = 600\,g = 0{,}6\,kg$
c) $A = 525\,cm^2$; $525 \cdot 3\,g = 1\,575\,g = 1{,}575\,kg$
d) $A = 375\,cm^2$; $375 \cdot 3\,g = 1\,125\,g = 1{,}125\,kg$

15. Z. B.: Wie viel Landmasse haben alle sechs Kontinente zusammen?
Antwort: $148\,890\,000\,km^2$
Z. B.: Wie groß ist die Wasserfläche der Erde?
Antwort: $361\,000\,000\,km^2$

16. Größe der Fotos:
Format 10×15: $150\,cm^2$
Format 20×30: $600\,cm^2$
Format 30×45: $1\,350\,cm^2$
Format 40×60: $2\,400\,cm^2$
Wir rechnen den Preis für ein Foto im Format 10×15 um für die anderen Formate.
Ein Foto im Format 20 x 30 ist viermal so groß wie ein Foto im Format 10×15. Geht man von dem Preis für das Format 10×15 aus, würde das Foto im Format 20×30 also $4 \cdot 0{,}60\,€ = 2{,}40\,€$ kosten.
Ein Foto im Format 30×45 ist neunmal so groß wie ein Foto im Format 10×15. Geht man von dem Preis für das Format 10×15 aus, würde das Foto im Format 30 x 45 also $9 \cdot 0{,}60\,€ = 5{,}40\,€$ kosten.
Ein Foto im Format 40×60 ist 16-mal so groß wie ein Foto im Format 10×15. Geht man von dem Preis für das Format 10×15 aus, würde das Foto im Format 20×30 also $16 \cdot 0{,}60\,€ = 9{,}60\,€$ kosten.
Die Fotos in den größeren Formaten kosten alle aber mehr. Peter hat also Recht.

203 **17.** Bildfläche: $600\,cm^2$; weiße Fläche: $2\,000\,cm^2 - 600\,cm^2 = 1\,400\,cm^2$
Die weiße Fläche ist mehr als doppelt so groß wie die Bildfläche.

203 **18.** a) Größe der Wohnung: $85\,m^2$; 510 € im Monat; 6 120 € im Jahr.
b) 648 € im Monat; 7 776 € im Jahr

19. 1 Woche: $\approx 6\,000\,000\,m^2 = 60\,000\,a = 600\,ha = 6\,km^2$
1 Jahr: $\approx 52 \cdot 6\,km^2 = 312\,km^2$
10 Jahre: $\approx 10 \cdot 312\,km^2 = 3\,120\,km^2$
Die Bundesrepublik Deutschland ist ungefähr 115-mal so groß.

20. Der Schulhof ist $300\,m^2$ groß. Auf dieser Fläche können 900 bis 1 200 Schülerinnen und Schüler stehen, eng gedrängt sogar noch mehr.

21. Z. B.: $400\,m \cdot 430\,m = 172\,000\,m^2$
$650\,m \cdot 265\,m = 172\,250\,m^2$
$650\,m \cdot 266\,m = 172\,900\,m^2$

22. a) Größe des Hofes: $60\,m^2$; Größe einer Platte: $3\,750\,cm^2$; 160 Platten
b) $34\,m - 2\,m = 32\,m$

23. $420\,m^2$ Fläche sind zu streichen.
1 Eimer Farbe reicht für $60\,m^2$.
Es werden 7 Eimer benötigt. Die Kosten betragen $7 \cdot 25\,€ = 175\,€$.

24. $5{,}0\,m \cdot 3{,}5\,m = 50\,dm \cdot 35\,dm = 1\,750\,dm^2 = 17{,}5\,m^2$
$0{,}5\,m \cdot 0{,}5\,m = 5\,dm \cdot 5\,dm = 25\,dm^2 = 0{,}25\,m$
$1\,750\,dm^2 : 25\,dm^2 = 70$
Es müssen 70 Platten bestellt werden.

204 **25.** Z. B.: *Frage:* Wie groß ist die Seitenfläche des Hauses?
Rechnung: $24\,mm \cdot 92\,dm + 28\,dm \cdot 155\,dm = 6\,548\,dm^2 = 65{,}48\,m^2$
Antwort: Die Seitenfläche ist etwa $65{,}5\,m^2$ groß.

26. Grundstück 1: $A = 678\,m^2$; 74 580 €
Grundstück 2: $A = 696\,m^2$; 76 560 €
Grundstück 3: $A = 708\,m^2$; 77 880 €
Grundstück 4: $A = 558\,m^2$; 61 380 €

27. Die Wiese ist $172\,800\,m^2$, also 17,28 ha groß. Jedes Teil ist $21\,600\,m^2 = 21{,}6\,ha$ groß.
Z. B.: 720 m lang und 30 m breit bzw. 360 m lang und 60 m breit.

204 **28.** **a)** Wenn sich die eine Seite des Rechtecks um 1 m verlängert, so muss man die andere Seite um 1 m verkürzen damit der Umfang sich nicht ändert.
b) Die andere Seite muss halbiert [gedrittelt, geviertelt] werden.

29. Z. B.: $a = 5\,cm$; $b = 11{,}25\,cm$; $u = 32{,}5\,cm$ oder $a = 12{,}5\,cm$; $b = 4{,}5\,cm$; $u = 34\,cm$.
Das Quadrat mit der Seitenlänge 7,5 cm hat unter diesen Rechtecken den kleinsten Umfang, nämlich $u = 30\,cm$.

30. Die 150 Fliesen sind insgesamt 24 m² groß. Er benötigt also 96 Fliesen mit der Seitenlänge 50 cm. Diese Fliesen kosten insgesamt 163,20 €, also etwas mehr.

31. Das Beet ist 15 m² groß. Man benötigt 300 g bis 375 g Saatgut, also 3 Tüten zu je 1,45 €. Das Saatgut kostet insgesamt also 4,35 €.
Ernteertrag: mindestens 7 500 g; höchstens 12 000 g
Ausbeute: mindestens 3 kg, höchstens 4,8 kg
Gewinn (abzüglich Saatgut, ohne Berechnung der Arbeiten zum Auslösen der Erbsen aus den Hülsen) mindestens 22,13 €, höchstens 35,40 €.

Im Blickpunkt: Flächeninhalt nicht rechteckiger Figuren

205 **1.** **a)** –
b) 1 cm² in der Zeichnung entspricht $60\,km \cdot 60\,km$, also 3 600 km² in der Natur.

206 **2.** –

3. 1 Karo in der Zeichnung entspricht $30\,km \cdot 30\,km$ also 900 km² in der Natur.

4. –

5. 1 mm² in der Zeichnung entspricht $6\,km \cdot 6\,km$, also 36 km² in der Natur.

4.4 Volumenvergleich von Körpern – Messen von Volumina

4.4.1 Größenvergleich von Körpern – Begriff des Volumens

207 **Einstieg:**
Bilder zu (1): Der Inhalt der Tasse wird gemessen.
Bilder zu (2): Die Wassermenge, die die Tasse verdrängt, wird gemessen.

208 2. Eine Diagonallänge entspricht zwei Karolängen.
Quader (1) ist 3 Karos lang, 4 Karos breit und 4 Karos hoch.
Quader (2) ist 6 Karos lang, 4 Karos breit und 2 Karos hoch.
Zerschneidet man z. B. Quader (2) in der Mitte der langen Seite und legt die beiden Teile übereinander, so erhält man Quader (1).
Beide Quader haben also denselben Rauminhalt.

3. **a)** Körper A und Körper B haben gleiches Volumen. Körper B ist aber schwerer als Körper A, also haben Körper A und Körper C gleiches Gewicht.
b) Körper C besteht aus Blei, da er ein geringeres Volumen hat als Körper A und als Körper B, aber gleiches Gewicht wie Körper A.

209 4. **a)** Ja, sie sind aus denselben Teilkörpern zusammengesetzt.
b) Nein, sie sind nicht aus denselben Teilkörpern zusammengesetzt.
Körper (1) hat ein größeres Volumen.
c) Ja, sie sind aus denselben Teilkörpern zusammengesetzt.

5. Körper (1), (2) und (4) füllen einen gleich großen Raum aus. Körper (3) ist kleiner.

6. *Beispiele:*

a)

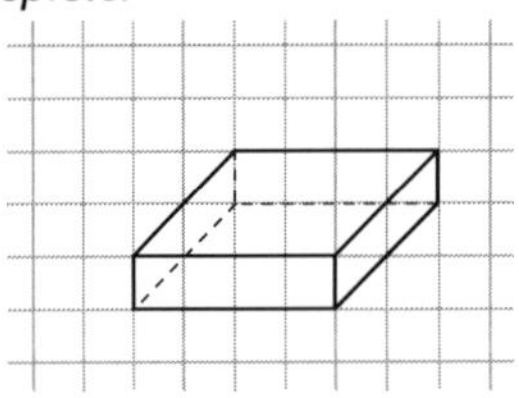

b)

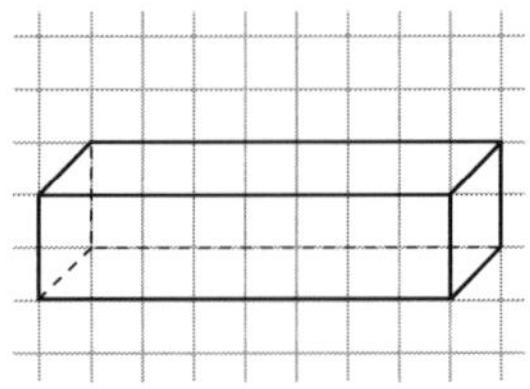

c)

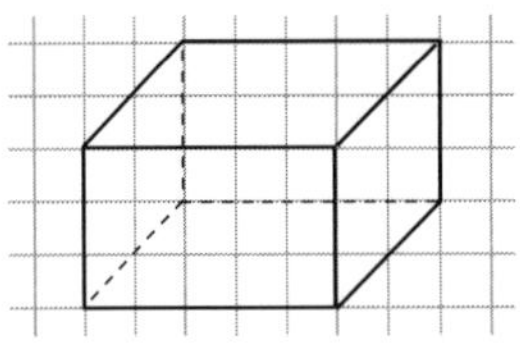

d)

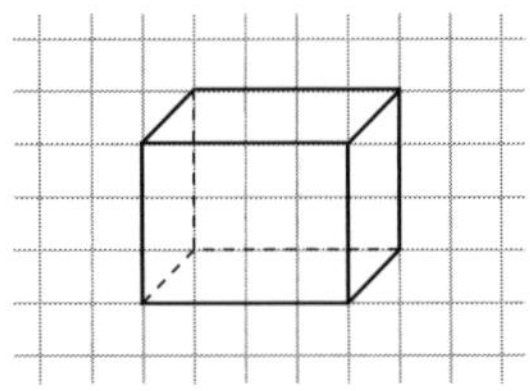

7. **a)** Gleich große Würfel aus Holz und Eisen.
b) 1 kg Wasser und 1 kg Luft

4.4.2 Angabe eines Volumens – Volumeneinheiten

209 **Einstieg:**
96 C + 80 C = 176 C

212 **2.** a) (1) 8 cm³ (2) 8 cm³ (3) 27 cm³ (4) 12 cm³
b) (1) 8 dm³ (2) 8 dm³ (3) 27 dm³ (4) 12 dm³
8 m³ 8 m³ 27 m³ 12 m³

3. a) 4 cm³ b) 5 dm³ c) 3 mm³ d) 3 m³

4. In Liter und Milliliter.

5. a) (1) 5 dm³ (2) 14 dm³ (3) 4 dm³ (4) 8 dm³ (5) 5 dm³
b) (1) 3 dm³ (2) 13 dm³ (3) 2 dm³ (4) 8 dm³ (5) 1 dm³
8 dm³ 27 dm³ 6 dm³ 16 dm³ 6 dm³

6. *Beispiele:*

a)

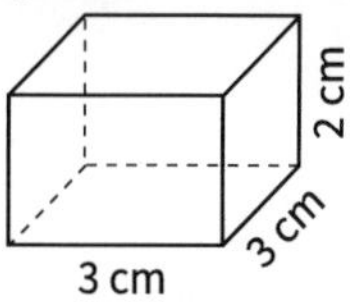

b)

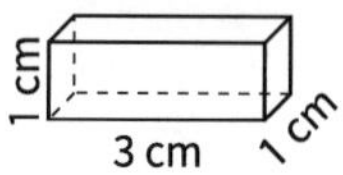

c)

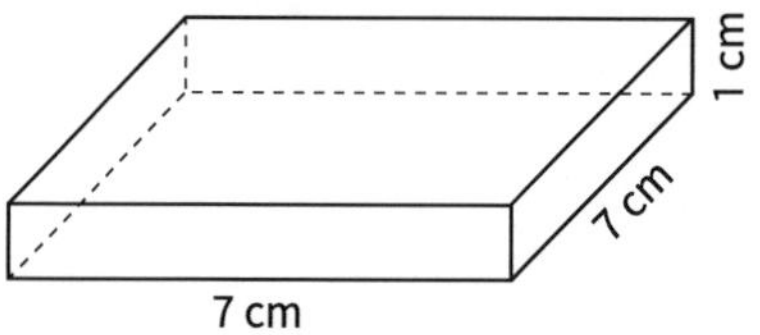

213 **7.** (1) m³ (3) ml (5) l (7) l
(2) l (4) l (6) l, auch ml (8) l

8. a) 10 cm³ b) 20 cm³ c) 300 cm³

4.4.3 Zusammenhang zwischen den Volumeneinheiten

Einstieg:
Der Würfel hat die Kantenlänge 1 m = 100 cm. In eine Reihe passen 100 Zentimeterwürfel. In eine Schicht passen 100 · 100, also 10 000 Zentimeterwürfel. Davon gibt es 100 Schichten. Es sind also insgesamt 100 · 10 000, also 1 000 000 Zentimeterwürfel.

215 **2.** a) (1) 1000 Würfel (2) 8000 Würfel
b) (1) 1000 Würfel (2) 12 000 Würfel

215

3. a) 3 000 cm^3; 18 000 cm^3
b) 5 000 dm^3; 413 000 dm^3
c) 3 000 mm^3; 68 000 mm^3
d) 8 000 ml; 37 000 ml
e) 15 000 l; 4 000 l

4. a) 2 dm^3; 41 dm^3; 200 dm^3
b) 180 m^3; 52 m^3; 4 000 m^3
c) 40 l; 73 m^3; 10 m^3

5. a) 7 000 cm^3
b) 8 000 dm^3
c) 7 000 cm^3
d) 9 000 ml
e) 2 000 000 cm^3
f) 42 000 000 cm^3
g) 9 000 cm^3
h) 30 000 cm^3
i) 5 000 000 ml
j) 24 000 000 mm^3
k) 23 000 l
l) 18 000 cm^3

6. Bei täglich 100 l, monatlich 3 000 l, sind monatlich ungefähr 15,50 € zu zahlen.

7. a) 3 m^3 742 dm^3; 48 dm^3 46 cm^3
b) 2 m^3 759 dm^3; 54 m^3 928 dm^3
c) 68 m^3 549 dm^3; 8 m^3 39 dm^3
d) 38 l 537 ml; 4 l 45 ml
e) 1 dm^3 47 cm^3; 32 dm^3 8 cm^3
f) 8 dm^3 249 cm^3; 62 dm^3 49 cm^3
g) 49 m^3 307 dm^3; 3 m^3 18 dm^3
h) 2 m^3 31 dm^3; 87 m^3 906 dm^3

8. a) 2 150 dm^3; 4 014 dm^3; 63 002 dm^3; 10 325 dm^3
b) 18 280 cm^3; 41 050 cm^3; 4 005 cm^3; 20 010 cm^3
c) 28 750 mm^3; 19 004 mm^3; 99 904 mm^3
d) 19 030 ml; 9 004 ml; 10 250 ml

9. a) 3 m^3 754 dm^3; 24 m^3 259 dm^3; 27 m^3 485 dm^3; 0 m^3 400 dm^3
b) 12 l 456 ml; 3 l 550 ml; 8 l 256 ml; 9 dm^3 240 cm^3
c) 2 m^3 550 dm^3; 43 m^3 700 dm^3; 42 dm^3 43 cm^2; 8 l 70 ml
d) 18 l 400 ml; 9 l 200 ml; 0 m^3 75 dm^3; 5 dm^3 98 cm^3
e) 9 dm^3 708 cm^3; 23 m^3 11 dm^3
f) 0 dm^3 703 cm^3; 4 cm^3 20 mm^3

10. a) 4,725 m^3; 3,400 dm^3; 4,050 dm^3
b) 14,050 cm^3; 10, 230 cm^3; 28,063 l
c) 7,004 l; 0,006 l; 23,002 dm^3
d) 0,800 m^3; 0,050 dm^3

216

11. a) 2,431 m^3; 7,419 m^3
b) 44,873 m^3; 8,240 m^3
c) 5,732 m^3; 48,400 m^3
d) 8,470 m^3; 19,400 l
e) 1,245 l; 2,500 l
f) 7,039 m^3; 71,506 m^3
g) 2,000 l; 0,200 l
h) 0,418 l; 0,500 l
i) 3,027 l; 0,709 m^3
j) 0,702 l; 0,035 m^3

216

12. **a)** $8\,000\,000\,cm^3$ **b)** $700\,000\,cm^3$ **c)** $5\,cm^3$
d) $2\,003\,dm^3$ **e)** 0,9 l **f)** 0,7 km
g) richtig **h)** $2\,000\,000\,000\,m^3$ **i)** richtig

13. **a)** $8\,513\,dm^3 \approx 9\,m^3$; $12\,147\,dm^3 \approx 12\,m^3$; $7\,619\,l \approx 8\,m^3$; $12{,}456\,m^3 \approx 12\,m^3$; $54{,}98\,m^3 \approx 55\,m^3$; $46\,501\,l \approx 47\,m^3$; $874\,l \approx 1\,m^3$

b) $19\,349\,ml \approx 19\,l$; $3\,604\,ml \approx 4\,l$; $24{,}491\,l \approx 24\,l$; $12{,}50\,l \approx 13\,l$; $874{,}3\,ml \approx 1\,l$; $990\,cm^3 \approx 1\,l$

c) *Beispiele:*
$3\,dm^3\;827\,cm^3 \approx 4\,dm^3$; $4{,}302\,dm^3 \approx 4\,dm^3$; $3\,l\;508\,ml \approx 4\,dm^3$; $4\,dm^3\;1\,cm^3 \approx 4\,dm^3$
$6\,cm^3\;812\,mm^3 \approx 6{,}81\,cm^3$; $6807\,mm^3 \approx 6{,}81\,cm^3$; $6\,cm^3\;805\,mm^3 \approx 6{,}81\,cm^3$; $6\,814\,mm^3 \approx 6{,}81\,cm^3$
$7\,m^3\;349\,dm^3 \approx 7{,}3\,m^3$; $7{,}25\,m^3 \approx 7{,}3\,m^3$; $7321\,dm^3 \approx 7{,}3\,m^3$; $7{,}347\,m^3 \approx 7{,}3\,m^3$

14. **a)** 79,5 l bis unter 80,5 l. **b)** $984{,}5\,m^3$ bis unter $985{,}5\,m^3$.

15. Die Angabe ccm bedeutet cm^3.

16. **a)** Man kann $1\,m^3$ Styropor (30 kg) tragen. $1\,m^3$ Kork (250 kg) ist zu schwer.
b) Nein, das Gold ist zu schwer (19 300 kg).

17. 1 US Gallone = 3 750 ml; 1 englische Gallone = 4 500 ml; 1 Barrel = 159 l
a) 75 l **b)** **(1)** 45 l **(2)** 45 l **(3)** 37 365 l

Das kann ich noch!

A) Zu jeder der drei Vorspeisen kann man aus fünf Hauptgerichten auswählen, das sind $3 \cdot 5 = 15$ Möglichkeiten. Zu jeder dieser 15 Möglichkeiten kann man aus vier Nachtischen auswählen, das sind $4 \cdot 15 = 60$ Möglichkeiten.

B) Für die erste Ziffer gibt es zehn Möglichkeiten. Für die zweite Ziffer gibt es noch neun Möglichkeiten, da keine Ziffer doppelt vorkommen darf. Entsprechend gibt es für die dritte Ziffer nur noch acht und für die vierte Ziffer nur noch sieben Möglichkeiten.
Insgesamt also $10 \cdot 9 \cdot 8 \cdot 7 = 5\,040$ Möglichkeiten.

C) Man findet folgende Möglichkeiten (r = rot; g = grün):
rrgg; rgrg; rggg; rggr; grrg; grgr; grgg; ggrr; ggrg; gggr
Es gibt also 10 Möglichkeiten, den Turm zu bauen.

4.5 Formeln für Volumen und Oberflächeninhalt eines Quaders

217 **Einstieg:**
$4 \cdot 3 \cdot 2 = 24$ Zettelblocks; $24\,dm^3$ Volumen

218 **2.** a) $3\,cm \cdot 3\,cm \cdot 3\,cm = 27\,cm^3$ b) $V = a \cdot a \cdot a$

3. a) Die Oberfläche besteht aus zwei Rechtecken mit den Seitenlängen $a = 3\,cm$ und $b = 2\,cm$, zwei Rechtecken mit den Seitenlängen $a = 3\,cm$ und $c = 5\,cm$, zwei Rechtecken mit den Seitenlängen $b = 2\,cm$ und $c = 5\,cm$.
Für den Oberflächeninhalt O gilt:
$O = 2 \cdot 3\,cm \cdot 2\,cm + 2 \cdot 3\,cm \cdot 5\,cm + 2 \cdot 2\,cm \cdot 5\,cm = 12\,cm^2 + 30\,cm^2 + 20\,cm^2$
$= 62\,cm^2$
b) $O = 2 \cdot a \cdot b + 2 \cdot a \cdot c + 2 \cdot b \cdot c$
c) (1) $O = 6 \cdot (3\,cm)^2 = 54\,cm^2$ (2) $O = 6 \cdot a \cdot a = 6\,a^2$

219 **4.** a) $24\,cm^3 : 3\,cm = 8\,cm^2$; $8\,cm^2 : 2\,cm = 4\,cm$
Der Quader ist 4 cm lang.
b) Die Grundfläche ist $48\,cm^3 : 3\,cm = 16\,cm^2$ groß. Sie kann also z. B. ein Quadrat mit der Seitenlänge 4 cm sein.

5. a) $84\,cm^3$ c) $36\,m^3$
b) $125\,cm^3$ d) $109\,200\,mm^3 = 109{,}2\,cm^3$

6. a) $V = 225\,400\,mm^3 = 225{,}4\,cm^3$; $O = 24\,220\,mm^2 = 242{,}2\,cm^2$
b) $V = 4\,224\,000\,mm^3 = 4\,224\,cm^3$; $O = 272\,960\,mm^2 = 2\,729{,}6\,cm^2$
c) $V = 17\,000\,cm^3 = 17\,dm^3$; $O = 9\,580\,cm^2 = 95{,}8\,dm^2$
d) $V = 27\,000\,mm^3 = 27\,cm^3$; $O = 8\,460\,mm^2 = 84{,}6\,cm^2$

7. $80\,000\,cm^3 = 80\,dm^3 = 80\,l$; 80 l Wasser wiegen 80 kg; 80 kg + 12 kg = 92 kg
Das gefüllte Aquarium wiegt 92 kg.

8. $3\,888\,000\,cm^3 = 3\,888\,dm^3 = 3\,888\,l$; 3 888 l : 10 = 388 l Rest 8 l
Es sind also fast 389 Eimer Wasser im Behälter.

9. $864\,m^3$; 241 920 €

10. $8\,000\,m^3$ Erde

11. a) $76\,cm^2$ b) $216\,cm^2$ c) $22\,m^2$ d) $7696\,mm^2$

220 **12.** *Linkes Beispiel:*

$O = 2 \cdot 2\,cm \cdot 4\,cm + 2 \cdot 2\,cm \cdot 3\,cm + 2 \cdot 4\,cm \cdot 3\,cm$
$= 16\,cm^2 + 12\,cm^2 + 24\,cm^2$
$= 52\,cm^2$

Rechtes Beispiel:

$O = 2 \cdot 10\,cm \cdot 6\,cm + 2 \cdot 10\,cm \cdot 2\,cm + 2 \cdot 6\,cm \cdot 2\,cm$
$= 120\,cm^2 + 40\,cm^2 + 24\,cm^2$
$= 184\,cm^2$

13. a) $280\,cm^2$ **b)** $250\,cm^2$ **c)** $216\,cm^2$

14. $96\,m^3 : 6\,m = 16\,m^2$; $16\,m^2 : 8\,m = 2\,m$
Der Quader ist 2 m breit.

15. a) 4 cm, $148\,cm^2$ **b)** 4 m, $52\,m^2$ **c)** 2 cm, $152\,cm^2$ **d)** 9 dm, $486\,dm^2$ **e)** 30 dm = 3 m, $198\,m^2$

16. a) Das Produkt der Kantenlängen muss $64\,m^2$ ergeben.
Beispiele:

Volumen	Kantenlängen			Oberflächeninhalt
$64\,m^3$	1 m	1 m	64 m	$258\,m^2$
$64\,m^3$	1 m	2 m	32 m	$196\,m^2$
$64\,m^3$	2 m	4 m	8 m	$112\,m^2$

b) $64\,m^3 = 4\,m \cdot 4\,m \cdot 4\,m$
Der Quader ist ein Würfel mit der Kantenlänge 4 m.
$O = 6 \cdot 4\,m \cdot 4\,m = 6 \cdot 16\,m^2 = 96\,m^2$
Der Würfel hat den Oberflächeninhalt $96\,m^2$.

17. a) (1) Beide Quader haben ein Volumen von $24\,cm^3$, aber unterschiedliche Oberflächeninhalte.
$O_A = 52\,cm^2$; $O_B = 56\,cm^2$
(2) Beide Quader haben einen Oberflächeninhalt von $30\,m^2$, aber unterschiedliche Volumina.
$V_A = 9\,m^3$; $V_B = 7\,m^3$

b) *Beispiel für gleiche Volumina:*
$V_A = 2\,m \cdot 5\,m \cdot 3\,m = 30\,m^3$ $V_B = 1\,m \cdot 30\,m \cdot 1\,m = 30\,m^3$
$O_A = 62\,m^2$ $O_B = 122\,m^2$
Beispiel für gleiche Oberflächeninhalte:
$O_A = 2 \cdot 15\,m \cdot 5\,m + 2 \cdot 15\,m \cdot 15\,m + 2 \cdot 5\,m \cdot 15\,m = 750\,m^2$; $V_A = 1\,125\,m^3$
$O_B = 2 \cdot 5\,m \cdot 35\,m + 2 \cdot 5\,m \cdot 5\,m + 2 \cdot 35\,m \cdot 5\,m = 750\,m^2$; $V_B = 875\,m^3$

18. –

19. a) $V = 1280\,cm^3$, $O = 768\,cm^2$ **b)** $V = 144\,cm^3$, $O = 168\,cm^2$ **c)** $V = 384\,cm^3$, $O = 352\,cm^2$ **d)** $V = 72\,cm^3$, $O = 124\,cm^2$

Julia hat Recht.

221 **20.** Die Verpackung im Bild wurde aufgeschnitten. Es gibt 3 verschiedene Möglichkeiten, die Packungen so zusammenzustellen, dass beide Packungen zusammen wieder einen Quader ergeben.

1. Möglichkeit *2. Möglichkeit* *3. Möglichkeit*

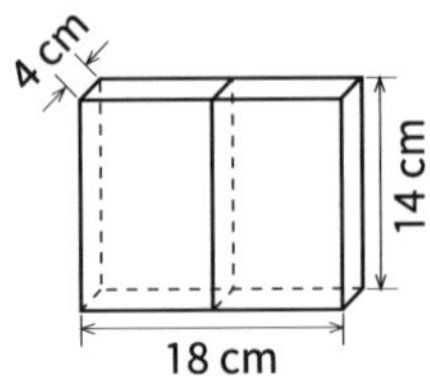

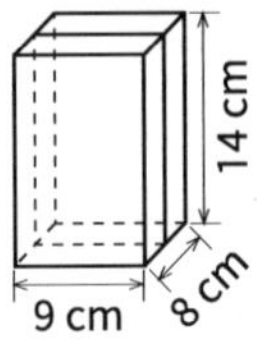

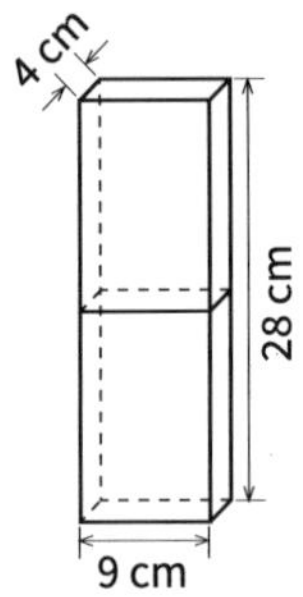

O = 760 cm² O = 620 cm² O = 800 cm²

Bei der Auswahl der Verpackungen sind natürlich auch noch andere Dinge von Bedeutung.

21. Man erkennt sofort, dass es nicht sinnvoll ist, die Pakete alle in eine Ebene anzuordnen, da dann die Oberfläche sicher größer ist. Es verbleiben also nur die folgenden Anordnungen, die sinnvoll sein könnten.

1. Anordnung 2 × 3 × 5:

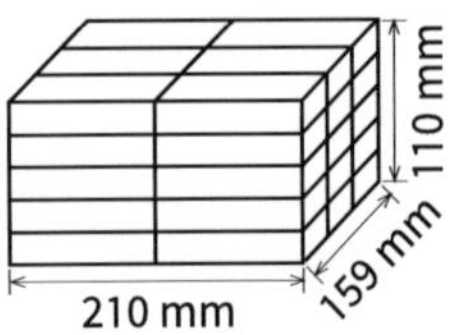

O = 147 960 mm² = 1 479,6 cm²

2. Anordnung 2 × 5 × 3:

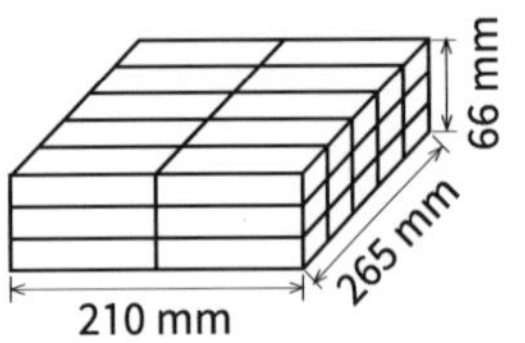

O = 174 000 mm² = 1 740 cm²

3. Anordnung 3 × 2 × 5:

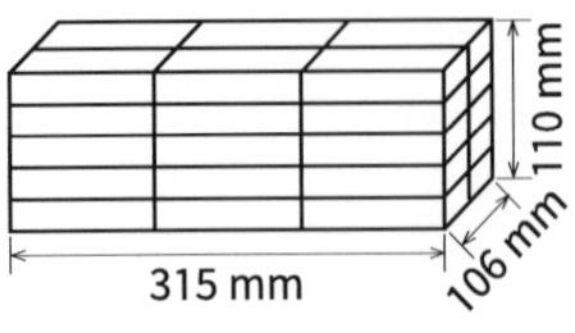

O = 159 400 mm² = 1 594 cm²

221 **21.** Fortsetzung

4. Anordnung 3 × 5 × 2:

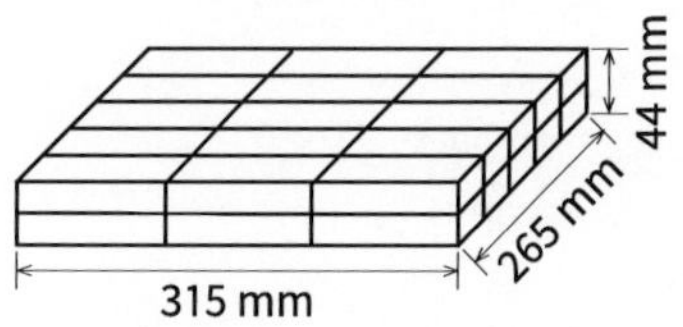

$O = 217\,990\ mm^2 = 2\,179{,}9\ cm^2$

5. Anordnung 5 × 2 × 3:

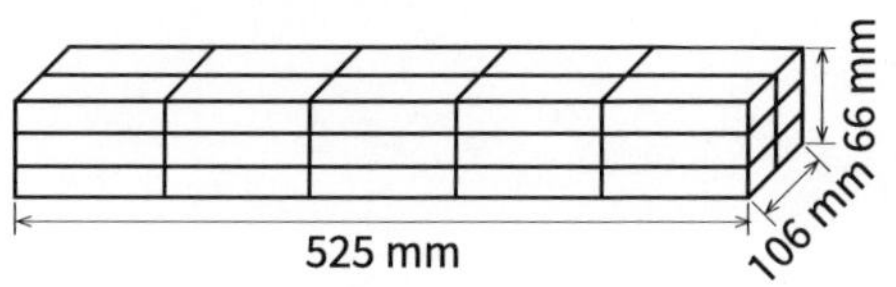

$O = 194\,592\ mm^2 = 1\,945{,}92\ cm^2$

6. Anordnung 5 × 3 × 2:

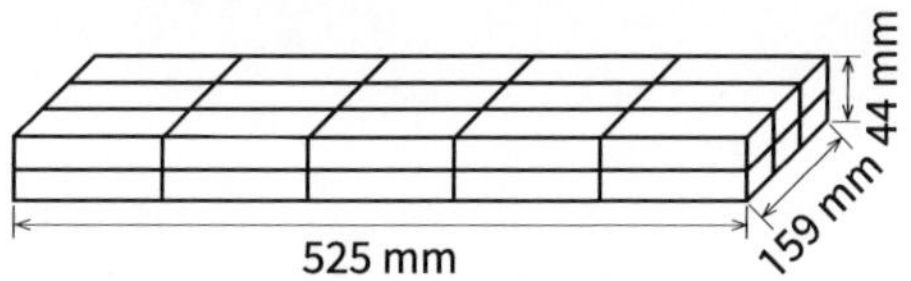

$O = 227\,142\ mm^2 = 2\,271{,}42\ cm^2$

Die dritte Anordnung ist am günstigsten. Bei der Auswahl der Verpackungen sind natürlich auch noch andere Dinge von Bedeutung.

22. a) $V = 345\,600\ cm^3$; $345\,600 \cdot 700\ mg = 241\,920\,000\ mg = 241{,}92\ kg$

b) $86\,976\ cm^2 = 8{,}6976\ m^2 \approx 8{,}7\ m^2$

23. $50\ l = 50\ dm^3 = 50\,000\ cm^3 = 50\,000\,000\ mm^3$

$50\,000\,000\ mm^3 : 800\ mm = 62\,500\ mm^2$; $62\,500\ mm^2 : 500\ mm = 125\ mm$

Das Wasser steht 12,5 cm hoch.

24. Ein Paneel: $V = 4\,134\,000\ mm^3 = 4\,134\ cm^3$

Sechs Paneele: $V = 6 \cdot 4\,134\ cm^3 = 24\,804\ cm^3$

$24\,804 \cdot 500\ mg = 12\,402\,000\ mg = 12\,402\ g = 12{,}402\ kg$

Ein Paket wiegt etwa 12,4 kg.

25. $a = 20\ m$; $b = 50\ m$; $c = 30\ m$, also $V = 30\,000\ m^3$

26. a) $768\ m^3$; also 19 Pferde

b) Der Luftraum des Stalles beträgt $840\ m^3$. Jedes Pferd hat also einen Luftraum von $42\ m^3$, also $2\ m^3$ mehr als vorgeschrieben.

221 Das kann *ich noch!*

A) 1) $2 \cdot 9 \cdot 5 \cdot 9 = 2 \cdot 5 \cdot 9 \cdot 9 = 10 \cdot 81 = 810$

2) $25 \cdot 337 \cdot 40 = 25 \cdot 40 \cdot 337 = 1\,000 \cdot 337 = 337\,000$

3) $126 : 7 - 56 : 7 = (126 - 56) : 7 = 70 : 7 = 10$

4) $66 + 222 + 34 + 238 = 66 + 34 + 222 + 238 = 100 + 500 = 600$

5) $34 \cdot 77 + 66 \cdot 77 = (34 + 66) \cdot 77 = 100 \cdot 77 = 7700$

6) $7\,676 - 2\,324 + 5\,454 + 4\,545$
$= 5\,352 + 9\,999 = 5\,351 + 1 + 9\,999 = 5\,351 + 10\,000$
$= 15\,351$

B) 1) 1 766 3) 5 678 5) 2 121
2) 23 456 4) 6 852 6) 5 678

4.6 Rechnen mit Volumina

224 1. Beispiele:

a) $V = 64\,cm \cdot 42\,cm \cdot 21\,cm + 28\,cm \cdot 42\,cm \cdot 26\,cm = 87\,024\,cm^3$
$V = 64\,cm \cdot 42\,cm \cdot 47\,cm - 36\,cm \cdot 42\,cm \cdot 26\,cm = 87\,024\,cm^3$

b) $V = 34\,cm \cdot 42\,cm \cdot 10\,cm + 2 \cdot 11\,cm \cdot 42\,cm \cdot 7\,cm = 20\,748\,cm^3$
$V = 34\,cm \cdot 42\,cm \cdot 17\,cm - 12\,cm \cdot 42\,cm \cdot 7\,cm = 20\,748\,cm^3$

c) $V = 175\,cm \cdot 340\,cm \cdot 80\,cm + 45\,cm \cdot 340\,cm \cdot 45\,cm = 5\,448\,500\,cm^3$
$V = 175\,cm \cdot 340\,cm \cdot 125\,cm - 2 \cdot 65\,cm \cdot 340\,cm \cdot 45\,cm = 5\,448\,500\,cm^3$

2. Der Mann mit dem Kind ist etwa 2 m groß.
Man erhält damit ungefähr die nebenstehenden Maße.
$V = 250\,cm \cdot 25\,cm \cdot 400\,cm - 150\,cm \cdot 25\,cm \cdot 300\,cm$
$= 1\,375\,000\,cm^3 = 1\,375\,dm^3 = 1{,}375\,m^3$
Der Beton wiegt
$1\,375\,000 \cdot 2{,}4\,g = 3\,300\,000\,g = 3\,300\,kg = 3{,}3\,t.$

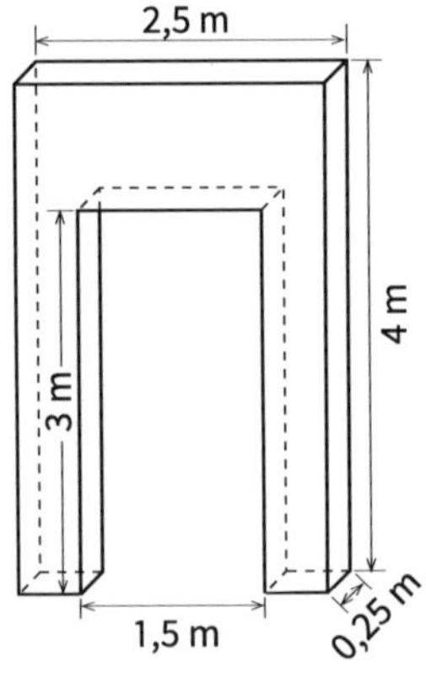

3. a) 25 200 l, also $25{,}2\,m^3$ Müll

b) $16\,m^3 = 16\,000\,l$
$16\,000\,l : 80\,l = 200$, also 200 Mülltonnen
$16\,000\,l : 110\,l = 145$ Rest 50, also 145 Mülltonnen

c) $198\,000\,l = 198\,m^2$
$198\,m^3 : 22\,m^3 = 9$, also 9 Fahrten

d) $483\,m^3 : 23\,m^3 = 21$, also 21 Fahrten

e) $504\,m^3 : 24 = 21\,m^3$

4. a) $101\,m^3$ c) $120\,m^3$ e) 30
b) 1 343 l d) $400\,m^3$ f) 9

224 5. a) $V = 16\,m \cdot 9\,m \cdot 2{,}7\,m + 14\,m \cdot 11\,m \cdot 2{,}7\,m - 3\,m \cdot 3\,m \cdot 2{,}7\,m$
$= 160\,dm \cdot 90\,dm \cdot 27\,dm + 140\,dm \cdot 110\,dm \cdot 27\,dm - 30\,dm \cdot 30\,dm \cdot 27\,dm$
$= 780\,300\,dm^3 = 780{,}3\,m^3$
1 m^3 umbauter Raum kostet 290 €. 1 dm^3 umbauter Raum kostet also
290 € : 1 000 = 29 000 ct : 1 000 = 29 ct = 0,29 €.
Kosten für das Haus: 780 300 · 29 ct = 22 628 700 ct = 226 287 €

b) $V = 18\,m \cdot 11\,m \cdot 1{,}9\,m + 16\,m \cdot 13\,m \cdot 1{,}9\,m - 4\,m \cdot 4\,m \cdot 1{,}9\,m$
$= 180\,dm \cdot 110\,dm \cdot 19\,dm + 160\,dm \cdot 130\,dm \cdot 19\,dm - 40\,dm \cdot 40\,dm \cdot 19\,dm$
$= 741\,000\,dm^3 = 741\,m^3$
$741\,m^3 : 4\,m^3 = 185$ Rest 1
Es sind 186 Fahrten erforderlich, wobei der letzte Lkw nur zum Teil beladen ist (1 m^3).

225 6. Z. B.: Wie viel m^3 Sand sind in der Sprungkuhle?
Antwort: 12 m^3
Z. B.: Welches Volumen hat der Balken?
Antwort: 6 800 cm^3 = 6,8 dm^3

7. $V = 920\,cm \cdot 210\,cm \cdot 5\,cm + 320\,cm \cdot 150\,cm \cdot 5\,cm = 1\,206\,000\,cm^3$
$= 1\,206\,dm^3 = 1\,206\,l$
1 206 l : 120 l = 10 Rest 6
Wenn man genau 5 cm einhalten wollte, müsste man also 11 Säcke zu 27,39 € kaufen. Da man mit 10 Säcken aber fast hinkommt, wird man im Alltag wohl für den kleinen Rest nicht noch einen zusätzlichen 11. Sack kaufen.
Für 10 Säcke bezahlt man 24,90 €.

8. a) $V = 30\,cm \cdot 50\,cm \cdot 7\,cm + 13\,cm \cdot 50\,cm \cdot 7\,cm = 15\,050\,cm^3$
15 050 · 1,9 g = 28 595 g = 28,595 kg

b) Größe der Oberfläche eines Steins:
$O = 2 \cdot 30\,cm \cdot 7\,cm + 2 \cdot 13\,cm \cdot 7\,cm$
$+ (30\,cm + 7\,cm + 23\,cm + 13\,cm + 7\,cm + 20\,cm) \cdot 50\,cm$
$= 5\,602\,cm^2$
Größe der Oberfläche für 20 Steine: $O_{gesamt} = 20 \cdot O = 112\,040\,cm^2$
1 g Farbe reicht für 50 cm^2
$112\,040\,cm^2 : 50\,cm^2 = 2\,240$ Rest 40
Man benötigt ungefähr 2 241 g = 2,241 kg Farbe.

9. $A = 15\,m \cdot 14\,m - 9\,m \cdot 4\,m = 174\,m^2$
174 · 3 l = 522 l

225 **10. a)** $V = (124\,cm \cdot 48\,cm + 78\,cm \cdot 47\,cm + 35\,cm \cdot 25\,cm) \cdot 800\,cm$
$= 8\,394\,400\,cm^3 = 8394{,}4\,dm^3 = 8{,}3944\,m^3$
Für $10\,dm^3$ benötigt man 4 Steine.
Man benötigt also für das Fundament $840 \cdot 4 = 3\,360$ Säcke.
Wenn jeder 50. Stein beschädigt ist, muss man noch 68 Steine zusätzlich bestellen, also insgesamt 3 428 Steine.

b) Die Deckfläche ist nur der obere schmale Streifen.
Zu streichende Fläche:
$O = 2 \cdot (124\,cm \cdot 48\,cm + 78\,cm \cdot 47\,cm + 35\,cm \cdot 25\,cm)$
$+ 800\,cm \cdot (124\,cm - 35\,cm) + 2 \cdot (48\,cm + 47\,cm + 25\,cm) \cdot 800\,cm$
$= 284\,186\,cm^2 = 2\,841{,}86\,dm^2 = 28{,}4186\,m^2$

226 **11. a)** $O = 2 \cdot (3\,cm \cdot 9\,cm + 6\,cm \cdot 5\,cm + 3\,cm \cdot 7\,cm)$
$+ (12\,cm + 7\,cm + 3\,cm + 2\,cm + 6\,cm + 4\,cm + 3\,cm + 9\,cm) \cdot 4\,cm = 340\,cm^2$

b) $V = (3\,cm \cdot 9\,cm + 6\,cm \cdot 5\,cm + 3\,cm \cdot 7\,cm) \cdot 4\,cm = 312\,cm^3$

12. $V = 2 \cdot 38\,cm \cdot 12\,cm \cdot 250\,cm + 51\,cm \cdot 8\,cm \cdot 250\,cm = 330\,000\,cm^3$
$1\,cm^3$ Eisen wiegt 7 850 mg.
$330\,000 \cdot 7\,850\,mg = 2\,590\,500\,000\,mg = 2\,590\,500\,g = 2\,590{,}5\,kg$

13. a)

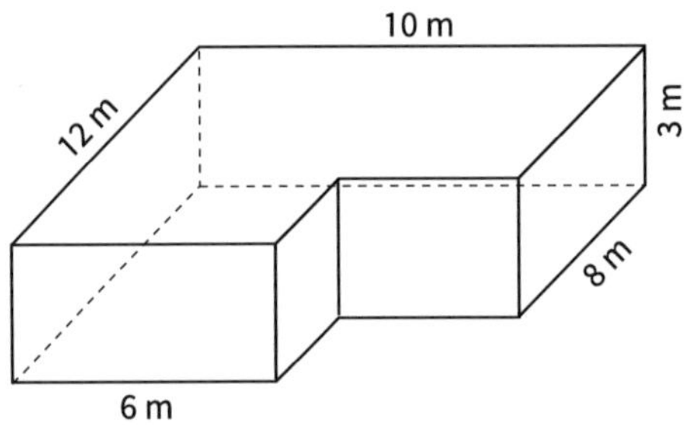

b) Hier Maßstab auf die Hälfte verkleinert.

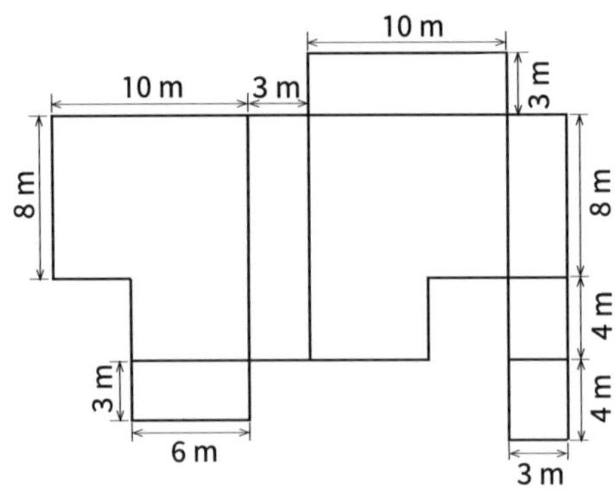

c) **(1)** $A = 12\,m \cdot 10\,m - 4\,m \cdot 4\,m = 104\,m^2$
(2) $V = 104\,m^2 \cdot 3\,m = 312\,m^3$
(3) $O = 2 \cdot A + (2 \cdot 10\,m + 2 \cdot 12\,m) \cdot 3\,m = 340\,m^2$

226 **14. a)** Hier Maßstab auf die Hälfte verkleinert.

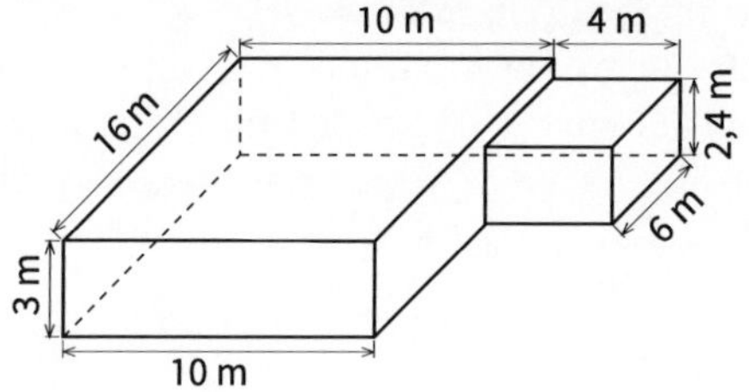

b) Hier Maßstab auf die Hälfte verkleinert.

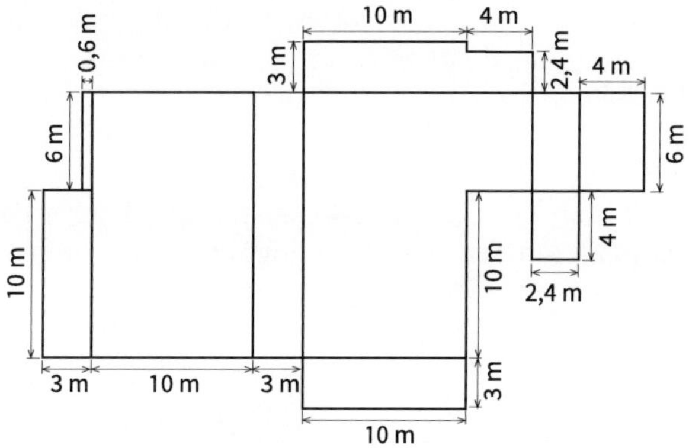

c) **(1)** $A = 10\,m \cdot 16\,m + 4\,m \cdot 6\,m = 184\,m^2$
(2) $V = 184\,m^2 \cdot 3\,m = 552\,m^3$
(3) $O = 2 \cdot A + (2 \cdot 10\,m + 2 \cdot 16\,m + 2 \cdot 4\,m) \cdot 3\,m = 548\,m^2$

15. a) Außenfläche + oberer Rand:
$A_1 = 2 \cdot (600\,mm \cdot 195\,mm + 600\,mm \cdot 205\,mm + 195\,mm \cdot 205\,mm)$
$- 540\,mm \cdot 135\,mm$
$= 487\,050\,mm^2$
Innenfläche:
$A_2 = 2 \cdot (135\,mm \cdot 175\,mm + 175\,mm \cdot 540\,mm) + 135\,mm \cdot 540\,mm$
$= 309\,150\,mm^2$
Zu streichende Fläche:
$A = A_1 + A_2 = 796\,200\,mm^2 = 7\,962\,cm^2 = 79{,}62\,dm^2 \approx 0{,}8\,m^2$

b) $V = 2 \cdot 600\,mm \cdot 205\,mm \cdot 3\,mm + 2 \cdot 135\,mm \cdot 205\,mm \cdot 3\,mm$
$+ 135\,mm \cdot 540\,mm$
$= 796\,950\,mm^3$
$10\,mm^3$ wiegen 24 mg.
$79\,695 \cdot 24\,mg = 1\,912\,680\,mg = 1\,912{,}68\,g \approx 1{,}9\,kg$
Der Blumenkübel wiegt etwa 1,9 kg.

226 16. Wenn man davon ausgeht, dass der Stoff jeweils die einzelnen Teile ganz umgibt, erhält man folgende Oberflächen:

$O_{Seitenlehne} = 2 \cdot 90\,cm \cdot 50\,cm + 2 \cdot 90\,cm \cdot 12\,cm + 2 \cdot 50\,cm \cdot 12\,cm = 12\,360\,cm^2$

$O_{Rückenlehne} = 2 \cdot 68\,cm \cdot 50\,cm + 2 \cdot 68\,cm \cdot 30\,cm + 2 \cdot 50\,cm \cdot 30\,cm = 13\,880\,cm^2$

$O_{Sitzfläche} = 2 \cdot 68\,cm \cdot 60\,cm + 2 \cdot 68\,cm \cdot 30\,cm + 2 \cdot 60\,cm \cdot 30\,cm = 15\,840\,cm^2$

$O_{Gesamt} = 2 \cdot O_{Seitenlehne} + O_{Rückenlehne} + O_{Sitzfläche}$
$= 54\,440\,cm^2$
$= 544{,}44\,dm^2$
$\approx 5{,}44\,m^2$

Um Stoff zu sparen, wird man die Sitzfläche unten nicht bespannen, muss aber einen etwa 5 cm breiten Rand zum Befestigen des Stoffes einrechnen. Man spart dann also $50\,cm \cdot 58\,cm = 2\,900\,cm^2$ Stoff.

Bei den Seitenlehnen und der Rückenlehne bringt das Einsparen unten nur wenig, da der 5 cm Rand auf beiden Seiten schon fast die gesamten Flächen überdeckt.

Man könnte aber noch die Seiten- und Rückenlehnen in der Höhe der Sitzfläche aussparen, müsste dann allerdings bis zu 10 cm unterhalb der Sitzfläche einrechnen. Dafür könnte man dann aber auch unten 7 cm bei den Seitenlehnen und 25 cm bei der Rückenlehne einsparen, also:

Pro Seitenlehne: $90\,cm \cdot (20\,cm + 7\,cm) = 2\,430\,cm^2$

Rückenlehne: $68\,cm \cdot (20\,cm + 25\,cm) = 3\,060\,cm^2$

Damit erhält man dann insgesamt

$O_{reduziert} = 54\,440\,cm^2 - 2\,900\,cm^2 - 2 \cdot 2\,430\,cm^2 - 3\,060\,cm^2 = 43\,620\,cm$

Ergebnis: Man benötigt also etwa $4{,}5\,m^2$ bis $5{,}5\,m^2$ Stoff.

Auf den Punkt gebracht: Modellieren mit Flächen und Körpern

227 1. a) (1) $1\,m^2 = 1\,000\,000\,mm^2$

$1\,000\,000\,mm^2 \cdot 4\,mm = 4\,000\,000\,mm^3 = 4\,000\,cm^3 = 4\,dm^3 = 4\,l$

Die beiden Angaben stimmen also überein.

(2) Die Grundfläche des Hauses beträgt

$G = 9\,m \cdot 11\,m = 99\,m^2$.

Falls zum Beispiel 4 l Regen pro m^2 fallen, wären das $99 \cdot 4\,l = 396\,l$ Wasser.

Dabei ist es egal, ob der Regen senkrecht oder schräg nach unten fällt. Durch die Tanne wird der Regen allerdings abgehalten und das Dach wird vor diesem Teil des Regens geschützt. Dann hat man weniger Regenwasser in der Tonne.

b) –

227 **2. a)** Bei einem 4 m breiten Teppich benötigt man $4{,}50\,m + 0{,}10\,m = 4{,}60\,m$ Länge, also:
$A = 40\,dm \cdot 46\,dm = 1\,840\,dm^2 = 18{,}4\,m^2$
Wenn man mit 14 € pro m^2 rechnet, muss man 257,60 € bezahlen.
Bei einem 5 m breiten Teppich benötigt man $3{,}50\,m + 0{,}10\,m = 3{,}60\,m$ Länge, also:
$A = 50\,dm \cdot 36\,dm = 1\,800\,dm^2 = 18\,m^2$
Wenn man auch hier mit 14 € pro m^2 rechnet, muss man 252 € bezahlen.

b) $4\,m \cdot 5\,m = 20\,m^2$; $20 \cdot 13{,}99\,€ = 279{,}80\,€$
Die Angabe, dass man 50,80 € spart ist also korrekt.
Diese Auslegeware reicht auch für das Zimmer und ist billiger also die anderen beiden Varianten aus Teilaufgabe a).

228 **3.** Der Flächeninhalt des Kellers:
$A = 114\,dm \cdot 120\,dm - 64\,dm \cdot 30\,dm = 11\,760\,dm^2 = 117{,}6\,m^2$
$V_{Wasser} = 11\,760\,dm^2 \cdot 1\,dm = 11\,760\,dm^3 = 11{,}76\,m^3$

a) 100 Eimer fassen $1\,000\,l = 1000\,dm^3$
Dann stehen noch 10 760 l Wasser im Keller.
$10\,760\,dm^3 = 10\,760\,000\,000\,mm^3$; $11\,760\,dm^2 = 117\,600\,000\,mm^2$
$10\,760\,000\,000\,mm^3 : 117\,600\,000\,mm^2 \approx 91\,mm$
$10\,760\,000 : 1\,176\,000 = 9$ Rest $176\,000$
$1\,000\,000\,cm^3 : 1\,176\,000\,cm^2$
$1\,000\,000\,000\,mm^3 : 117\,600\,000\,mm^2 = 8$ Rest 59

b) Die Eimer waren immer voll gefüllt.

c) 1 176 Eimer.
Die Eimer können nur mithilfe anderer Gefäße oder mithilfe einer Pumpe voll gefüllt werden.

4. a) **(1)** Für 20 Pferde benötigt man $3\,kg \cdot 20 \cdot 7 = 420\,kg$ Hafer.

(2) Für 20 Perde benötigt man an einem Tag $5\,kg \cdot 20 = 100\,kg$ Stroh.
2 Ballen (600 kg) reichen also für 6 Tage.

(3) 20 Pferde benötigen 420 kg Hafer (Teilaufgabe a)). 10 kg Hafer kostet $72\,€ : 5 = 1\,200\,ct : 5 = 240\,ct = 2{,}40\,€$.
20 Pferde benötigen in der Woche $5\,kg \cdot 20 \cdot 7 = 700\,kg$ Heu.
100 kg Heu kosten $24\,€ : 3 = 8\,€$.
20 Pferde benötigen in der Woche $5\,kg \cdot 20 \cdot 7 = 700\,kg$ Stroh.
100 kg Stroh kosten $27\,€ : 3 = 9\,€$.
Kosten für eine Woche:
Hafer: $2{,}40\,€ \cdot 42 = 240\,ct \cdot 42 = 10\,080\,ct = 100{,}80\,€$
Heu: $8\,€ \cdot 7 = 56\,€$
Stroh: $9\,€ \cdot 7 = 63\,€$
Gesamtkosten: $100{,}80\,€ + 56\,€ + 63\,€ = 219{,}80\,€$

(4) Verbrauch an den 5 Wochentagen für 20 Pferde: $5\,kg \cdot 20 \cdot 5 = 500\,kg$
Verbrauch an den 2 Wochentagen für 15 Pferde: $5\,kg \cdot 15 \cdot 2 = 150\,kg$
Verbrauch insgesamt: $500\,kg + 150\,kg = 650\,kg$
2 Ballen Heu reichen nicht.

228 4. b) (1) 10,50 m zwischen den Hindernissen entsprechen 21 mm in der Zeichnung, also entsprechen 2 mm in der Zeichnung einem Meter in der Wirklichkeit.
Mithilfe eines Fadens (bzw. eines Stechzirkels) kann man die Länge des Parcours in der Zeichnung bestimmen: ungefähr 440 mm
Der Parcours ist also ungefähr 220 m lang.
(2) $220\,m \cdot 4 = 880\,m \approx 900\,m$

4.7 Aufgaben zur Vertiefung

229 1. a)

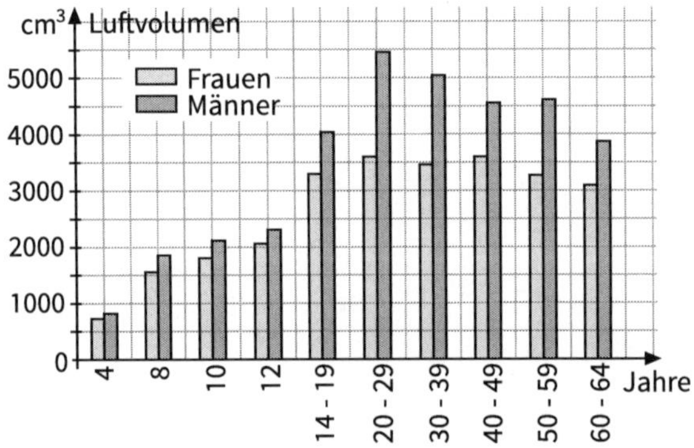

b) Z. B.: Ab welchem Alter wird das Lungenvolumen wieder kleiner?
Antwort: Bei den Frauen ab 40 Jahren, bei den Männern schon ab 30 Jahren.

c) Ein Kind in diesem Alter hat ein Lungenvolumen von ungefähr $2\,000\,cm^3 = 2\,dm^3$.
Ein Klassenraum hat ungefähr ein Volumen von $200\,m^3 = 200\,000\,dm^3$.
$200\,000\,dm^3 : 2\,dm^3 = 100\,000$.
Das Kind müsste etwa 100 000-mal tief durchatmen.

2. a) Das Volumen verdoppelt [verdreifacht] sich.
b) Das Volumen vervierfacht [verneunfacht] sich.
c) Das Volumen verachtfacht [versiebenundzwanzigfacht] sich.

3. Der Oberflächeninhalt vervierfacht sich.

4. a) $V = 46\,mm \cdot 25\,mm \cdot 79\,mm = 90\,850\,mm^3 \approx 91\,cm^3 = 91\,ml$
$91\,ml : 7\,ml = 13$
Die Verpackung ist etwa 13-mal so groß.
b) $V = 58\,mm \cdot 50\,mm \cdot 159\,mm = 461\,100\,mm^3 \approx 450\,cm^3 = 450\,ml$
$450\,ml : 75\,ml = 6$
Die Verpackung ist etwa 6-mal so groß.

229 **4.** **c)** $V = 75\,mm \cdot 40\,mm \cdot 113\,mm = 339\,000\,mm^3 = 339\,cm^3 = 339\,ml$
Die Verpackung ist etwa 2-bis 3-mal so groß.

d) $V = 64\,mm \cdot 49\,mm \cdot 131\,mm = 410\,816\,mm^3 \approx 411\,cm^3 = 411\,ml$
$411\,ml : 45\,ml \approx 9$; $9 \cdot 45\,ml = 405\,ml$
Die Verpackung ist gut 9-mal so groß.

e) $V = 53\,mm \cdot 43\,mm \cdot 120\,mm = 273\,480\,mm^3 \approx 275\,cm^3 = 275\,ml$
$275\,ml : 25\,ml = 11$
Die Verpackung ist etwa 11-mal so groß.

5. **a)** Das Volumen des Körpers ist halb so groß wie das Volumen eines Quaders mit den Kantenlängen 2 cm, 2 cm, 7 cm.
$V_{Quader} = 2\,cm \cdot 2\,cm \cdot 7\,cm = 28\,cm^3$; $V_{Körper} = 28\,cm^3 : 2 = 14\,cm^3$

b) Das Volumen des Körpers ist halb so groß wie das Volumen eines Quaders mit den Kantenlängen 5 cm, 1 cm, 7 cm.
$V_{Quader} = 5\,cm \cdot 1\,cm \cdot 7\,cm = 35\,cm^3$;
$V_{Körper} = 35\,cm^3 : 2 = 35\,000\,mm^3 : 2 = 17\,500\,cm^3 = 17{,}5\,cm^3$

c) Man kann den Körper zerschneiden und zu einem Quader mit den Kantenlängen 2 cm, 3 cm und 7 cm zusammensetzen.
$V_{Körper} = V_{Quader} = 2\,cm \cdot 3\,cm \cdot 7\,cm = 42\,cm^3$

d) Man kann den Körper zerschneiden und zu einem Quader mit den Kantenlängen 5 cm, 2 cm und 7 cm zusammensetzen.
$V_{Körper} = V_{Quader} = 5\,cm \cdot 2\,cm \cdot 7\,cm = 70\,cm^3$

5. Anteile – Brüche

Lernfeld: Nicht alles ist ganz

234 Keine Lösungen

5.1 Einführung der Brüche

5.1.1 Zerlegen eines Ganzen in gleich große Teile

236 **Einstieg:**

a) Ein Stück ist $\frac{1}{12}$ der Torte.

b) (1) $\frac{1}{8}$ (2) $\frac{1}{10}$ (3) $\frac{1}{12}$ (4) $\frac{1}{14}$ (5) $\frac{1}{20}$

237 2. $\frac{1}{2}$ kg = 500 g; $\frac{1}{4}$ kg = 250 g; $\frac{1}{8}$ kg = 125 g

3. a) (1) $\frac{1}{4}$ (2) $\frac{1}{2}$ (3) $\frac{1}{2}$ (4) $\frac{1}{4}$

b) (1)
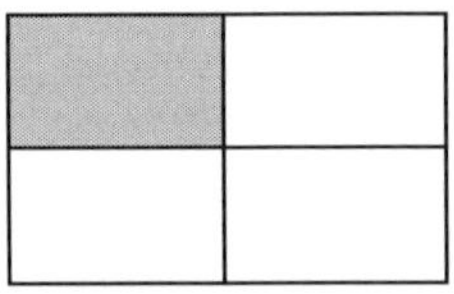
(2)
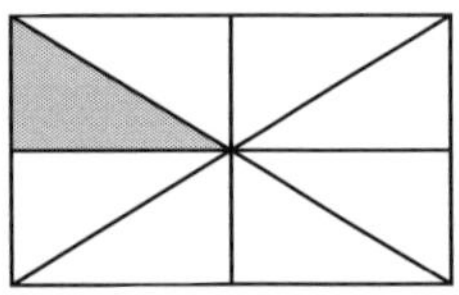
(3)
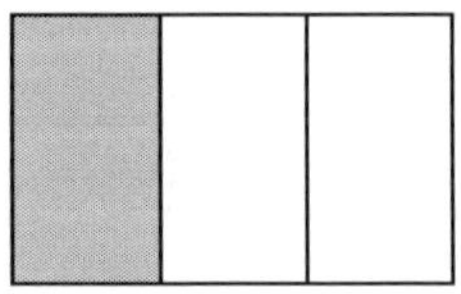
(4)
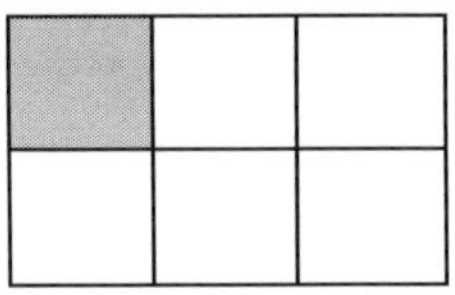
(5)
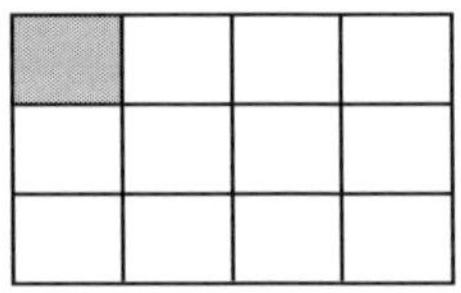

4.
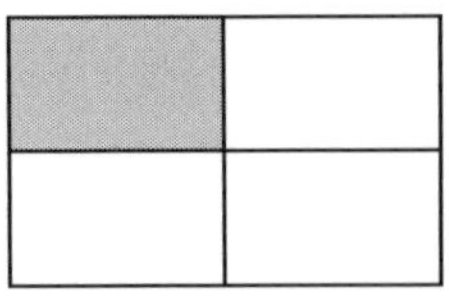
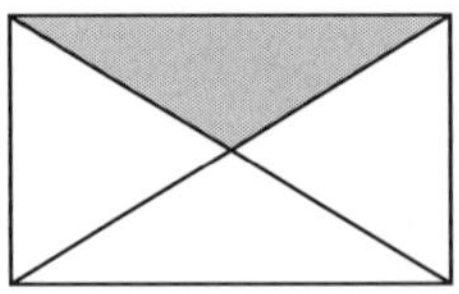
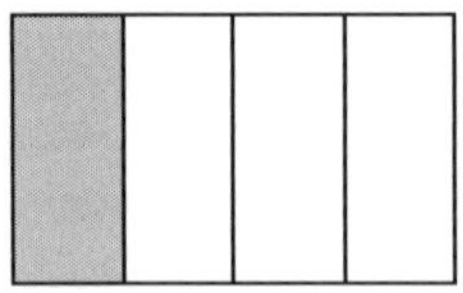

238 5. a) $\frac{1}{4}$ b) $\frac{1}{10}$ c) $\frac{1}{4}$ d) $\frac{1}{6}$ e) $\frac{1}{3}$ f) $\frac{1}{5}$ g) $\frac{1}{2}$ h) $\frac{1}{8}$

6. 7 Siebtel; 8 Achtel; 9 Neuntel; 10 Zehntel; 100 Hundertstel; 1000 Tausendstel

238 7. a) (1) $\frac{1}{4}$ (2) $\frac{1}{4}$

b) (1) Falsch, denn die vier Teile sind nicht alle gleich groß.
(2) und (3) sind richtig.

238 8. Bilder verkleinert.

a) 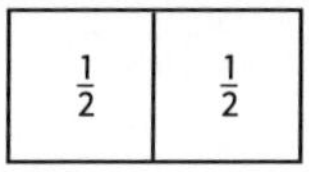

b) 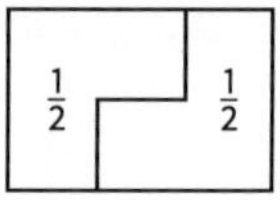

c) 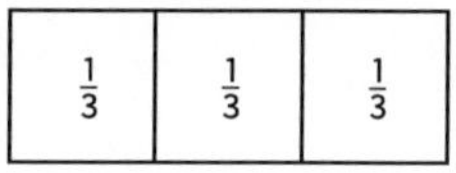

d) 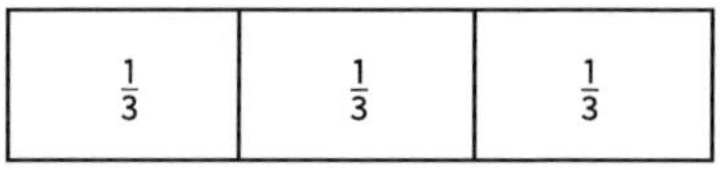

e) 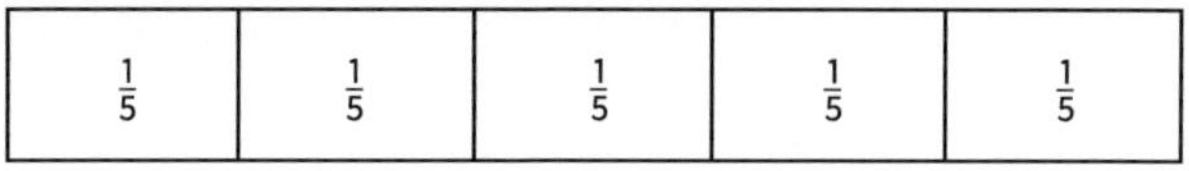

9. –

10. 12 Karos sind 1 Ganzes.

a) 6 Karos
b) 4 Karos
c) 3 Karos
d) 2 Karos
e) 1 Karo

11. a) 2 Teile; $\frac{1}{2}$ b) 3 Teile; $\frac{1}{3}$ c) 4 Teile; $\frac{1}{4}$ d) 6 Teile; $\frac{1}{6}$

239 12. Bei ein Viertel wird das Ganze in vier Teile geteilt. Bei ein Drittel wird das Ganze in drei Teile geteilt. Ein Drittel ist also mehr als ein Viertel.

13. a) $\frac{1}{5}$ kg = 200 g; $\frac{1}{10}$ kg = 100 g; $\frac{1}{20}$ kg = 50 g; $\frac{1}{100}$ kg = 10 g; $\frac{1}{1000}$ kg = 1 g

b) $\frac{1}{2}$ t = 500 kg; $\frac{1}{4}$ t = 250 kg; $\frac{1}{8}$ t = 125 kg; $\frac{1}{10}$ t = 100 kg; $\frac{1}{25}$ t = 40 kg; $\frac{1}{50}$ t = 20 kg

14. a) $\frac{1}{2}$ m = 50 cm; $\frac{1}{4}$ m = 25 cm; $\frac{1}{10}$ m = 10 cm, $\frac{1}{100}$ m = 1 cm

b) $\frac{1}{2}$ km = 500 m; $\frac{1}{4}$ km = 250 m; $\frac{1}{8}$ km = 125 m

c) $\frac{1}{2}$ cm = 5 mm; $\frac{1}{5}$ cm = 2 mm; $\frac{1}{10}$ cm = 1 mm

d) $\frac{1}{2}$ l = 500 ml; $\frac{1}{8}$ l = 125 ml; $\frac{1}{5}$ l = 200 ml; $\frac{1}{4}$ l = 250 ml; $\frac{1}{10}$ ml = 100 ml

15. Ein Quadrat mit der Seitenlänge 1 dm hat 400 Karoquadrate mit der Seitenlänge 5 mm.

a) (1) $\frac{1}{2}$ dm^2 = 50 cm^2 (200 Karoquadrate)
(2) $\frac{1}{4}$ dm^2 = 25 cm^2 (100 Karoquadrate)
(3) $\frac{1}{5}$ dm^2 = 20 cm^2 (80 Karoquadrate)
(4) $\frac{1}{10}$ dm^2 = 10 cm^2 (40 Karoquadrate)
(5) $\frac{1}{100}$ dm^2 = 1 cm^2 (4 Karoquadrate)

239 15. b) (1) $\frac{1}{2}\text{cm}^2 = 50\text{ mm}^2$; $\frac{1}{5}\text{cm}^2 = 20\text{ mm}^2$; $\frac{1}{4}\text{cm}^2 = 25\text{ mm}^2$; $\frac{1}{100}\text{cm}^2 = 1\text{ mm}^2$
(2) $\frac{1}{5}\text{km}^2 = 20\text{ ha}$; $\frac{1}{1000}\text{km}^2 = \frac{1}{10}\text{ha}$; $\frac{1}{4}\text{km}^2 = 25\text{ ha}$; $\frac{1}{100}\text{km}^2 = 1\text{ ha}$

16. a) $\frac{1}{4}\text{m}^3 = 250\text{ dm}^3 = 250\text{ l}$; $\frac{1}{5}\text{m}^3 = 200\text{ dm}^3 = 200\text{ l}$;
$\frac{1}{2}\text{m}^3 = 500\text{ dm}^3 = 500\text{ l}$; $\frac{1}{8}\text{m}^3 = 125\text{ dm}^3 = 125\text{ l}$; $\frac{1}{1000}\text{m}^3 = 1\text{ dm}^3 = 1\text{ l}$
b) $\frac{1}{8}\text{dm}^3 = 125\text{ cm}^3 = 125\text{ ml}$; $\frac{1}{2}\text{dm}^3 = 500\text{ cm}^3 = 500\text{ l}$;
$\frac{1}{5}\text{dm}^3 = 200\text{ cm}^3 = 200\text{ l}$; $\frac{1}{10}\text{dm}^3 = 100\text{ cm}^3 = 100\text{ l}$; $\frac{1}{1000}\text{dm}^3 = 1\text{ cm}^3 = 1\text{ l}$

17. a) $\frac{1}{2}\text{m}$ b) $\frac{1}{3}\text{l}$ c) $\frac{1}{2}\text{kg}$

18. a) (1) $30\text{ min} = \frac{1}{2}\text{h}$ (2) $15\text{ min} = \frac{1}{4}\text{h}$ (3) $20\text{ min} = \frac{1}{3}\text{h}$
b) (1) $\frac{1}{6}\text{h} = 10\text{ min}$; $\frac{1}{5}\text{h} = 12\text{ min}$; $\frac{1}{12}\text{h} = 5\text{ min}$; $\frac{1}{20}\text{h} = 3\text{ min}$; $\frac{1}{30}\text{h} = 2\text{ min}$;
$\frac{1}{60}\text{h} = 1\text{ min}$
(2) $\frac{1}{2}\text{min} = 30\text{ s}$; $\frac{1}{3}\text{min} = 20\text{ s}$; $\frac{1}{5}\text{min} = 12\text{ s}$; $\frac{1}{6}\text{min} = 10\text{ s}$; $\frac{1}{60}\text{min} = 1\text{ s}$
(3) $\frac{1}{3}$ Tag = 8 h; $\frac{1}{8}$ Tag = 3 h; $\frac{1}{4}$ Tag = 6 h; $\frac{1}{6}$ Tag = 4 h
(4) $\frac{1}{4}$ Jahr = 3 Mon.; $\frac{1}{3}$ Jahr = 4 Mon.; $\frac{1}{12}$ Jahr = 1 Mon.; $\frac{1}{6}$ Jahr = 2 Mon.

19. $\frac{1}{2}\text{h} = 30\text{ min}$; $1\text{ cm} = \frac{1}{100}\text{m}$; $1\text{ mm}^2 = \frac{1}{100}\text{cm}^2$ ist richtig; $\frac{1}{2}$ Tag = 12 h;
$1\text{ dm}^3 = \frac{1}{1000}\text{m}^3$

20. a) $1\text{ ml} = \frac{1}{1000}\text{l}$; $20\text{ min} = \frac{1}{3}\text{h}$; $250\text{ g} = \frac{1}{4}\text{kg}$; $5\text{ mm} = \frac{1}{2}\text{cm}$; $25\text{ m}^2 = \frac{1}{4}\text{a}$
b) $15\text{ min} = \frac{1}{4}\text{h}$; $250\text{ kg} = \frac{1}{4}\text{t}$; $20\text{ min} = \frac{1}{3}\text{h}$; $2\text{ mm} = \frac{1}{5}\text{cm}$

Das kann ich noch!
A) 1) 869 g 3) 200 km 5) 225 € 7) 53 hl
2) 45 Mio. 4) 281 min 6) 213 m 8) 77 d

5.1.2 Anteile an einem Ganzen

240 **Einstieg:**
Schokotorte: $\frac{4}{6}$; Kiwitorte: $\frac{3}{5}$; Ananastorte: $\frac{7}{8}$; Heidelbeertorte: $\frac{2}{3}$

241 2. $\frac{3}{4}\text{kg} = 750\text{ g}$; $\frac{5}{8}\text{kg} = 625\text{ g}$

241 3. a) (1) $\frac{4}{6}$ Das Ganze in 6 gleich große Teile und davon 4 Teile.
(2) $\frac{3}{5}$ Das Ganze in 5 gleich große Teile und davon 3 Teile.
(3) $\frac{2}{4}$ Das Ganze in 4 gleich große Teile und davon 2 Teile.
(4) $\frac{4}{10}$ Das Ganze in 10 gleich große Teile und davon 4 Teile.
b) (1) $\frac{3}{4}$ Das Ganze in 4 gleich große Teile und davon 3 Teile.
(2) $\frac{2}{3}$ Das Ganze in 3 gleich große Teile und davon 2 Teile.
(3) $\frac{7}{12}$ Das Ganze in 12 gleich große Teile und davon 7 Teile.
(4) $\frac{5}{6}$ Das Ganze in 6 gleich große Teile und davon 5 Teile.
(5) $\frac{3}{6}$ Das Ganze in 6 gleich große Teile und davon 3 Teile.
(6) $\frac{2}{9}$ Das Ganze in 9 gleich große Teile und davon 2 Teile.
(7) $\frac{5}{8}$ Das Ganze in 8 gleich große Teile und davon 5 Teile.
(8) $\frac{4}{12}$ Das Ganze in 12 gleich große Teile und davon 4 Teile.

4. a) blau: $\frac{1}{4}$; gelb: $\frac{3}{4}$
b) blau: $\frac{3}{8}$; gelb: $\frac{5}{8}$
c) blau: $\frac{3}{6}$; gelb: $\frac{3}{6}$
d) blau: $\frac{3}{9}$; gelb: $\frac{6}{9}$
e) blau: $\frac{13}{20}$; gelb: $\frac{7}{20}$

242 5. (1) $\frac{3}{8}$ (Der Nenner ist falsch.)
(2) richtig
(3) $\frac{2}{4}$ (Das Rechteck ist doppelt so groß wie im Dreieck.)

6. a) 16 Karoquadrate
b) 24 Karoquadrate
c) 32 Karoquadrate
d) 24 Karoquadrate
e) 12 Karoquadrate
f) 42 Karoquadrate
g) 30 Karoquadrate
h) 24 Karoquadrate
i) 32 Karoquadrate
j) 20 Karoquadrate
k) 21 Karoquadrate
l) 14 Karoquadrate

7. a) 9 Karolängen
b) 6 Karolängen
c) 8 Karolängen
d) 10 Karolängen
e) 6 Karolängen
f) 8 Karolängen
g) 5 Karolängen
h) 11 Karolängen

8. –

9. *Beispiele:*

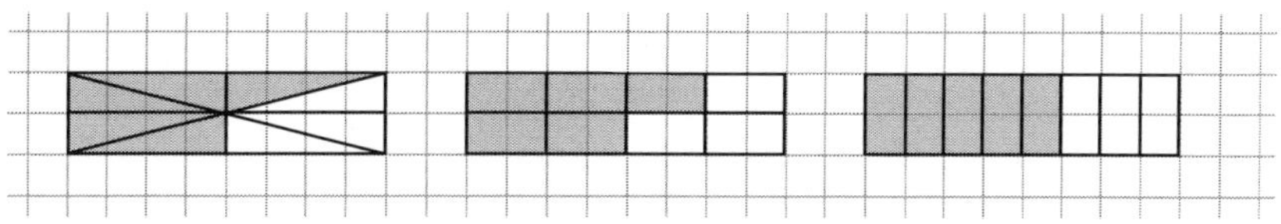

10. a) $\frac{2}{3}$ b) $\frac{3}{4}$ c) $\frac{3}{8}$ d) $\frac{2}{6}$

242 **11. a)** (1) $\frac{1}{2}$ (2) $\frac{1}{4}$ (3) $\frac{3}{4}$ (4) $\frac{3}{8}$ (5) $\frac{7}{8}$ (6) $\frac{1}{8}$ (7) $\frac{2}{3}$ (8) $\frac{1}{3}$ (9) $\frac{4}{6}$ (10) $\frac{1}{6}$ (11) $\frac{4}{5}$ (12) $\frac{2}{5}$ (13) $\frac{7}{10}$ (14) $\frac{3}{10}$ (15) $\frac{67}{100}$ (16) $\frac{42}{100}$

b) Der neue Zähler ist die Differenz zwischen dem alten Zähler und dem alten Nenner. Der Nenner bleibt erhalten.

12. a) 6 Achtel; Die Teile sind gleich groß und $6 < 7$.

b) 2 Fünftel; Die Teile sind gleich groß und $2 < 4$.

c) 6 Zehntel; Die Teile sind gleich groß und $6 < 8$.

d) 2 Fünftel; Ein Fünftel eines Ganzen ist kleiner als ein Drittel dieses Ganzen, also ist 2 Fünftel auch kleiner als 2 Drittel.

e) 3 Zehntel; Ein Zehntel eines Ganzen ist kleiner als ein Viertel dieses Ganzen, also ist 3 Zehntel kleiner als 3 Viertel.

f) 4 Zwölftel; Ein Zwölftel eines Ganzen ist kleiner als ein Neuntel dieses Ganzen, also ist 4 Zwölftel auch kleiner als 4 Neuntel.

243 **13. a)**

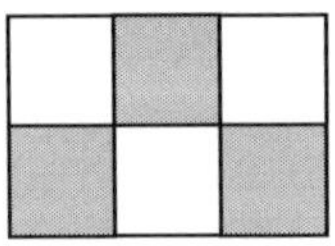

b)

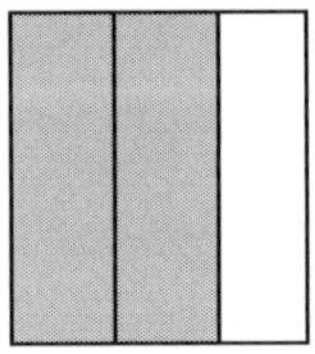

c)

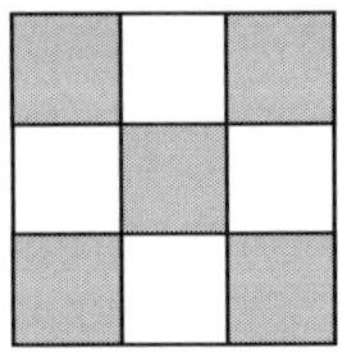

d)

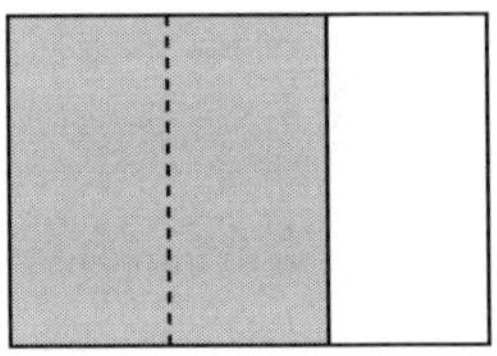

14. Maria trinkt in 3 Tagen $\frac{3}{4}$ l Milch.

15. a) $\frac{3}{10}\,\text{m} = 30\,\text{cm}$

b) $\frac{2}{4}\,\text{m} = 50\,\text{cm}$

c) $\frac{2}{5}\,\text{m} = 40\,\text{cm}$

d) $\frac{3}{4}\,\text{m} = 75\,\text{cm}$

e) $\frac{3}{4}\,\text{km} = 750\,\text{m}$

f) $\frac{7}{10}\,\text{km} = 700\,\text{m}$

g) $\frac{3}{8}\,\text{km} = 375\,\text{m}$

h) $\frac{3}{5}\,\text{km} = 600\,\text{m}$

16. a) $\frac{4}{5}\,\text{m} = 80\,\text{cm}$; $\frac{3}{5}\,\text{m} = 60\,\text{cm}$; $\frac{3}{10}\,\text{m} = 30\,\text{cm}$; $\frac{3}{4}\,\text{m} = 75\,\text{cm}$; $\frac{7}{100}\,\text{m} = 7\,\text{cm}$

b) $\frac{2}{5}\,\text{cm} = 4\,\text{mm}$; $\frac{3}{5}\,\text{cm} = 6\,\text{mm}$; $\frac{7}{10}\,\text{cm} = 7\,\text{mm}$; $\frac{4}{5}\,\text{cm} = 8\,\text{mm}$; $\frac{9}{10}\,\text{cm} = 9\,\text{mm}$

c) $\frac{1}{8}\,\text{kg} = 125\,\text{g}$; $\frac{3}{8}\,\text{kg} = 375\,\text{g}$; $\frac{5}{8}\,\text{kg} = 625\,\text{g}$; $\frac{1}{5}\,\text{kg} = 200\,\text{g}$; $\frac{3}{5}\,\text{kg} = 600\,\text{g}$

d) $\frac{1}{4}\,\text{t} = 250\,\text{kg}$; $\frac{6}{8}\,\text{t} = 750\,\text{kg}$; $\frac{7}{10}\,\text{t} = 700\,\text{kg}$; $\frac{3}{100}\,\text{t} = 30\,\text{kg}$; $\frac{11}{1000}\,\text{t} = 11\,\text{kg}$

243 16. e) $\frac{1}{2}\,m^2 = 50\,dm^2$; $\frac{3}{4}\,m^2 = 75\,dm^2$; $\frac{2}{5}\,m^2 = 40\,dm^2$; $\frac{7}{10}\,m^2 = 70\,dm^2$; $\frac{23}{100}\,m^2 = 23\,dm^2$

f) $\frac{3}{4}\,cm^2 = 75\,mm^2$; $\frac{4}{5}\,cm^2 = 80\,mm^2$; $\frac{3}{10}\,cm^2 = 30\,mm^2$; $\frac{1}{100}\,cm^2 = 1\,mm^2$

g) $\frac{1}{4}\,dm^3 = 250\,cm^3$; $\frac{2}{5}\,dm^3 = 400\,cm^3$; $\frac{9}{10}\,dm^3 = 900\,cm^3$; $\frac{139}{1000}\,dm^3 = 139\,cm^3$

h) $\frac{2}{5}\,cm^3 = 400\,mm^3$; $\frac{5}{10}\,cm^3 = 500\,mm^3$; $\frac{1}{2}\,cm^3 = 500\,mm^3$; $\frac{76}{100}\,cm^3 = 760\,mm^3$

17. a) $\frac{2}{5}\,l = 400$ ml; $\frac{5}{8}\,l = 625$ ml; $\frac{3}{4}\,l = 750$ ml; $\frac{4}{5}\,l = 800$ ml; $\frac{9}{10}\,l = 900$ ml; $\frac{7}{8}\,l = 875$ ml; $\frac{3}{8}\,l = 375$ ml; $\frac{3}{10}\,l = 300$ ml

b) $\frac{15}{100}\,l = 150$ ml; $\frac{7}{20}\,l = 350$ ml; $\frac{7}{25}\,l = 280$ ml; $\frac{70}{100}\,l = 700$ ml; $\frac{7}{1000}\,l = 7$ ml; $\frac{9}{20}\,l = 450$ ml

18. a) $\frac{7}{8}$ m; $\frac{1}{8}$ m fehlt am vollen Meter.

b) $\frac{2}{3}$ m; $\frac{1}{3}$ m fehlt am vollen Meter.

c) $\frac{7}{10}$ m; $\frac{3}{10}$ m fehlt am vollen Meter.

19. a) (1) 30 min = $\frac{1}{2}$ h (2) 15 min = $\frac{1}{4}$ h (3) 20 min = $\frac{1}{3}$ h (4) 45 min = $\frac{3}{4}$ h (5) 25 min = $\frac{5}{12}$ h (6) 50 min = $\frac{5}{6}$ h

b) (1) $\frac{1}{2}$ h (2) $\frac{3}{4}$ h (3) $\frac{2}{3}$ h (4) $\frac{1}{4}$ h (5) $\frac{7}{12}$ h (6) $\frac{1}{6}$ h

20. a) $\frac{2}{3}$ min = 40 s; $\frac{3}{4}$ min = 45 s; $\frac{3}{5}$ min = 36 s

b) $\frac{2}{3}$ Jahr = 8 Mon.; $\frac{5}{6}$ Jahr = 10 Mon.; $\frac{3}{4}$ Jahr = 9 Mon.; $\frac{5}{12}$ Jahr = 5 Mon.

244 21. Ein Quadrat mit der Seitenlänge hat 400 Karoquadrate.

$\frac{2}{5}\,dm^2 = 40\,cm^2$; 160 Karoquadrate $\frac{3}{4}\,dm^2 = 75\,cm^2$; 300 Karoquadrate

$\frac{7}{10}\,dm^2 = 70\,cm^2$; 280 Karoquadrate $\frac{13}{100}\,dm^2 = 13\,cm^2$; 52 Karoquadrate

22. (1) $\frac{2}{3}\,m^2$; $\frac{1}{3}\,m^2$ fehlt (2) $\frac{3}{6}\,m^2$; $\frac{3}{6}\,m^2$ fehlt (3) $\frac{4}{5}\,m^2$; $\frac{1}{5}\,m^2$ fehlt (4) $\frac{7}{10}\,m^2$; $\frac{3}{10}\,m^2$ fehlt (5) $\frac{3}{8}\,m^2$; $\frac{5}{8}\,m^2$ fehlt (6) $\frac{5}{12}\,m^2$; $\frac{7}{12}\,m^2$ fehlt

23. a) Die Brühe ist im 2. Becher, die Sahne im 4. Becher.

b) (1) $\frac{3}{8}\,l$ (2) $\frac{3}{4}\,l$ (3) $\frac{1}{2}\,l$ (4) $\frac{1}{8}\,l$ (5) $\frac{7}{8}\,l$ (6) $\frac{1}{4}\,l$

5.1.3 Unechte Brüche – Gemischte Schreibweise

Einstieg:
Kiwitorte: $2\frac{3}{4}$; $\frac{11}{4}$ Pfirsichtorte: $1\frac{5}{12}$; $\frac{17}{12}$ Kirschtorte: $3\frac{9}{14}$; $\frac{51}{14}$

245 **3.** $2\frac{1}{4}$ kg = 2250 g; $1\frac{3}{4}$ kg = 1750 g

246 **4.** a) $1\frac{2}{3}=\frac{5}{3}$ b) $2=\frac{12}{6}$ c) $1\frac{3}{8}=\frac{11}{8}$ d) $1\frac{4}{9}=\frac{13}{9}$ e) $1\frac{2}{3}=\frac{5}{3}$

5. –

6. Zum Beispiel für eine Strecke von 10 Karolängen als Ganzes:

a) $\frac{5}{2}$: 25 Karolängen
$\frac{7}{5}$: 14 Karolängen
$\frac{20}{10}$: 20 Karolängen
$\frac{6}{2}$: 30 Karolängen

b) $\frac{3}{2}$: 15 Karolängen
$\frac{13}{5}$: 26 Karolängen
$\frac{15}{5}$: 30 Karolängen
$\frac{24}{10}$: 24 Karolängen

7. a) $2=\frac{4}{2}=\frac{8}{4}=\frac{16}{8}$
$3=\frac{6}{2}=\frac{12}{4}=\frac{24}{8}$
$5=\frac{10}{2}=\frac{20}{4}=\frac{40}{8}$
$7=\frac{14}{2}=\frac{28}{4}=\frac{56}{8}$
$9=\frac{18}{2}=\frac{36}{4}=\frac{72}{8}$
$10=\frac{20}{2}=\frac{40}{4}=\frac{80}{8}$

b) $2=\frac{6}{3}=\frac{12}{6}=\frac{24}{12}$
$3=\frac{9}{3}=\frac{18}{6}=\frac{36}{12}$
$4=\frac{12}{3}=\frac{24}{6}=\frac{48}{12}$
$5=\frac{15}{3}=\frac{30}{6}=\frac{60}{12}$
$10=\frac{30}{3}=\frac{60}{6}=\frac{120}{12}$

c) $4=\frac{20}{5}=\frac{40}{10}=\frac{80}{20}$
$9=\frac{45}{5}=\frac{90}{10}=\frac{180}{20}$
$10=\frac{50}{5}=\frac{100}{10}=\frac{200}{20}$
$12=\frac{60}{5}=\frac{120}{10}=\frac{240}{20}$
$20=\frac{100}{5}=\frac{200}{10}=\frac{400}{20}$
$50=\frac{250}{5}=\frac{500}{10}=\frac{1000}{20}$

8. a) $\frac{6}{2}=3$; $\frac{10}{2}=5$; $\frac{24}{4}=6$; $\frac{36}{4}=9$; $\frac{24}{8}=3$; $\frac{56}{8}=7$
b) $\frac{12}{3}=4$; $\frac{27}{3}=9$; $\frac{18}{6}=3$; $\frac{42}{6}=7$; $\frac{24}{12}=2$; $\frac{60}{12}=5$
c) $\frac{20}{5}=4$; $\frac{45}{5}=9$; $\frac{30}{10}=3$; $\frac{80}{10}=8$; $\frac{40}{20}=2$; $\frac{100}{20}=5$
d) $\frac{125}{25}=5$; $\frac{350}{50}=7$; $\frac{180}{90}=2$; $\frac{600}{60}=10$; $\frac{375}{25}=15$; $\frac{320}{40}=8$

9. a) $\frac{1}{2}$ b) $\frac{1}{4}$ c) $\frac{1}{3}$ d) $\frac{5}{8}$ e) $\frac{11}{100}$ f) $\frac{30}{100}$ g) $\frac{30}{50}$

10. a) (1) $\frac{1}{2}$ (2) $\frac{5}{8}$ (3) $\frac{2}{6}$ (4) $\frac{2}{5}$ (5) $\frac{1}{2}$ (6) $\frac{6}{8}$ (7) $\frac{7}{12}$ (8) $\frac{14}{20}$

b) Man betrachtet nur den Bruch, der nach Abzug der Ganzen übrig bleibt. Der neue Zähler ist die Differenz des Zählers und des Nenners dieses Bruches. Der Nenner bleibt erhalten.

11. a) $\frac{2}{3}<1$; $\frac{3}{2}>1$
b) $\frac{7}{5}>1$; $\frac{5}{7}<1$
c) $\frac{3}{4}<1$; $\frac{4}{3}>1$
d) $\frac{12}{10}>1$; $\frac{10}{12}<1$
e) $\frac{27}{25}>1$; $\frac{25}{27}<1$

246 **12. a)** $4\frac{1}{2}=\frac{9}{2}$; $3\frac{2}{4}=\frac{14}{4}$; $7\frac{3}{4}=\frac{31}{4}$; $8\frac{1}{4}=\frac{33}{4}$; $5\frac{7}{8}=\frac{47}{8}$; $6\frac{3}{8}=\frac{51}{8}$; $9\frac{5}{8}=\frac{77}{8}$

b) $5\frac{1}{3}=\frac{16}{3}$; $8\frac{2}{3}=\frac{26}{3}$; $9\frac{1}{6}=\frac{55}{6}$; $2\frac{5}{6}=\frac{17}{6}$; $3\frac{4}{6}=\frac{22}{6}$; $1\frac{7}{12}=\frac{19}{12}$; $4\frac{5}{12}=\frac{53}{12}$

c) $5\frac{4}{10}=\frac{54}{10}$; $6\frac{24}{100}=\frac{624}{100}$; $8\frac{21}{100}=\frac{821}{100}$; $5\frac{119}{1000}=\frac{5119}{1000}$; $4\frac{345}{1000}=\frac{4345}{1000}$

d) $5\frac{7}{11}=\frac{62}{11}$; $6\frac{5}{12}=\frac{77}{12}$; $9\frac{13}{15}=\frac{118}{15}$; $7\frac{4}{5}=\frac{39}{5}$; $6\frac{1}{10}=\frac{61}{10}$; $9\frac{7}{8}=\frac{79}{8}$

247 **13.** –

14. –

15. a) $\frac{11}{2}=5\frac{1}{2}$; $\frac{19}{2}=9\frac{1}{2}$; $\frac{17}{4}=4\frac{1}{4}$; $\frac{31}{4}=7\frac{3}{4}$; $\frac{31}{8}=3\frac{7}{8}$; $\frac{53}{8}=6\frac{5}{8}$

b) $\frac{19}{3}=6\frac{1}{3}$; $\frac{29}{3}=9\frac{2}{3}$; $\frac{25}{3}=8\frac{1}{3}$; $\frac{41}{6}=6\frac{5}{6}$; $\frac{20}{6}=3\frac{2}{6}$; $\frac{67}{12}=5\frac{7}{12}$

c) $\frac{37}{5}=7\frac{2}{5}$; $\frac{41}{5}=8\frac{1}{5}$; $\frac{49}{5}=9\frac{4}{5}$; $\frac{36}{10}=3\frac{6}{10}$; $\frac{83}{10}=8\frac{3}{10}$; $\frac{75}{20}=3\frac{15}{20}$

d) $\frac{9}{2}=4\frac{1}{2}$; $\frac{35}{4}=8\frac{3}{4}$; $\frac{35}{8}=4\frac{3}{8}$; $\frac{25}{3}=8\frac{1}{3}$; $\frac{46}{6}=7\frac{4}{6}$; $\frac{39}{12}=3\frac{3}{12}$

e) $\frac{17}{2}=8\frac{1}{2}$; $\frac{26}{4}=6\frac{2}{4}$; $\frac{20}{3}=6\frac{2}{3}$; $\frac{39}{6}=6\frac{3}{6}$; $\frac{33}{5}=6\frac{3}{5}$; $\frac{69}{10}=6\frac{9}{10}$

f) $\frac{34}{10}=3\frac{4}{10}$; $\frac{234}{100}=2\frac{34}{100}$; $\frac{586}{100}=5\frac{86}{100}$; $\frac{381}{100}=3\frac{81}{100}$; $\frac{3215}{1000}=3\frac{215}{1000}$

16. Z. B.: $\frac{17}{5}=3\frac{2}{5}$; $\frac{15}{4}=3\frac{3}{4}$; $\frac{11}{7}=1\frac{4}{7}$; $\frac{28}{9}=3\frac{1}{9}$; $\frac{15}{3}=5$; $\frac{20}{4}=5$; $\frac{28}{7}=4$; $\frac{45}{9}=5$

Wenn ein Bruch in einen Bruch in gemischter Schreibweise angegeben werden soll muss der Zähler größer als der Nenner sein. Wenn der Zähler sich genau durch den Nenner ohne Rest teilen lässt, erhält man eine natürliche Zahl.

17. a) $1\frac{1}{2}$ kg = 1500 g; $1\frac{3}{8}$ t = 1375 kg; $2\frac{3}{4}$ g = 2750 mg; $2\frac{1}{4}$ t = 2250 kg; $5\frac{1}{4}$ kg = 5250 g; $1\frac{3}{8}$ g = 1375 mg

b) $5\frac{3}{4}$ m = 575 cm; $1\frac{5}{8}$ kg = 1625 m; $2\frac{1}{2}$ cm = 25 mm; $1\frac{4}{10}$ km = 1400 m; $5\frac{2}{5}$ m = 54 dm

c) $3\frac{3}{4}\,m^2 = 375\,dm^2$; $4\frac{1}{2}\,dm^2 = 450\,cm^2$; $3\frac{4}{5}\,cm^2 = 380\,mm^2$; $5\frac{9}{10}$ ha = 590 a; $2\frac{5}{8}\,m^2 = 26\,250\,cm^2$

d) $3\frac{3}{4}$ l = 3750 ml; $2\frac{5}{8}$ l = 2625 ml; $4\frac{1}{2}\,m^3 = 4500\,dm^3$; $3\frac{4}{5}\,m^3 = 3800\,dm^3$; $7\frac{3}{8}\,m^3 = 7375\,dm^3$; $5\frac{4}{10}\,m^3 = 5400\,dm^3$

18. a) $\frac{15}{4}$ kg = $3\frac{3}{4}$ kg = 3750 g; $\frac{27}{8}$ t = $3\frac{3}{8}$ t = 3375 kg; $\frac{13}{8}$ kg = $1\frac{5}{8}$ kg = 1625 g; $\frac{43}{10}$ t = $4\frac{3}{10}$ t = 4300 kg; $\frac{219}{100}$ t = $2\frac{19}{100}$ t = 2190 kg; $\frac{175}{50}$ kg = $3\frac{25}{50}$ kg = 3500 g

b) $\frac{7}{4}$ m = $1\frac{3}{4}$ m = 175 cm; $\frac{9}{5}$ km = $1\frac{4}{5}$ km = 1800 m; $\frac{15}{2}$ cm = $7\frac{1}{2}$ cm = 75 mm; $\frac{13}{4}$ m = $3\frac{1}{4}$ m = 325 cm; $\frac{53}{10}$ km = $5\frac{3}{10}$ km = 5300 m; $\frac{87}{20}$ m = $4\frac{7}{20}$ m = 435 cm

247 **18.** c) $\frac{5}{4}\,m^2 = 1\frac{1}{4}\,m^2 = 125\,dm^2$; $\frac{7}{5}\,m^2 = 1\frac{2}{5}\,m^2 = 140\,dm^2$; $\frac{3}{2}\,m^2 = 1\frac{1}{2}\,m^2 = 150\,dm^2$;
$\frac{34}{10}\,m^2 = 3\frac{4}{10}\,m^2 = 340\,dm^2$; $\frac{121}{100}\,m^2 = 1\frac{21}{100}\,m^2 = 121\,dm^2$;
$\frac{475}{100}\,m^2 = 4\frac{75}{100}\,m^2 = 475\,dm^2$

d) $\frac{5}{2}\,cm^2 = 2\frac{1}{2}\,cm^2 = 250\,mm^2$; $\frac{7}{4}\,cm^2 = 1\frac{3}{4}\,cm^2 = 175\,mm^2$;
$\frac{13}{10}\,cm^2 = 1\frac{3}{10}\,cm^2 = 130\,mm^2$; $\frac{18}{5}\,cm^2 = 3\frac{3}{5}\,cm^2 = 360\,mm^2$;
$\frac{375}{100}\,cm^2 = 3\frac{75}{100}\,cm^2 = 375\,mm^2$

19. Hier ohne Zeichnung:

a) $3\frac{1}{2}\,cm^2 = 350\,mm^2$　c) $4\frac{1}{4}\,cm^2 = 425\,mm^2$　e) $1\frac{1}{2}\,dm^2 = 150\,cm^2$

b) $5\frac{3}{4}\,cm^2 = 575\,mm^2$　d) $6\frac{2}{4}\,cm^2 = 650\,mm^2$

Das kann ich noch!

A) 1) A = 300; B = 1200; C = 2800; D = 4400; E = 5700; F = 7100; G = 8600; H = 9500; I = 10 600

2) A = 900 000; B = 1 800 000; C = 2 700 000; D = 4 100 000; E = 5 700 000; F = 7 400 000; G = 9 300 000; H = 10 600 000

5.2 Brüche mit gleichem Wert – Erweitern und Kürzen

5.2.1 Brüche mit gleichem Wert – Erweitern eines Bruches

248 **Einstieg:**

a) $\frac{12}{16} = \frac{6}{8} = \frac{3}{4}$　b) $\frac{16}{24} = \frac{8}{12} = \frac{4}{6} = \frac{2}{3}$　c) $\frac{18}{30} = \frac{9}{15} = \frac{3}{5}$

249 **2.** a) (1) $\frac{2}{3}$　(2) $\frac{4}{6}$　(3) $\frac{8}{12}$; $\frac{2}{3} = \frac{4}{6} = \frac{8}{12}$

b) (1) $\frac{3}{5}$　(2) $\frac{6}{10}$　(3) $\frac{12}{20}$; $\frac{3}{5} = \frac{6}{10} = \frac{12}{20}$

3. a) grün: $\frac{12}{16} = \frac{3}{4}$　gelb: $\frac{4}{16} = \frac{1}{4}$
b) grün: $\frac{8}{12} = \frac{2}{3}$　gelb: $\frac{4}{12} = \frac{1}{3}$
c) grün: $\frac{8}{20} = \frac{2}{5}$　gelb: $\frac{12}{20} = \frac{3}{5}$
d) grün: $\frac{4}{8} = \frac{1}{2}$　gelb: $\frac{4}{8} = \frac{1}{2}$

4.

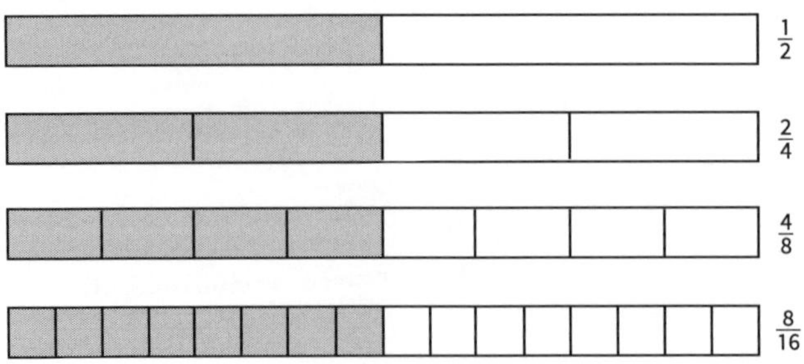

250

5. a) grün: $\frac{1}{3}$; $\frac{2}{6}$; $\frac{4}{12}$; … gelb: $\frac{2}{3}$; $\frac{4}{6}$; $\frac{8}{12}$; …

b) grün: $\frac{1}{3}$; $\frac{2}{6}$; $\frac{4}{12}$; … gelb: $\frac{2}{3}$; $\frac{4}{6}$; $\frac{8}{12}$; …

c) grün: $\frac{2}{6}$; $\frac{4}{12}$; $\frac{8}{24}$; … gelb: $\frac{4}{6}$; $\frac{8}{12}$; $\frac{16}{24}$; …

d) grün: $\frac{1}{4}$; $\frac{2}{8}$; $\frac{4}{16}$; … gelb: $\frac{3}{4}$; $\frac{6}{8}$; $\frac{12}{16}$; …

6. a) **(1)** 24 Teile **(2)** 8 Teile **b)** 20 Teile

7. a) **(1)** 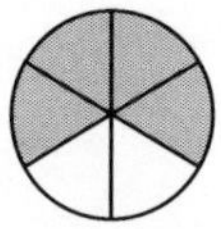 **(2)** 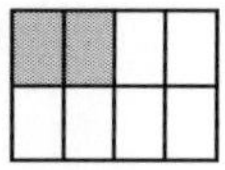 **(3)** 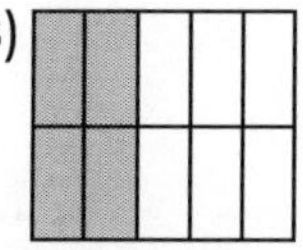

b) **(1)** 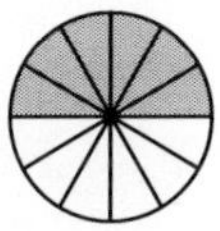 **(2)** 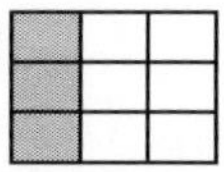 **(3)** 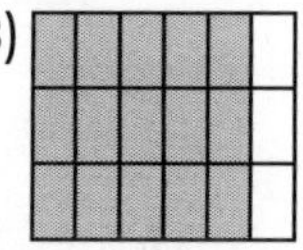

8. a) $\frac{3}{7} \overset{4}{=} \frac{12}{28}$; $\frac{3}{7} \overset{5}{=} \frac{15}{35}$; $\frac{3}{7} \overset{6}{=} \frac{18}{42}$; $\frac{3}{7} \overset{7}{=} \frac{21}{49}$; $\frac{3}{7} \overset{8}{=} \frac{24}{56}$

b) $\frac{9}{5} \overset{4}{=} \frac{36}{20}$; $\frac{9}{5} \overset{5}{=} \frac{45}{25}$; $\frac{9}{5} \overset{6}{=} \frac{54}{30}$; $\frac{9}{5} \overset{7}{=} \frac{63}{35}$; $\frac{9}{5} \overset{8}{=} \frac{72}{40}$

c) $\frac{11}{8} \overset{4}{=} \frac{44}{32}$; $\frac{11}{8} \overset{5}{=} \frac{55}{40}$; $\frac{11}{8} \overset{6}{=} \frac{66}{48}$; $\frac{11}{8} \overset{7}{=} \frac{77}{56}$; $\frac{11}{8} \overset{8}{=} \frac{88}{64}$

d) $\frac{10}{2} \overset{4}{=} \frac{40}{8}$; $\frac{10}{2} \overset{5}{=} \frac{50}{10}$; $\frac{10}{2} \overset{6}{=} \frac{60}{12}$; $\frac{10}{2} \overset{7}{=} \frac{70}{14}$; $\frac{10}{2} \overset{8}{=} \frac{80}{16}$

e) $\frac{2}{3} \overset{4}{=} \frac{8}{12}$; $\frac{2}{3} \overset{5}{=} \frac{10}{15}$; $\frac{2}{3} \overset{6}{=} \frac{12}{18}$; $\frac{2}{3} \overset{7}{=} \frac{14}{21}$; $\frac{2}{3} \overset{8}{=} \frac{16}{24}$

f) $\frac{1}{8} \overset{4}{=} \frac{4}{32}$; $\frac{1}{8} \overset{5}{=} \frac{5}{40}$; $\frac{1}{8} \overset{6}{=} \frac{6}{48}$; $\frac{1}{8} \overset{7}{=} \frac{7}{56}$; $\frac{1}{8} \overset{8}{=} \frac{8}{64}$

g) $\frac{11}{1} \overset{4}{=} \frac{44}{4}$; $\frac{11}{1} \overset{5}{=} \frac{55}{5}$; $\frac{11}{1} \overset{6}{=} \frac{66}{6}$; $\frac{11}{1} \overset{7}{=} \frac{77}{7}$; $\frac{11}{1} \overset{8}{=} \frac{88}{8}$

9. a) $\frac{5}{9} \overset{7}{=} \frac{35}{63}$ **c)** $\frac{11}{3} \overset{5}{=} \frac{55}{15}$ **e)** $\frac{6}{7} \overset{9}{=} \frac{54}{63}$

b) $\frac{7}{8} \overset{8}{=} \frac{56}{64}$ **d)** $\frac{3}{1} \overset{7}{=} \frac{21}{7}$

10. –

11. $\frac{2}{5} = \frac{4}{10} = \frac{6}{15} = \frac{8}{20} = \frac{10}{25} = \dots$

12. a) $\frac{5}{8} \overset{3}{=} \frac{15}{24}$; $\frac{2}{3} \overset{8}{=} \frac{16}{24}$; $\frac{7}{12} \overset{2}{=} \frac{14}{24}$; $\frac{5}{4} \overset{6}{=} \frac{30}{24}$; $\frac{4}{6} \overset{4}{=} \frac{16}{24}$; $\frac{3}{8} \overset{3}{=} \frac{9}{24}$; $\frac{5}{1} \overset{24}{=} \frac{120}{24}$

b) $\frac{3}{5} \overset{6}{=} \frac{18}{30}$; $\frac{10}{15} \overset{2}{=} \frac{20}{30}$; $\frac{6}{10} \overset{3}{=} \frac{18}{30}$; $\frac{2}{30} \overset{1}{=} \frac{2}{30}$; $\frac{6}{1} \overset{30}{=} \frac{180}{30}$; $\frac{5}{2} \overset{15}{=} \frac{75}{30}$; $\frac{5}{6} \overset{5}{=} \frac{25}{30}$

c) $\frac{3}{5} \overset{10}{=} \frac{30}{50}$; $\frac{10}{15} \overset{3}{=} \frac{30}{45}$; $\frac{6}{10} \overset{5}{=} \frac{30}{50}$; $\frac{2}{30} \overset{15}{=} \frac{30}{450}$; $\frac{6}{1} \overset{5}{=} \frac{30}{5}$; $\frac{5}{2} \overset{6}{=} \frac{30}{12}$; $\frac{5}{6} \overset{6}{=} \frac{30}{36}$

250 13. $\frac{6}{5} \overset{2}{=} \frac{12}{10}$; $\frac{18}{25} \overset{4}{=} \frac{72}{100}$; $\frac{25}{6}$ kann so nicht erweitert werden; $\frac{5}{8} \overset{125}{=} \frac{625}{1000}$; $\frac{9}{20} \overset{5}{=} \frac{45}{100}$; $\frac{8}{15}$ kann so nicht erweitert werden; $\frac{45}{11}$ kann so nicht erweitert werden; $\frac{15}{4} \overset{25}{=} \frac{375}{100}$; $\frac{5}{12}$ kann so nicht erweitert werden; $\frac{10}{9}$ kann so nicht erweitert werden; $\frac{3}{50} \overset{2}{=} \frac{6}{100}$; $\frac{3}{125} \overset{8}{=} \frac{24}{1000}$; $\frac{30}{7}$ kann so nicht erweitert werden; $\frac{9}{40} \overset{25}{=} \frac{225}{1000}$

14. a) $\frac{5}{8} \overset{7}{=} \frac{35}{56}$
b) $\frac{11}{9} = \frac{110}{99}$ falsch; $\frac{11}{9} \overset{10}{=} \frac{110}{90}$
c) $\frac{4}{11} \overset{9}{=} \frac{36}{99}$
d) $\frac{17}{23} = \frac{51}{96}$ falsch; $\frac{17}{23} \overset{3}{=} \frac{51}{69}$
e) $\frac{16}{15} = \frac{256}{225}$ falsch; $\frac{16}{15} \overset{16}{=} \frac{256}{240}$
f) $\frac{12}{7} \overset{4}{=} \frac{48}{28}$

5.2.2 Kürzen eines Bruches

251 **Einstieg:**

Fatima hat $\frac{6}{8}$ gefärbt: $\frac{12}{16} = \frac{6}{8} = \frac{3}{4}$

252 2. $\frac{1}{5}$ fahren ohne Helm Fahrrad; $\frac{4}{5}$ fahren mit Helm Fahrrad.

3. a) $\frac{24}{36} \underset{2}{=} \frac{12}{18} \underset{2}{=} \frac{6}{9} \underset{3}{=} \frac{2}{3}$; $\frac{75}{100} \underset{5}{=} \frac{15}{20} \underset{5}{=} \frac{3}{4}$; $\frac{42}{70} \underset{7}{=} \frac{6}{10} \underset{2}{=} \frac{3}{5}$
b) Z. B.: $\frac{9}{17}$; $\frac{13}{5}$; $\frac{23}{6}$; $\frac{10}{7}$; $\frac{19}{10}$

4. $\frac{4}{8}$; $\frac{2}{4}$; $\frac{1}{2}$

5. a) $\frac{12}{30} \underset{2}{=} \frac{6}{15}$; $\frac{18}{24} \underset{2}{=} \frac{9}{12}$; $\frac{24}{6} \underset{2}{=} \frac{12}{3}$; $\frac{48}{60} \underset{2}{=} \frac{24}{30}$; $\frac{108}{144} \underset{2}{=} \frac{54}{72}$
b) $\frac{12}{30} \underset{3}{=} \frac{4}{10}$; $\frac{18}{24} \underset{3}{=} \frac{6}{8}$; $\frac{24}{6} \underset{3}{=} \frac{8}{2}$; $\frac{48}{60} \underset{3}{=} \frac{16}{20}$; $\frac{108}{144} \underset{3}{=} \frac{36}{48}$
c) $\frac{12}{30} \underset{6}{=} \frac{2}{5}$; $\frac{18}{24} \underset{6}{=} \frac{3}{4}$; $\frac{24}{6} \underset{6}{=} \frac{4}{1} = 4$; $\frac{48}{60} \underset{6}{=} \frac{8}{10}$; $\frac{108}{144} \underset{6}{=} \frac{18}{24}$

6. a) $\frac{36}{32} \underset{4}{=} \frac{9}{8}$; $\frac{36}{48} \underset{4}{=} \frac{9}{12}$; $\frac{180}{80} \underset{4}{=} \frac{45}{20}$; $\frac{72}{48} \underset{4}{=} \frac{18}{12}$; $\frac{72}{64} \underset{4}{=} \frac{18}{16}$; $\frac{108}{144} \underset{4}{=} \frac{27}{36}$
b) $\frac{36}{32} \underset{2}{=} \frac{18}{16}$; $\frac{36}{48} \underset{3}{=} \frac{12}{16}$; $\frac{180}{80} \underset{5}{=} \frac{36}{16}$; $\frac{72}{48} \underset{3}{=} \frac{24}{16}$; $\frac{72}{64} \underset{4}{=} \frac{18}{16}$; $\frac{108}{144} \underset{9}{=} \frac{12}{16}$
$\left[\frac{36}{32} \underset{4}{=} \frac{9}{8}; \frac{36}{48} \underset{4}{=} \frac{9}{12}; \frac{180}{80} \underset{20}{=} \frac{9}{4}; \frac{72}{48} \underset{8}{=} \frac{9}{6}; \frac{72}{64} \underset{8}{=} \frac{9}{8}; \frac{108}{144} \underset{12}{=} \frac{9}{12}\right]$

7. a) $\frac{30}{40} \underset{2}{=} \frac{15}{20}$; $\frac{30}{40} \underset{5}{=} \frac{6}{8}$; $\frac{30}{40} \underset{10}{=} \frac{3}{4}$
b) $\frac{20}{16} \underset{2}{=} \frac{10}{8}$; $\frac{20}{16} \underset{4}{=} \frac{5}{4}$
c) $\frac{18}{12} \underset{2}{=} \frac{9}{6}$; $\frac{18}{12} \underset{3}{=} \frac{6}{4}$; $\frac{18}{12} \underset{6}{=} \frac{3}{2}$
d) $\frac{45}{30} \underset{3}{=} \frac{15}{10}$; $\frac{45}{30} \underset{5}{=} \frac{9}{6}$; $\frac{45}{30} \underset{15}{=} \frac{3}{2}$
e) $\frac{34}{36} \underset{2}{=} \frac{17}{18}$
f) $\frac{16}{40} \underset{2}{=} \frac{8}{20}$; $\frac{16}{40} \underset{4}{=} \frac{4}{10}$; $\frac{16}{40} \underset{8}{=} \frac{2}{5}$
g) $\frac{40}{60} \underset{2}{=} \frac{20}{30}$; $\frac{40}{60} \underset{4}{=} \frac{10}{15}$; $\frac{40}{60} \underset{5}{=} \frac{8}{12}$; $\frac{40}{60} \underset{10}{=} \frac{4}{6}$; $\frac{40}{60} \underset{20}{=} \frac{2}{3}$

252 **7.** h) $\frac{20}{10} \underset{2}{=} \frac{10}{5}$; $\frac{20}{10} \underset{5}{=} \frac{4}{2}$; $\frac{20}{10} \underset{10}{=} \frac{2}{1} = 2$

i) $\frac{80}{120} \underset{2}{=} \frac{40}{60}$; $\frac{80}{120} \underset{4}{=} \frac{20}{30}$; $\frac{80}{120} \underset{5}{=} \frac{16}{24}$; $\frac{80}{120} \underset{8}{=} \frac{10}{15}$; $\frac{80}{120} \underset{10}{=} \frac{8}{12}$; $\frac{80}{120} \underset{20}{=} \frac{4}{6}$; $\frac{80}{120} \underset{40}{=} \frac{2}{3}$

j) $\frac{144}{60} \underset{2}{=} \frac{72}{30}$; $\frac{144}{60} \underset{3}{=} \frac{48}{20}$; $\frac{144}{60} \underset{4}{=} \frac{36}{15}$; $\frac{144}{60} \underset{6}{=} \frac{24}{10}$; $\frac{144}{60} \underset{12}{=} \frac{12}{5}$

8. a) (1) $\frac{30}{45} \underset{3}{=} \frac{10}{15} \underset{5}{=} \frac{2}{3}$; $\frac{30}{45} \underset{15}{=} \frac{2}{3}$

(2) $\frac{18}{24} \underset{2}{=} \frac{9}{12} \underset{3}{=} \frac{3}{4}$; $\frac{18}{24} \underset{6}{=} \frac{3}{4}$

(3) $\frac{60}{100} \underset{2}{=} \frac{30}{50} \underset{2}{=} \frac{15}{25} \underset{5}{=} \frac{3}{5}$; $\frac{60}{100} \underset{4}{=} \frac{15}{25} \underset{5}{=} \frac{3}{5}$; $\frac{60}{100} \underset{20}{=} \frac{3}{5}$

(4) $\frac{150}{90} \underset{2}{=} \frac{75}{45} \underset{3}{=} \frac{25}{15} \underset{5}{=} \frac{5}{3}$; $\frac{150}{90} \underset{6}{=} \frac{25}{15} \underset{5}{=} \frac{5}{3}$; $\frac{150}{90} \underset{30}{=} \frac{5}{3}$

(5) $\frac{120}{24} \underset{2}{=} \frac{60}{12} \underset{2}{=} \frac{30}{6} \underset{2}{=} \frac{15}{3} \underset{3}{=} \frac{5}{1} = 5$; $\frac{120}{24} \underset{4}{=} \frac{30}{6} \underset{2}{=} \frac{15}{3} \underset{3}{=} \frac{5}{1} = 5$; $\frac{120}{24} \underset{8}{=} \frac{15}{3} \underset{3}{=} \frac{5}{1} = 5$; $\frac{120}{24} \underset{24}{=} \frac{5}{1} =$ 5

b) (1) mit 15 (2) mit 6 (3) mit 20 (4) mit 30 (5) mit 24
Die Kürzungszahl, mit der man sofort zur Grunddarstellung kommt, ist der größte gemeinsame Teiler von Nenner und Zähler. Er ist das Produkt der Kürzungszahlen beim schrittweisen Kürzen.

9. Z.B.: $\frac{1}{24}$; $\frac{5}{24}$; $\frac{7}{24}$; $\frac{18}{24}$
Zähler und Nenner haben keine gemeinsamen Teiler, daher können die Brüche nicht weiter gekürzt werden.

253 **10.** a) $\frac{36}{40} \underset{4}{=} \frac{9}{10}$
b) $\frac{56}{32} \underset{8}{=} \frac{7}{4}$
c) $\frac{63}{45} \underset{9}{=} \frac{7}{5}$
d) $\frac{35}{65} \underset{5}{=} \frac{7}{13}$
e) $\frac{49}{63} \underset{7}{=} \frac{7}{9}$
f) $\frac{33}{77} \underset{11}{=} \frac{3}{7}$
g) $\frac{48}{64} \underset{16}{=} \frac{3}{4}$
h) $\frac{45}{33} \underset{3}{=} \frac{15}{11}$
i) $\frac{165}{180} \underset{15}{=} \frac{11}{12}$
j) $\frac{64}{400} \underset{16}{=} \frac{4}{25}$
k) $\frac{78}{169} \underset{13}{=} \frac{6}{13}$
l) $\frac{108}{144} \underset{12}{=} \frac{9}{12}$

11. a) $\frac{7}{12}$; $\frac{3}{5}$; $\frac{8}{13}$ b) $\frac{3}{5}$; $\frac{9}{11}$; $\frac{3}{5}$ c) $\frac{8}{5}$; $\frac{3}{2}$; $\frac{3}{5}$ d) $\frac{7}{8}$; $\frac{4}{5}$; $\frac{6}{7}$

12. a) $\frac{3}{2}$ b) $\frac{3}{4}$ c) $\frac{5}{2}$ d) $\frac{4}{3}$ e) $\frac{6}{1} = 6$

13. Milena:
$\frac{48}{72} \underset{2}{=} \frac{24}{36} \underset{2}{=} \frac{12}{18} \underset{2}{=} \frac{6}{9} \underset{3}{=} \frac{2}{3}$

Jan:
$\frac{48}{72} \underset{3}{=} \frac{16}{24} \underset{2}{=} \frac{8}{12} \underset{2}{=} \frac{4}{6} \underset{2}{=} \frac{2}{3}$

Man erhält immer denselben gekürzten Bruch.

14. a) $\frac{4}{10} = \frac{2}{5}$; $\frac{5}{11}$; $\frac{6}{12} = \frac{1}{2}$; $\frac{7}{13}$; $\frac{8}{14} = \frac{4}{7}$; $\frac{9}{15} = \frac{3}{5}$; $\frac{10}{16} = \frac{5}{8}$; $\frac{11}{17}$

b) $\frac{16}{22} = \frac{8}{11}$; $\frac{17}{23}$; $\frac{18}{24} = \frac{3}{4}$; $\frac{19}{25}$; $\frac{20}{26} = \frac{10}{13}$; $\frac{21}{27} = \frac{7}{9}$; $\frac{22}{28} = \frac{11}{14}$; $\frac{23}{29}$

c) $\frac{40}{2} = \frac{20}{1} = 20$; $\frac{39}{3} = \frac{13}{1} = 13$; $\frac{38}{4} = \frac{19}{2}$; $\frac{37}{5}$; $\frac{36}{6} = \frac{6}{1} = 6$; $\frac{35}{7} = \frac{5}{1} = 5$; $\frac{34}{8} = \frac{17}{4}$; $\frac{33}{9} = \frac{11}{3}$

d) $\frac{32}{12} = \frac{8}{3}$; $\frac{33}{13}$; $\frac{34}{14} = \frac{17}{7}$; $\frac{35}{15} = \frac{7}{3}$; $\frac{36}{16} = \frac{9}{4}$; $\frac{37}{17}$; $\frac{38}{18} = \frac{19}{9}$; $\frac{39}{19}$

253 15. a) $\frac{35}{72}$ (etwa die Hälfte)

b) $\frac{24}{72} = \frac{1}{3}$ (ein Drittel)

c) $\frac{32}{72} = \frac{4}{9}$ (etwas weniger als die Hälfte)

16. a) wahr
b) wahr
c) falsch; $\frac{72}{126} = \frac{8}{14}$
d) wahr
e) wahr
f) falsch; $\frac{75}{45} = \frac{5}{3}$

17. $\frac{5}{6} = \frac{20}{24}$ und $\frac{45}{72} = \frac{30}{48}$

18. –

Im Blickpunkt: Erweitern und Kürzen mithilfe der Primfaktorzerlegung erforschen

254 1. Primfaktorzerlegung der beiden Zahlen:

$2\,940 = 2 \cdot 2 \cdot 3 \cdot 5 \cdot 7 \cdot 7$

$4\,950 = 2 \cdot 3 \cdot 3 \cdot 5 \cdot 5 \cdot 11$

$\frac{2\,940}{4\,950} = \frac{\not{2} \cdot 2 \cdot \not{3} \cdot \not{5} \cdot 7 \cdot 7}{\not{2} \cdot \not{3} \cdot 3 \cdot \not{5} \cdot 5 \cdot 11} = \frac{2 \cdot 7 \cdot 7}{3 \cdot 5 \cdot 11} = \frac{98}{165}$

Primfaktorzerlegung des Zählers: $98 = 2 \cdot 7 \cdot 7$

Primfaktorzerlegung des Nenners: $165 = 3 \cdot 5 \cdot 11$

Man kann die gemeinsamen Primfaktoren beider Zahlen kürzen. Zähler und Nenner haben dann keine gemeinsamen Teiler mehr.

Zähler und Nenner sind jeweils das Produkt der verbleibenden Primfaktoren.

Regel

Man erhält den Zähler des gekürzten Bruches, indem man aus der Primfaktorzerlegung des Zählers des ursprünglichen Bruches die Primfaktoren des Nenners des ursprünglichen Bruches herausstreicht.

Man erhält den Nenner des gekürzten Bruches, indem man aus der Primfaktorzerlegung des Nenners des ursprünglichen Bruches die Primfaktoren des Zählers des ursprünglichen Bruches herausstreicht.

2. $360 = 2 \cdot 2 \cdot 2 \cdot 3 \cdot 3 \cdot 5$

$150 = 2 \cdot 3 \cdot 5 \cdot 5$

Vielfache von 360: 360, 720, 1 080, 1 440, 1 800, 2 160, 2 520, 2 880, 3 240, 3 600, …

Vielfache von 150: 150, 300, 450, 600, 750, 900, 1 050, 1 200, 1 350, 1 500, …

Gemeinsame Vielfache: 1 800; 3 600, …

kgV (360; 150) = 1 800

254

3. *Vermutung:* Man erhält das kgV zweier Zahlen, indem man das Produkt der Primfaktoren beider Zahlen bildet, aber gemeinsame Primfaktoren nur einmal berücksichtigt.
Beispiel für kgV(360; 150):

$$\begin{array}{rcccccccccccccl} 360 = & \boxed{2} & \cdot & \boxed{2} & \cdot & \boxed{2} & \cdot & \boxed{3} & \cdot & \boxed{3} & \cdot & \boxed{5} & & & \\ 150 = & 2 & & & & & \cdot & 3 & & & \cdot & 5 & \cdot & \boxed{5} & \\ \hline \text{kgV}(360;150) = & \boxed{2} & \cdot & \boxed{2} & \cdot & \boxed{2} & \cdot & \boxed{3} & \cdot & \boxed{3} & \cdot & \boxed{5} & \cdot & \boxed{5} & = 1\,800 \end{array}$$

4. *Vermutung:* Man erhält den ggT zweier Zahlen, indem man das Produkt der in beiden Zahlen vorkommenden Primfaktoren bildet.
Beispiel für ggT(360; 150):

$$\begin{array}{rcccccccccccccl} 360 = & \boxed{2} & \cdot & 2 & \cdot & 2 & \cdot & \boxed{3} & \cdot & 3 & \cdot & \boxed{5} & & & \\ 150 = & \boxed{2} & & & & & \cdot & \boxed{3} & & & \cdot & \boxed{5} & \cdot & 5 & \\ \hline \text{ggT}(360;150) = & \boxed{2} & & & & & \cdot & \boxed{3} & & & \cdot & \boxed{5} & & & = 30 \end{array}$$